普通高等教育"十二五"规划教材

环境科学导论

崔灵周　　王传花　　肖继波　主编

化学工业出版社

·北　京·

内容简介

本教材结合近年来环境科学及相关学科的热点问题和最新研究成果，简洁而系统地阐述了环境科学的基本概念、基本理论、环境污染防治的主要途径与关键技术。全书共分为7章，包括绪论、大气环境、水环境、固体废物、物理环境、土壤环境和环境科学主要理论。每章后配有阅读材料和思考题，以提高教材的使用效果。

本教材既可作为高等学校环境类专业的必修课程教材，也可作为非环境类专业素质教育的通识类课程教学用书和一般读者了解学习环境科学基本知识的选择读物，还可作为从事环境保护管理和工程技术人员的参考用书。

图书在版编目(CIP)数据

环境科学导论/崔灵周，王传花，肖继波主编 . —北京：
化学工业出版社，2014.9（2024.2重印）
普通高等教育"十二五"规划教材
ISBN 978-7-122-20831-6

Ⅰ. ①环⋯　Ⅱ. ①崔⋯②王⋯③肖⋯　Ⅲ. ①环境
科学-高等学校-教材　Ⅳ. ①X

中国版本图书馆 CIP 数据核字（2014）第 116068 号

责任编辑：满悦芝　陆雄鹰　　　　　　　　　　　装帧设计：尹琳琳
责任校对：徐贞珍

出版发行：化学工业出版社（北京市东城区青年湖南街 13 号　邮政编码 100011）
印　　装：北京盛通数码印刷有限公司
787mm×1092mm　1/16　印张 13　字数 324 千字　2024 年 2 月北京第 1 版第 6 次印刷

购书咨询：010-64518888　　　　　　　　　　　售后服务：010-64518899
网　　址：http://www.cip.com.cn
凡购买本书，如有缺损质量问题，本社销售中心负责调换。

定　　价：49.80 元

前　言

　　环境问题是 21 世纪全球关注的热点问题之一。环境问题直接威胁人类的生存和发展，需要世界各国共同行动进行应对。环境科学是在解决日益严重的环境问题基础上发展起来的一门综合性、交叉性的新兴学科。其任务在于探索环境变化对人类生存的影响，揭示人类活动同自然生态之间的关系，最终实现人类和环境的协调发展。为了落实我国环境保护的基本国策，实现经济、社会、资源与环境的持续协调发展，国家教育部要求在提高环境保护专业人才培养质量的同时，加强非环境专业学生的环境教育，进一步增强学生的环境保护意识、拓宽其知识结构、提高学生的综合能力，以适应新时期社会经济发展的需要。

　　目前，我国各高校专业理论课程的课时呈不断下降趋势，环境类专业及非环境类专业开设的"环境科学导论"必修课程或通识课程的课时大多为 32 学时，而相关教材建设却呈现大而全的特点。多数教材的内容设置在 10 章以上，造成了课时减少与教材内容不断增加的矛盾。如此多的教材内容不仅导致与环境类专业后续相关课程内容大量重复，也给非环境专业的通识教学带来了一定困难。为了推动高校教材改革，在温州大学校级精品课程群"环境规划与管理"建设项目资助下，编者开展了环境类专业课程及非环境专业通识课程《环境科学导论》教材的改革探索，通过课程重新定位，在充分考虑课时减少、避免与环境类专业后续相关课程内容重复以及非环境专业学生通识课程教学特点前提下，采用最新课程素材并参考环境科学领域的相关教科书，完成了适用于高校环境类专业课程及非环境专业通识课程的《环境科学导论》教材编写工作。

　　本书的第一、六、七章由崔灵周编写，第二、三章的第一、二、三节及第五章由王传花编写，第二章和第三章的第四节及第四章由肖继波编写。全书由崔灵周修改定稿，封毅承担了全稿的文字整理工作，王丽华参与了部分图表的绘制。

　　本书在编写和出版过程中得到了温州大学生命与环境科学学院环境科学专业负责人董新姣副院长、环境科学系主任王奇副教授等领导以及相关同事的大力支持，也得到了温州大学环境科学校级重点专业建设资金的资助，在此一并表示感谢。同时也衷心感谢本教材所参考书籍与文献的原作者及相关人员，感谢化学工业出版社的工作人员为本书出版付出的辛勤劳动。

　　由于编者水平有限，书中不当之处在所难免，敬请广大读者批评指正。

编　者

2014 年 08 月

目　录

第一章 绪 论

随着人口、产业和科学技术的快速发展，人类物质财富空前繁荣，人们的生活水平极大提高，但经济社会发展与环境之间的矛盾日益突出，环境与经济社会的协调和可持续发展成为世界各国关注的全球性重大问题。环境学的出现和发展，为深刻理解经济社会发展与环境保护的关系、增强保护和改善环境的责任感和自觉性、提高解决环境问题的技术水平和决策水平、推进环境污染治理有效开展等方面提供了重要的理论和技术支持。

本章主要以环境和环境问题为基础，通过介绍环境的概念、类型、功能、环境问题的产生和实质等内容，对环境科学的研究对象、任务、内容、分支学科、产生发展和研究方法等进行了全面阐述。

第一节 环境与环境问题

一、环境

(一) 环境的概念

首次提出环境一词的是德国博物学家 E. Haeckel 于 1866 年所著的《普通生物形态学》，Haeckel 认为环境是指某一特定生物体或生物种群以外的空间以及直接或间接影响其生存的一切事物的总和，这是生态学对于环境的定义。

从哲学角度，环境是一个相对的概念，是指一个相对于主体而言的客体，它与主体相互依存，其内容又随主体的不同有所差别。对于环境科学而言，环境是指以人类为主体的外部世界，即人类赖以生存和发展的物质条件综合体，包括自然环境和社会环境。自然环境是各种自然要素的总和，包括大气、水、土壤、生物、陆地、岩石等。社会环境是人类在自然环境基础上，通过有意识的社会劳动所改造和创造出的人工环境，包括城市、村落、水库、农田、工厂等，以及政治、文化、宗教等要素。

在中国及世界各国颁布的环境保护法律中，对环境一词进行了具体的界定，以规定法律的适用对象和适用范围，保证法律的准确实施。《中华人民共和国环境保护法》第二条规定："本法所指的环境，是指影响人类生存和发展的各种天然的和经过人工改造的自然因素总体，包括大气、水、海洋、土地、矿藏、森林、草原、野生生物、自然遗迹、人文遗迹、自然保护区、风景名胜区、城市和乡村等。"

环境的概念是动态的，随着人类社会发展不断更新变化，人类对于环境的认识也会越来越深刻。

(二) 环境的组成

1. 环境要素

环境要素（environmental elements），又称环境基质，指构成人类环境整体的各个独立的、性质不同又服从整体演化规律的基本物质组分，包括自然环境要素和人工环境要素。自然环境要素通常指水、大气、生物、阳光、岩石、土壤等，这些自然环境要素的总体构成自然环境。人工环境要素包括综合生产力、人工构筑物、人工产品和能量、政治体制、文化和宗教信仰等，各种人工要素的总体构成了人工环境。

2. 环境结构

环境结构是环境要素的空间和时间配置关系，是描述总体环境的有序性和基本格局的宏观概念。环境结构及其相互作用直接影响环境的物质交换和能量迁移。自然环境结构是指大气、海洋和陆地的配置关系，如大气层的质量、温度、密度、化学组成，及其随高度变化、大气流动与气候变化的关系等。社会环境结构是指城市、村落、道路桥梁、农田、港口及其人工建筑的配置关系。

3. 环境系统

环境系统是指各种环境要素或环境结构及其相互关系的总和。环境系统把人类环境作为一个统一整体，主要揭示环境要素之间的相互关系和作用，对于研究和解决当前许多诸多环境问题具有重要意义。

环境要素组成环境结构单元，环境结构单元又组成环境系统。例如，由水组成河流、湖泊和海洋等水体，全部水体又组成水圈；由大气组成大气层，整个大气层总称为大气圈。

（三）环境的类型

环境是一个非常复杂的系统，目前还没有统一的分类方法。一般可按照环境要素和环境范围进行分类。

1. 按环境要素划分

按照环境要素的不同，可将环境划分为自然环境和人工环境，也称天然环境和经过人工改造的环境。这种分类方法在环境科学中最为常用。

自然环境又称原生环境，由自然环境要素组成，是对人类生存和发展产生直接或间接影响的一切自然形成的物质和能量所构成的总体。根据自然环境要素差异，又可再分为大气环境、水环境、土壤环境和生物环境等。

人工环境由人工环境要素组成，包括次生环境和社会环境。次生环境是人类在利用和改造自然环境中创造出来的人工环境，如城市、集镇、工业区、农田、牧场、林场、旅游休养地等。社会环境由政治、经济、文化和宗教等要素构成。社会环境是人类活动的产物，又会产生反作用，同时对人类与自然环境关系产生决定性影响。

2. 按环境范围划分

按照环境范围大小可将环境分为聚落环境、区域环境、地球环境和宇宙环境。

（1）聚落环境　聚落环境是指人类平时聚居与活动的中心，是人类对自然环境进行人工改造形成的。可分为院落环境、村落环境和城市环境。

（2）区域环境　区域环境是具有相似环境背景和独特结构特征的空间地域范围，其时空尺度变化较大，如陆地环境、海洋环境、流域环境、行政区域环境等。

（3）地球环境　地球环境又称全球环境，也有人称地理环境，是指由大气圈、水圈、土壤-岩石圈、生物圈等自然圈层和人类活动形成的社会圈所形成的地球表层人类环境。

（4）宇宙环境　环境科学中的宇宙环境是指地球大气圈以外的环境，又称星际环境，包括地球在太阳系中的位置和运动、宇宙空间的性质和状态。宇宙环境对地球环境具有深刻的影响。例如太阳黑子出现的数量同地球上的降雨量具有明显的相关性。

（四）环境的特征

1. 整体性和区域性

环境的整体性是指环境的各个组成部分或要素构成了一个完整的系统。环境各部分之间相互作用、相互制约、紧密联系，局地的环境污染和生态破坏总会对其他地区造成影响和危害。例如，人类虽没有在南极生产或使用农药，但在南极企鹅体内和地衣植物中检测出DDT 残留。

环境的区域性是指环境特征的区域差异。由热量、水分等环境要素的差异，不同地理位置的环境表现出明显的特征，如滨海环境和内陆环境、高原环境和盆地环境等。另外，环境的区域性还表现在不同地域社会、经济、文化和历史等的多样性。

2. 动态性和稳定性

环境的动态性是指在自然和人为活动作用下，环境的状态和结构始终处于不断变化中，因为万物皆运动，环境也不例外。环境的稳定性是相对于动态性而言的。是指环境具有一定的自我调节能力，只要外界对环境干扰强度不超过其自身承受的界限，环境可凭借自身的调节功能减轻这些干扰，使环境系统结构和功能逐渐恢复，表现出一定的稳定性。

3. 资源性和价值性

环境的资源性是指环境具有资源价值。环境提供了人类生存所必需的物质和能量。离开了这些物质和能量，人类就无法生存，更谈不上发展。环境的价值性源于其资源性，由使用价值和生态价值组成。对环境价值性的错误认识是导致环境污染和生态破坏的重要原因。

4. 脆弱性和不可逆性

环境的脆弱性是指环境在特定时空尺度对于外界干扰所具有的敏感性反应和自我恢复能力。环境的脆弱性既有自然因素，又有人为因素；自然因素决定了环境脆弱的潜在性，人为干扰活动则是引发其潜在危害的直接原因。环境的不可逆性是指环境一旦遭受破坏，虽利用物质循环等自然规律或人工方法可实现局部恢复，但不能彻底回到原来的状态。

二、环境问题

(一) 环境问题概念及分类

1. 环境问题概念

所谓环境问题，是指作为中心事物的人类与周围事物的环境之间的矛盾。广义的环境问题是指由于自然原因或人为原因引起环境破坏和环境质量变化，以及由此给人类生存和发展带来的不利影响。狭义的环境问题是指由于人类活动作用于人们周围的环境所引发的环境质量变化，以及这种变化对人类生产、生活和健康的影响。

2. 环境问题分类

(1) 按产生原因划分 按照环境问题产生的原因，可将环境问题划分为原生环境问题和次生环境问题两类。

原生环境问题又称第一环境问题，是指由于自然力作用，没有人为因素或人为因素很少的环境问题，如火山爆发、地震、台风、洪水、旱灾、滑坡、泥石流等发生时所引发的环境问题。

次生环境问题又称第二类环境问题，是指由人类的生产和生活所造成的环境问题。这类环境问题又可分为环境污染和生态破坏两类，是当前环境科学研究的主要对象。

(2) 按形成机制划分 按照环境问题形成的机制，可将环境问题划分为环境污染和生态破坏两类。

环境污染是指人类活动产生并排入环境的污染物或污染因素超过了环境容量和环境自净能力，使环境的组成或状态发生改变，导致环境质量下降，对人类的生产和生活产生了不利影响。例如，工业"三废"（废水、废气和废渣）排放引发的大气污染、水体污染和土壤污染等。

生态破坏是指人类社会活动产生的相关环境效应，其导致了环境结构与功能的变化，对人类生存与发展产生了不利影响。按照对象性质，生态破坏具有两种类型，其一是生物环境的破坏，如过度砍伐导致森林覆盖率锐减、过度放牧引起草原退化、滥肆捕杀引起的多种物种濒临灭亡；另一类是非生物环境破坏，如毁林开荒造成水土流失和沙漠化、地下水过度开采造成地下水漏斗和地面沉降、不合理开发造成地貌景观破坏等。

（二）环境问题的产生和发展

环境问题是伴随人类出现和生产力不断发展而产生的。人类通过自己的生产和消费作用于环境，从中获取生存和发展所需的物质和能量，同时又将"三废"排放到环境中，人类与环境之间形成复杂的相互作用关系。环境问题随着人类社会发展不断发生变化，依据其产生的先后、轻重程度，可将环境问题的发生和发展划分为三个阶段。

1. 环境问题萌芽阶段

此阶段包括人类出现以后直至工业革命的漫长时期。在该阶段初期，人类为了生存向大自然索取有限的天然资源，很少有意识地改造环境。随着生产工具进步和生产力的发展，出现了第一次社会大分工，即耕作业和渔牧业的劳动分工，人类从完全依赖大自然转变到有意识地利用土地、生物、水体等自然资源，人类利用和改造环境的力量和作用越来越大，也相应产生了新的环境问题。例如，扩大耕地破坏了植被，砍伐森林、开垦草原带来了水土流失和沙漠化，兴修水利、不合理灌溉引起了盐渍化和沼泽化等。另外，该阶段后期虽出现了城市化和手工作坊，但工业生产不发达，所引起的环境污染问题并不突出。

2. 近代城市环境问题阶段

此阶段从产业革命到1984年发现南极"臭氧空洞"为止。由于该阶段初期的工业革命极大提高了人类生产力和新技术水平，人类开始以空前的规模和速度开采和消耗能源及其他自然资源，工业迅速发展并产业化。同时，城市化也随之急剧发展起来，城市人口剧增，城市规模扩大，城市及工矿区排放出大量的"三废"（废气、废水、废渣）和汽车尾气更加剧了城市的环境污染程度。20世纪40—60年代，环境污染达到高峰，震惊世界的环境公害事件接连发生（见表1-1），形成了世界上的第一次环境问题高潮。

表1-1　20世纪40—60年代出现的八大环境公害事件

事件名称	主要污染物	发生地点	发生时间	中毒情况	中毒症状	致害原因	公害原因
马斯河谷烟雾事件	烟尘及 SO_2	比利时马斯河谷（长24km，两侧高约90m）	1930.12	几千人呼吸道发病，约60人死亡	流泪、喉痛、声嘶、咳嗽、呼吸短促、胸口窒闷、恶心、呕吐	SO_2 和 SO_3 烟雾混合物，加上空气中金属氧化物颗粒，加剧对人体刺激作用	（1）工厂集中，排烟尘量大（2）天气反常，逆温天气时间长，雾较大
多诺拉烟雾事件	烟尘及 SO_2	美国多诺拉镇（位于一个马蹄形河湾内侧，两边山高120m）	1948.10	4天内有43%的城镇居民（约6000人）患病，17人死亡	咳嗽、喉痛、胸闷、呕吐、腹泻	SO_2 和 SO_3 金属元素及硫酸盐类气溶胶对呼吸道的影响	（1）工厂过多（2）河谷盆地内遇雾天和长时间逆温天气
伦敦烟雾事件	烟尘及 SO_2	英国伦敦	1952.12	5天内4000人死亡，后又连续发生3次	咳嗽、喉痛、胸闷、呕吐	SO_2 在金属颗粒物催化作用下生成 SO_3 及硫酸和硫酸盐气溶胶吸入肺部	（1）居民取暖煤中含硫高、排出大量 SO_2 和烟尘（2）适遇逆温天气

续表

事件名称	主要污染物	发生地点	发生时间	中毒情况	中毒症状	致害原因	公害原因
洛杉矶光化学烟雾事件	光化学烟雾	美国洛杉矶（三面环山）	1943.5—10	大多是居民患病，65 岁以上老人死亡400 人	刺激眼睛、喉、鼻，引起眼病、喉头炎、头痛	石油工业和汽车废气在紫外线作用下生成光化学烟雾	（1）该城400 万辆汽车每年排放烃类1000 多吨（2）盆地地形不利空气流通
水俣病事件	甲基汞	日本九州南部熊本县水俣镇	1953—1961	至 1971 年有180 人患病，死亡 50 多人，22个婴儿生来神经受损	口齿不清、步态不稳、面部痴呆、耳聋眼瞎、全身麻木，最后精神失常	海鱼中富含甲基汞，当地居民食用含毒的鱼而中毒	氮肥厂含汞催化剂随废水排入海湾，转化为甲基汞被鱼和贝类摄入
富山事件（骨痛病）	镉	日本富山县神通川流域，蔓延至群马县等7 条河流域	1931—1975（集中在1950—1960年）	至 1968 年确诊患病 258 例，其中死亡 128例，1977 年又死亡 79 例	开始关节痛，后神经和全身骨痛，最后骨骼软化萎缩，自然骨折，饮食不进，衰弱疼痛至死	食用含镉的大米和水	炼锌厂未经处理的含镉废水排入河流
四日事件（哮喘病）	SO_2、煤尘和重金属粉尘	日本四日市，并蔓延几十个城市	1955 年以来	患者 500 多人，其中 36 人因哮喘病死亡	支气管炎、支气管哮喘、肺气肿	重金属粉尘和 SO_2 随煤尘进入肺部	工厂大量排出 SO_2 和煤粉，并含锰、钴、钛等重金属微粒
米糠油事件	多氯联苯	日本九州爱知县等23 个府县	1968	患病者 5000多人，死亡 16人，实际受害者超过 1 万人	眼皮浮肿、多汗、全身有红丘疹，重者恶心呕吐、肝功能下降、肌肉疼痛、咳嗽不止，甚至死亡	食用含多氯联苯的米糠油	米糠油生产中用多氯联苯作热载体，因管理不善，多氯联苯进入米糠油中

注：引自王玉梅等，环境学基础，2011；朱鲁生，环境科学概论，2005。

这一时期的明显特征主要表现为城市环境问题突出。由于城市基础设施（包括水、电、气、道路等）落后，跟不上城市工业和人口发展需要，引起道路堵塞、交通拥挤、"三废"成灾、污染严重等"城市病"症状。同时，人类开始把环境问题提上议事日程，1972 年在斯德哥尔摩召开了具有里程碑意义的人类环境会议。工业发达国家不断增加环保投入，制定相关法律条例，加强环境管理和污染治理，城市和工业区环境质量得到明显改善。

3. 当代全球性环境问题阶段

该阶段始于 1984 年英国科学家发现南极上空出现"臭氧空洞"至今。这个阶段的环境问题主要表现为全球性的环境问题，包括全球变暖、臭氧层破坏、酸雨、海洋污染等。这一时期的环境问题影响范围更广，危害后果更为严重，突发性环境公害事件频发（见表1-2），出现了第二次环境问题高潮。该阶段发生的全球性环境问题具体如下。

（1）全球气候变暖　大气中的水汽、CO_2、CH_4 和 N_xO 等温室气体能够有效吸收地面的长波辐射，并把吸收的能量以大气逆辐射的形式返回地面，减少了地面的能量损失，使大气具有一定的保温作用，也称"温室效应"（greenhouse effect）。由于化石燃料燃烧、毁林、土地利用变化和发展经济等人为活动，使大气中温室气体的浓度大幅增加。据联合国环境规

表 1-2　20 世纪 80 年代以来发生环境公害事件

事件名称	发生时间	发生地点	产生危害	产生原因
阿摩柯卡的斯油轮泄漏事件	1978.3	法国西北部布列塔尼半岛	藻类、湖间带动物、海鸟灭绝	游轮触礁,22 万吨原油入海
三哩岛核电站泄漏事件	1979.3	美国宾夕法尼亚州	直接损失超过 10 亿美元	核电站反应堆严重失水
墨西哥油库爆炸事件	1984.11	墨西哥	4200 人受伤,400 人死亡,10 万人要疏散	石油公司油库爆炸
威尔士饮用水污染事件	1985.1	英国威尔士州	200 万居民饮用水污染,44%人中毒	化工公司将酚排入迪河
博帕尔农药泄漏事件	1984.12	印度中央邦博帕尔市	2 万人严重中毒,1408 人死亡	45 吨异氰酸甲酯泄漏
切尔诺贝利核电站泄漏事件	1986.4	前苏联乌克兰	203 人严重中毒,1408 人死亡	4 号反应堆机房爆炸
莱茵河污染事件	1986.11	瑞士巴塞尔市	事故段生物绝迹,160km 内鱼类死亡,480km 内水不能饮用	化学公司仓库起火,30 吨硫、磷、汞等剧毒物进入河流
莫农格希拉河污染事件	1988.11	美国	沿岸 100 万居民生活受严重影响	石油公司油罐爆炸,$1.3 \times 10^4 m^3$ 原油进入河流
埃克森瓦尔迪兹游轮漏油事件	1989.3	美国阿拉斯加	海域严重污染	漏油 $4.2 \times 10^4 m^3$
海湾战争石油污染事件	1990.8	科威特	每小时大约 1900t 二氧化硫等污染物质飘到数千公里外,造成整个海湾地区及伊朗等地降"石油雨",严重影响和危害人体健康、海洋生物及生态系统	空袭导致约 700 余口油井起火,泄漏入海湾石油达 150 万吨
墨西哥湾原油泄漏事件	2010.4	美国路易斯安那州沿海	7 人重伤、至少 11 人失踪,导致墨西哥湾沿岸 1609km 长的湿地和海滩被毁,渔业受损,脆弱物种灭绝	石油钻井平台爆炸,漏油超过 $6.44 \times 10^7 L$

注：部分引自林肇信等,环境保护概论,2002.

划署和世界气象组织共同建立的政府间机构报告指出："大气中 CO_2 浓度已由工业革命前的 $280 \mu L/L$ 上升到 2011 年的 $390 \mu L/L$,超过了近 65 万年来的自然变化范围。"温室气体的快速增长,使温室效应不断加强,导致地表和低层大气温度升高,并成为全球关注的重大环境问题。过去 100 年中全球地表平均温度上升了 $0.74℃$。据联合国政府间气候变化专业委员会（IPCC）对未来 100 年气候变化的预测结果表明,2100 年的地面气温将升高 $1.4 \sim 5.8℃$,其增幅达到 20 世纪的 $2 \sim 10$ 倍。

全球气候变暖不仅危害自然生态系统平衡,还威胁人类食物供应和居住环境。较高的温度可使极地冰川融化、海平面上升、部分沿海地区被淹没,另外,全球气候变暖还导致大气环流发生变化,气候出现反常,造成旱涝灾害,使世界各国遭受严重经济损失。

（2）臭氧层耗损　臭氧层位于距地面 $25 \sim 40km$ 的平流层大气中,可有效吸收并阻止过量紫外线到达地面,保护地面生物和人类免受紫外线的损伤。20 世纪 70 年代中期,美国科学家发现南极洲上空臭氧层有变薄现象。80 年代观测发现,自每年的 9 月下旬开始,南极洲上空的臭氧总量迅速减少一半左右,极地中心地带上空的臭氧近 90%被破坏。从地面向上观测,高空臭氧层极其稀薄,与周围相比形成了直径上千千米的洞,成为"臭氧洞"。进一步研究表明,臭氧层耗减不只发生在南极,在北极上空和其他中纬度地区也出现不同程度的臭氧层耗减现象。1987 年北极上空也被发现存在一个面积相当于南极臭氧空洞 1/5 的洞,1994 年欧洲和北美上空的臭氧层平均减少了 10%～20%，西伯利亚上空甚至减少了 35%。据世界气象组织发布的《南极臭氧空洞公报》称，南极臭氧空洞面积在 2000 年达到历史最高值 $2.960 \times 10^7 km^2$，过去 10 年由于国际社会逐步停止生产、消费消耗臭氧层的物质，阻止了南极上空臭氧层遭受更大破坏，2011 年南极上空臭氧空洞面积已经缩减至 $2.550 \times 10^7 km^2$。

臭氧层破坏造成的后果是很严重的。据研究表明，臭氧层中臭氧含量减少 1%，地面不同地区的紫外线辐射将增加 1.9%～2.2%，皮肤癌的发病率将增加 4%～6%，全世界每年大约 10 万人死于皮肤癌；同时白内障和呼吸道患病的人数也会增加。另外，紫外线辐射增强，对其他生物也会产生危害。有研究认为，臭氧层破坏将打乱生态系统中复杂的食物链，导致一些生物物种灭绝，农作物易受杂草和病虫害而减产，导致粮食危机。

（3）生物多样性减少 生物多样性（biological diversity）是指生物及其与环境形成的生态复合体以及与此相关的各种生态过程的总和。由遗传（基因）多样性、物种多样性和生态系统多样性三个层次组成。生物多样性的意义主要体现在所具有的直接使用价值、间接使用价值和潜在的使用价值。直接使用价值是指生物为人类提供了食物、纤维、家具材料及其他生活、生产原料；间接使用价值是指生物多样性所具有的生态功能，如保护水源、调节气候和净化空气等；潜在使用价值是指具有的还不为人类所知的使用价值，一旦一种野生生物消失就无法再生，其潜在使用价值也不复存在。

由于人类活动、气候变化和环境污染等因素影响，世界各国的生物多样性收到严重威胁。据世界自然保护联盟的资料显示，近 50 年来，鸟类灭绝了约 80 种，兽类灭绝了近 40 种，1147 种淡水鱼面临灭绝危险，6000 多种两栖类动物中有 1/3 面临灭绝危险。到 2050 年，25% 的物种会陷入绝境，6 万种植物将要濒临灭绝，热带亚洲的栖息地丧失率将达到 67%。

生物多样性的丧失会减小生态系统的生产力，使自然界向人类提供物质和服务的能力降低，对人类生存发展产生严重威胁；生物多样性丧失也使自然生态系统的稳定性和自我调节能力弱化，导致抵御洪水、旱灾和暴风雨等自然灾害的能力受损。另外，生物多样性丧失也使生物进化由于缺乏优良基因资源而受阻。

（4）土地荒漠化 荒漠化是指气候变化和人类活动等多种因素导致的土地质量全面退化，它使土地生物和经济生产潜力减少或基本丧失。荒漠化是当今世界最为严重的生态环境问题和社会经济问题。目前，全世界干旱地带退化的土地大约 $3.6 \times 10^9 hm^2$，占全世界干旱土地的 70%，并且以每年 $(5～7) \times 10^8 km^2$ 的速度扩展。其中退化的灌溉土地 $4.3 \times 10^7 hm^2$，退化的旱作农田 $2.16 \times 10^8 hm^2$，退化的草场 $7.57 \times 10^8 hm^2$。受土地荒漠化影响的人口达 1.35×10^8 人，多数为农民。

土地荒漠化加剧不仅使更多的人口生存受到威胁，使相应地区生态系统服务的增长以及人类福祉的改善趋势发生逆转，导致农牧业大幅度减产，产生巨大经济损失和系列社会后果，在极为严重情况下，甚至出现大量生态难民。因此，预防和治理土地荒漠化对于实现社会经济可持续发展具有重要现实意义。

（5）海洋污染 海洋污染是指由于人类活动改变了海洋原来状态，使人类和生物在海洋中的各种活动受到不利影响。联合国教科文组织下属的政府间海洋学委员会对海洋污染给出了明确定义："由于人类活动，直接或间接地把物质或能量引入海洋环境，造成或可能造成损害海洋生物、危害人类健康、妨碍捕鱼和其他各种合法活动、损害海水的正常使用价值和降低海洋环境质量等有害影响。"目前，每年都有数十亿吨的泥沙、污水、工业垃圾和固体废物直接进入海洋，海洋污染越来越趋于严重。世界上污染最为严重的海域有波罗的海、地中海、东京湾、美国的纽约湾和墨西哥湾等。

海洋污染具有污染源广、持续性强、扩散范围广、控制复杂等特点，已经引起国际社会越来越多的重视。海洋污染造成的海水浑浊严重影响海洋植物（浮游植物和海藻）的光合作用，从而影响海域的生产力。重金属和有毒有机物等有毒物质在海域中累积，并通过海洋生物的富集作用，对海洋动物和以此为食的其他动物造成毒害。石油污染在海洋表面形成面积广大的油膜，阻止空气中的氧气向海水中溶解，同时石油分解也消耗水中的溶解氧，造成海水缺氧，对海洋生物产生危害，并影响至海鸟和人类。好氧有机物污染引起的赤潮，会造成海水缺氧，导致海洋生物死亡。另外，海洋污染还会破坏海滨旅游资源。

（6）酸雨污染　酸雨通常是指 pH 值低于 5.6 的降水。广义的酸雨是指酸性物质以湿沉降或干沉降的形式从大气中转移到地面上。干沉降包括各种酸性气体、酸性气溶胶和酸性颗粒，主要成分为 SO_2、NO_2、HCl、SO_4^{2-} 等。湿沉降为通常所说的酸雨，包括酸性雨、酸性雾、酸性露和酸性雪等。

自 20 世纪六七十年代以来，由于世界经济的快速发展和矿石燃料消耗量的增加，矿物燃料燃烧排放的 SO_2、N_xO 等大气污染物总量不断增加，酸雨污染呈扩大趋势。酸雨污染最早发生在欧洲和北美洲东部，但亚洲和拉丁美洲后来居上，酸雨污染面积和酸雨强度已经超过欧美。

酸雨污染的危害主要表现为：可直接使大片森林死亡，农作物枯萎；抑制土壤中有机物的分解和氮的固定，淋洗与土壤离子结合的钙、镁、钾等营养元素，使土壤贫瘠化。也可使湖泊、河流水体酸化，溶解土壤和水体沉积物中的重金属进入水中，毒害鱼类。另外，酸雨可加速建筑物和文物古迹的腐蚀和风化过程，还可能危及人体健康。

（7）持久性有机物污染　持久性有机物污染（persistent organic pollution）是指人类合成的能持久存在于环境中并通过生物食物链（网）累积，对人类健康造成有害影响的化学物质所形成的污染。引起这类污染的化学物质可以在环境中长期存留，能够在大气环境中长距离迁移并沉积回地球；通过食物链蓄积传递并进入到有机体中聚积，最终对生物体和人体产生不利影响。持久性有机物污染具有持久性、生物蓄积性、放大性、半挥发性和长距离迁移性，以及高毒性等特点，成为世界各国的普遍关注新型污染类型。

1998 年，联合国规划署召开的第一届持久性有机污染物（persistent organic pollutants，POPs）条约会议上，将 12 种物质列为 POPs 系列物质，这些物质可分为三类，第一类是农业生产使用的杀虫剂和含有有机氯的农药，第二类是以多氯联苯（PCBs）为代表的工业品，第三类是四氯二苯-p-二噁英类化合物（TCDD）。尤其第三类是自然界没有的，完全是人类工业或其他活动产生的物质。

持久性有机物污染的生物学毒性主要表现为干扰内分泌系统的正常功能，抑制生物免疫系统正常反应发生，降低生物体对病毒的抵抗能力；通过胎盘和哺乳影响胚胎发育，导致畸形、死胎和发育迟缓现象；还可导致癌症，引起肝脏纤维化以及肝功能的改变，出现黄疸、高血脂和消化功能障碍。

（三）我国的环境问题

我国正处于工业化和城市化快速发展阶段，对自然资源开发强度不断增大，污染物排放量不断增加，全国环境状况总体恶化的趋势尚未得到根本遏制，环境矛盾突出，环境压力持续加大，环境形势不容乐观。

1. 重点流域和海域水污染严重

2012 年，在长江、黄河、珠江、松花江、淮河、海河、辽河、浙闽片河流、西北诸河和西南诸河十大流域中，重度污染出现在长江主要支流中的螳螂川、乌江、滇水、府河和釜溪河、徒骇马颊河水系，主要污染指标为五日生化需氧量、化学需氧量、氨氮/高锰酸盐指数。中度污染出现在外秦淮河和黄浦江、黄河支流、淮河支流、淮河流域其他水系、海河主要支流、辽河支流、大辽河和大凌河，主要污染指标为化学需氧量、五日生化需氧量和石油类/氨氮/总磷。在 62 个国控重点湖泊（水库）和 29 个大型淡水湖泊中，重度污染为滇池及主要入湖河流中的新河、老运粮河、海河、乌龙河、船房河、捞渔河和西坝河，巢湖主要入湖河流中的南淝河、十五里河和派河，以及达赉湖、白洋淀、淀山湖、贝尔湖、乌伦古湖和程海湖 6 个湖泊，主要污染指标为总磷、化学需氧量、石油类、高锰酸盐指数。

2012 年，全国近岸海域水质总体稳定，水质级别为一般，主要超标指标为无机氮和活性磷酸盐。9 个重要海湾中，渤海湾、长江口、杭州湾和珠江口水质极差，为劣 IV 类海水。

2. 部分区域和城市大气灰霾现象突出

京津冀、长三角、珠三角地区，以及辽宁中部、山东、武汉及其周边、长株潭、成渝、海峡西岸、山西中北部、陕西关中、甘宁、新疆乌鲁木齐城市群 13 个重点区域，是我国经济活动水平和污染排放高度集中的区域，大气环境问题更加突出。2010 年，上述重点区域城市二氧化硫、可吸入颗粒物年均浓度分别为 $40\mu g/m^3$、$86\mu g/m^3$，为欧美发达国家的 2～4 倍；二氧化氮年均浓度为 $33\mu g/m^3$，卫星数据显示，北京到上海之间的工业密集区为我国对流层二氧化氮污染最严重的区域。按照我国新修订的环境空气质量标准评价，重点区域 82% 的城市不达标。京津冀、长三角、珠三角等区域的复合型大气污染导致能见度大幅度下降，每年出现灰霾污染的天数达 100 天以上，个别城市超过 200 天。

3. 农村环境污染加剧

随着工业化、城镇化和农业现代化不断推进，农村环境形势依然严峻。突出表现为工矿污染压力加大，生活污染局部加剧，畜禽养殖污染严重。2012 年，781 个试点村庄中空气质量状况，729 个村庄空气质量未出现超标现象，占 93.3%。空气质量达标天数所占比例为 93.0%。其中，二氧化硫全部达标，二氧化氮达标比例为 99.9%，可吸入颗粒物达标比例为 92.1%。试点村庄 1370 个饮用水源地监测断面（点位）水质达标率为 77.2%。其中，地表水和地下水饮用水源地水质达标率分别为 86.6% 和 70.3%。地表水饮用水源地水质主要超标指标为氨氮、总磷、五日生化需氧量、高锰酸盐指数和溶解氧。试点村庄 984 个地表水水质监测断面（点位）中，I～III 类、IV～V 类和劣 V 类水质断面（点位）比例分别为 64.7%、23.2% 和 12.1%。主要超标指标为五日生化需氧量、氨氮、总磷、高锰酸盐指数和石油类，湖泊（水库）主要超标指标为总氮。少数试点村庄地表水存在重金属超标情况。

4. 部分地区生态损害严重，生态系统功能退化

2012 年，重要河口中，双台子河口、长江口和珠江口海水富营养化严重；滦河口-北戴河大型底栖生物密度偏低，浮游植物丰度偏高；黄河口大型底栖生物密度、生物量偏低，浮游植物丰度偏高；长江口浮游植物丰度异常偏高，大型底栖生物量偏低；各河口区鱼卵、仔鱼密度总体较低。北仑河口红树林生态系统和苏北浅滩滩涂湿地生态系统均呈亚健康状态。

近十年，新入侵中国的恶性外来物种有 20 多种，常年大面积发生危害的物种有 100 多种，危害区域涉及中国 31 个省（区、市），造成了严重的经济损失。美国白蛾发生面积 $6.82\times10^5\,hm^2$，沿渤海湾外围继续呈现向北、向南的跳跃式扩散态势，防控形势严峻。红

脂大小蠹在山西、陕西、河北、河南 4 省发生面积 $5.47 \times 10^4 hm^2$，局部地区危害加重。

　　另外，我国 90% 的可利用天然草原不同程度退化，每年以 $2.00 \times 10^6 hm^2$ 的速度递增，草原生态环境局部改善整体恶化的趋势没有得到扭转。

　　5. 土地荒漠化严重

　　我国是世界上土地荒漠化最严重的国家之一，荒漠化土地面积约占国土面积的 1/3。由于不合理的开垦和过度放牧，我国土地荒漠化平均每年以 $2460 km^2$ 的速度扩展。目前全国受荒漠化影响的人口达 4 亿人，每年因荒漠化造成的经济损失约 165 亿～250 亿元。

　　（四）环境问题的实质

　　从环境问题发展历程可以看出：人为环境问题随人类的诞生而产生，并随着人类社会的发展而发展。造成环境问题的根本原因在于对环境价值认识不足，缺乏科学的经济发展规划和环境规划。环境是人类生存和发展的物质基础和制约因素。由于人口增长，从环境中获取的食物、资源、能源的数量也必然增长，同时要求工农业快速发展，为人类提供更多的生产和生活产品，这些产品经人类的消费过程（生活消费和生产消费），变为"废物"排入环境。由于环境承载力和环境容量的有限性，人口增长和生产发展超出了环境的容许极限，就会导致环境污染和生态破坏，造成环境质量恶化、资源浪费、枯竭和人类健康的损害。

　　由此可见，环境问题的实质是一个经济问题和社会问题，是建设人类生态文明问题。要实现环境问题的解决，必须处理好环境与经济社会的协调发展关系，做到既保护环境、有效治理和控制环境污染及生态破坏，又发展经济、控制人口、强化管理并提高环保科技水平，使环境问题在经济社会发展过程中逐步解决。

第二节　环境科学

　　随着人类社会发展，人类与环境之间的矛盾日益突出，人们对环境及环境问题的认识不断深入，由此促进了各类科学开展相关研究。环境科学是在解决环境问题社会需求推动下，通过不断总结环境保护经验和成果而发展起来的新兴科学。

　　一、环境科学的形成和发展

　　（一）环境科学的萌芽阶段

　　环境科学的最早萌芽在古代人类生产和生活中就已经产生。中国古代的儒家和道家就十分注重对自然环境的保护。中国儒家思想主张"天人合一"，强调人应效法自然规律以达到人与自然相协调的理想境界。道家思想强调人应顺从自然变化，主张无为，"人法地，地法天，天法道，道法自然"，把自然状态和人无为（人不去主宰天地万物）作为理想。公元前 3 世纪，中国思想家荀子在其著作《王制》一书中，提出"草木荣华滋硕之时，则斧斤不入山林，不夭其生，不绝其长也"；在《文子·七仁》中有："先王之法，不涸泽而渔，不焚林而猎"。这些主张都体现了中国古代保护自然环境的思想。另外，在古代埃及、希腊和罗马等地也有过类似论述。

　　（二）环境科学的形成阶段

　　进入 20 世纪 50 年代，许多工业发达国家环境污染恶化，环境公害事件频发，环境问题开始受到关注，环境科学也以此为契机迅速发展起来。"环境科学"一词最早是由美国学者于 1954 年提出。1962 年，美国海洋生物学家蕾切尔·卡逊（Rachel Carson）出版了《寂静的春天》(*Silent Spring*) 一书，成为环境科学思想日益普及的里程碑。1968 年国际科学联合会理事会设立了环境问题委员会，20世纪70年代初出版了以环境科学为书名的综合性专著，标志着环境科学的正式诞生。

这一时期的环境科学主要围绕环境质量开展研究。研究内容包括环境污染和生态破坏机理，污染物迁移转化规律，污染物生态社会效应和污染防治措施，以及环境质量标准和评价等。环境科学也逐渐扩展到社会学、经济学和法学等领域。出现了关于环境科学（Environmental Science）第一个公认的定义：环境科学是研究社会经济发展过程中出现的环境质量变化的科学。此后环境科学作为一门新兴、独立、内容丰富的综合性科学得到快速发展。

（三）环境科学的发展阶段

20世纪80年代开始，环境科学研究进入蓬勃发展阶段。1987年4月，由挪威前首相布伦特兰夫人任主席的联合国世界环境与发展委员会发表了题为《我们共同的未来》报告。该报告以持续发展为纲领，从保护环境和资源、满足当代和后代的需要出发，强调世界各国政府和人民要对经济发展和环境保护两大任务负起历史责任，并将二者结合起来。这一阶段逐步形成的可持续发展战略，指明了解决环境问题的根本途径，为环境科学发展研究指明了方向。随着环境问题的全球化，环境科学的研究内容进一步扩展。

20世纪90年代以后，可持续发展思想逐渐成为当代的主导环境意识。1992年6月，在巴西的里约热内卢召开了联合国环境与发展大会，大会高举持续发展的旗帜，通过了《里约环境与发展宣言》、《21世纪议程》等重要文件，该文件成为促进环境保护和经济、社会协调发展，实现人类持续发展的全球行动纲领。在此基础上，环境科学发展到全新高度，人们更清晰地认识到，环境科学需要运用自然科学和社会科学有关学科理论、技术和方法来研究环境问题。

这一阶段，环境科学分支学科不断产生，各分支学科又进行交叉，形成了多学科、多层次上的交叉和渗透。例如，在环境工程学基础上形成了环境系统工程，由环境物理学、环境工程学、环境生态学和系统学等学科内容相互交叉形成。传统生态学不再局限于生物学，而是渗透到各学科和部门，产生了新的分支学科，如恢复生态学、景观生态学、生态工程学和生态规划学等。

二、环境科学的研究对象和任务

（一）环境科学的研究对象

环境科学以"人类-环境"系统为特定的研究对象，是研究"人类-环境"系统发生、发展和调控以及改造和利用的科学。

"人类-环境"系统是由人类子系统和环境子系统组成的复合系统，两个子系统之间对立而统一的辩证关系通过人类的生产和消费行为表现出来。人类的生产和消费行为是人类与环境之间物质、能量和信息等的交换行为，人类通过生产活动从环境中以资源的形式获得物质、能量和信息，再通过消费活动以"三废"的形式排向环境。因此，人类的生产和消费行为既受到环境子系统的影响，同时环境系统的状况和变化也影响着人类子系统。

（二）环境科学的研究任务

1983年出版的《中国大百科全书：环境科学》（上卷）在社会各界广泛讨论基础上对环境科学的性质作了全面的概述，并指出了环境科学的主要任务。

1. 探索全球范围内环境演化的规律

这是研究环境科学的基础。环境总是不断演化的。在人类改造自然过程中，为使环境向有利于人类的方向发展，就必须了解环境变化的历史、过程和演化机理等，使环境质量向有利于人类的方向发展，避免对人类的不利变化。

　　2. 揭示人类活动同自然生态之间的关系

　　这是环境科学研究的核心。在人类与环境关系中，环境为人类提供生存和发展的物质条件，人类在生产和消费过程中不断依赖环境和影响环境。人类生产和消费系统中物质和能量的迁移、转化过程十分复杂，但必须使物质和能量的输入输出保持相对平衡。这种相对平衡一方面体现在排入环境的废弃物不超过环境自净能力，以免造成环境污染、损害环境质量；另一方面要求从环境中获取的资源有一定限度，以保障其能被持续利用，实现人类和环境的协调发展。

　　3. 探索环境变化对人类生存的影响

　　这是环境科学研究的长远目标。环境是一个由多要素组成的复杂系统，环境变化是由物理因素、化学因素、生物因素和社会因素及其相互作用引起的。人类活动造成的一些短暂性的、局部性的影响会通过一系列机制积累、放大或抵消，其中必然有一些转化为长期的和全球性的影响。而环境系统又会通过一系列反馈机制将这些影响施加给人类社会，这种反馈影响是强烈的和全球性的，危害非常巨大。因此，全球环境变化研究已经成为环境科学研究的热点之一。

　　4. 研究区域环境污染综合防治的技术和管理措施

　　这是环境科学的应用研究。这方面，西方发达国家已取得一些成功的经验。例如，20世纪 50 年代的污染源治理，60 年代的区域性污染综合治理，70 年代侧重预防及管理，强调区域规划与合理布局。我国近年来不断重视环境管理的综合整治和预防，并取得了一定成果，但要达到控制污染、改善环境的目标，还需更多的努力。

三、环境科学的研究内容和分科

（一）环境科学的研究内容

　　环境科学是基于社会科学、自然科学和技术科学发展起来的一门综合性新兴学科，其研究内容十分丰富，涉及面非常广泛。结合以往和现在环境科学的发展，可将环境科学研究内容概括为以下几个方面。

　　1. 环境科学基本理论和方法研究

　　以现代科学理论（系统论、信息论和控制论）为指导，研究环境质量评价的原理和方法、环境区划和环境规划的原理和方法，以及社会生态系统的理论和方法，建立有效调控人类与环境之间物质和能量交换过程的理论和方法，为解决环境问题提供方向性和战略性科学依据。

　　2. 人类与环境协调发展研究

　　将人类与环境系统作为整体，研究环境系统演化、环境质量和环境承载力变化与人类活动的相互关系，探讨可持续发展条件下运用社会学、经济学、管理学方法在法规、政策、规划等各个层面实现环境与社会经济协调发展的有效途径。

　　3. 环境质量及控制与防治研究

　　以环境质量为核心，研究环境质量与人体健康、生活质量、精神境界的关系，描述和预测环境质量变化规律，优化改进减少污染物排放及净化处理技术和生产工艺。

　　4. 环境与人体健康研究

　　研究环境污染、生态破坏和气候变化等环境问题对人体健康的影响，尤其是所引发的致癌、致畸和突变的机理、过程和防治。

（二）环境科学的分支学科

　　环境科学作为一门综合性的新兴学科，已逐步形成了多学科相互交叉渗透的学科体系。

目前，对环境科学的分科体系还没有统一认识，不同学者从各自角度提出了不同的分科方法。有一种将环境科学分为基础环境学、应用环境学和社会环境学三个基本学科，该分科体系详见图 1-1。

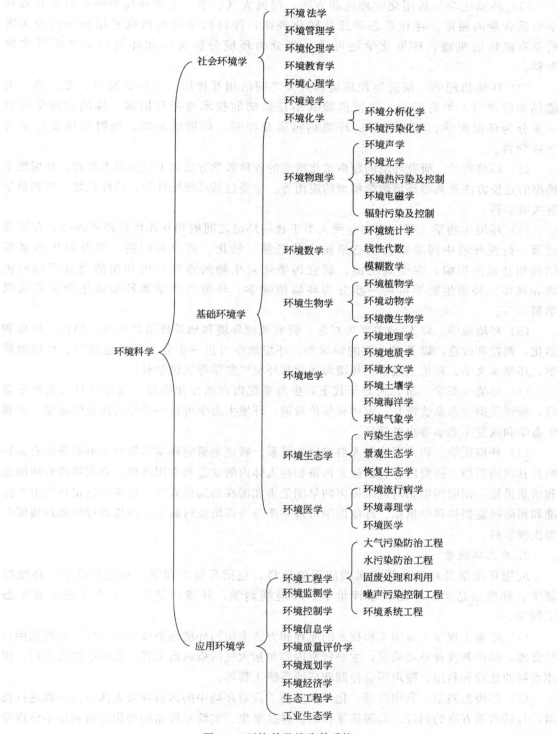

图 1-1 环境科学的分科系统

1. 基础环境学

基础环境学是环境科学发展过程中形成的基础学科，包括环境化学、环境物理学、环境数学、环境生物学、环境地学、环境生态学、环境医学等。

（1）环境化学　运用化学理论和方法，研究大气、水、土壤环境中潜在有害有毒化学物质含量的测定、存在形态和迁移转化规律，探讨污染物的回收利用和分解为无害简单有机物的机理。环境化学还可进一步分为环境分析化学和环境污染化学等次级学科。

（2）环境物理学　研究物理环境和人类之间的相互作用。主要研究声、光、热、电磁场和射线对人类的影响，以及消除其不良影响的技术途径和措施。环境物理学可进一步分为环境声学、环境光学、环境热污染及控制、环境电磁学、辐射污染及控制等次级学科。

（3）环境数学　研究环境问题模型化所需的各种数学方法和工具的基本原理，环境数学模型的建模方法及典型环境数学模型的应用等。主要包括环境统计学、线性代数、模糊数学等次级学科。

（4）环境生物学　研究生物与受人类干扰的环境之间的相互作用机理和规律。在宏观层面，研究环境中污染物在生态系统中的迁移、转化、富集和归宿，以及对生态系统结构和功能的影响；在微观层面，研究污染物对生物的毒理作用和遗传变异影响的机理和规律。环境生物学可进一步分为环境植物学、环境动物学和环境微生物学等次级学科。

（5）环境地学　以人-地关系为对象，研究地理环境和地质环境的组成、结构、性质和演化，调控和改造，以及对人类的影响等。环境地学可进一步分为环境地理学、环境地质学、环境水文学、环境土壤学、环境海洋学和环境气象学等次级学科。

（6）环境生态学　研究人为干扰下，生态系统内在的变化机理、规律和对人类的反效应，探讨受损生态系统恢复、重建和保护对策。环境生态学可进一步分为污染生态学、景观生态学和恢复生态学等次级学科。

（7）环境医学　研究环境与人群健康的关系，特别是研究环境污染对人群健康的有害影响及其预防措施。研究内容包括探索污染物在人体内的动态和作用机理，查明环境致病因素和治病措施，阐明污染物对健康损害的早期危害和潜在的远期效应，以便为制定环境卫生标准和预防措施提供科学依据。环境医学可进一步分为环境流行病学、环境毒理学和环境医学等次级学科。

2. 应用环境学

应用环境学是环境科学中实践应用的学科，包括环境工程学、环境监测学、环境控制学、环境信息学、环境质量评价学、环境规划学、环境经济学、工业生态学和生态工程学。

（1）环境工程学　运用工程技术的原理和方法来防治环境污染和生态破坏，合理利用自然资源，保护和改善环境质量，主要研究内容包括大气污染防治工程、水污染防治工程、固体废物的处理和利用、噪声污染控制和环境系统工程等。

（2）环境监测学　利用物理、化学和生物手段对环境中的污染物及人体中污染物进行监测，包括监测方案的制订、监测质量控制、样品采集、实验室样品的理化分析和初步整理等内容。

（3）环境控制学　研究水处理工程、大气污染控制工程、固体废物处理处置工程等环境污染防治和生态修复工程中涉及的具有共性的基本过程、现象及污染控制装置的基本原理与基础理论，主要包括环境工程、分离过程和反应工程基本原理等。

（4）环境信息学　利用信息系统理论、计算机和网络新技术以及3S技术，研究环境信息的采集、处理、管理和环境信息系统的设计、开发、运行和维护等。

（5）环境质量评价学　根据一定环境质量评价标准和评价方法，在调查研究基础上，对特定区域范围内的环境质量做出科学、客观和定量的评定和预测，为揭示环境质量和发展趋势、确定重点治理对象、评估拟建工业及其他建设项目的环境影响等方面提供科学依据。

（6）环境规划学　以社会-经济-环境复合生态系统为研究对象，研究环境规划的基础理论、技术方法、规划编制工作流程和不同类型环境规划编制要求，以及环境规划的实施保障措施。

（7）环境经济学　利用经济学和环境学原理，研究环境经济与环境之间的相互作用，探索将环境资源纳入主流经济轨道的理论和途径。研究内容包括环境资源的市场配置、环境消费与环境生产、经济发展与环境生产力、经济与环境的宏观调控以及可持续发展经济等。

（8）工业生态学　利用生态学的理论和方法，研究工业生产活动中自然资源从源到汇的全代谢过程、组织管理体制以及生产、消费、调控行为的动力学机制和控制论方法，推进工业产业的循环持续发展。

（9）生态工程学　指利用生态学、系统学、工程学和经济学等学科的基本原理和方法，对环保和污染物处理利用生态工程、城镇发展生态工程和湿地生态工程等典型生态工程进行设计和技术组装，以修复破坏的生态系统、调控造成环境污染的生产方式，促进人类社会与自然环境的友好发展。

3．社会环境学

社会环境学是利用社会科学的研究方法，研究人与环境之间的关系以及人类环境行为的调控等。包括环境伦理学、环境法学、环境管理学、环境教育学、环境心理学和环境美学等。

（1）环境伦理学　从伦理和哲学角度研究人类与环境的关系，是人类对环境的思维和行为准则。

（2）环境法学　研究关于保护自然资源和防治环境污染的立法体系、法律制度和法律措施，目的在于调整保护环境而产生的社会关系。

（3）环境管理学　采用行政、法律、经济、教育和科学技术的各种手段调整社会经济发展同环境保护之间的关系，处理国民经济各部门、各社会集团和个人有关环境问题的相关关系，通过全面规划和合理利用自然资源，达到保护环境和促进经济发展的目的。

（4）环境教育学　以跨学科培训为特征，唤起受教育者的环境意识，理解人类与环境的相互关系，发展解决环境问题的技能，树立正确的环境价值观和态度的一门教育科学。

（5）环境心理学　研究从心理学角度保持符合人们心愿的环境的一门科学。

（6）环境美学　研究审美立体、环境意识、环境道德以及技术美的设计，从而达到美感、审美享受的要求，使社会物质不断发展。

总之，在环境科学发展过程中，在与相关学科相互渗透、交叉中形成了许多分支学科。这些分支学科虽各有特点，但相互渗透、相互依存，成为环境科学这个整体所不可分割的组成部分。

【阅读材料】

我国环境科学研究及应用发展趋势和重点领域

一、发展趋势

近年来，我国环境科学研究及应用随着研究条件不断改善和应用需求的进一步增强，总体发展呈现如下趋势。

（一）跨学科交叉融合发展

环境保护不仅涉及污染治理和生态保护，还更多与社会经济发展、城镇建设、资源开发等经济活动密切相关，一些复杂的自然过程及重大资源、环境和生态问题也需要不同学科之间交叉、渗透和综合集成。因此，环境伦理、环境权益和环境经济政策日渐成为环境科学领域关注的重点，分子技术、生物技术和信息技术等在环境科学领域的应用不断拓宽和深入，环境科学研究及应用出现了与社会学、心理学、经济学和高新技术等交叉与融合的发展趋势。

（二）更注重生态系统的整体性研究

国际环境科学基础研究已经进入了以地球生态系统为对象的综合集成研究阶段，并通过数字地球技术，建立了高度综合的环境信息及要素观测网络，可揭示人类活动对地球系统的影响机制。我国的环境科学基础研究也加强了天地一体化、多环境要素交互影响的区域生态系统研究，表现出从微观到宏观、由单一要素到多元要素、小尺度区域到大尺度区域、以至全球尺度的转变。

（三）由末端治理向全过程、全方位预防控制转变

末端治理不能从根本上解决环境污染问题，需要从产业结构调整、生产过程控制、消费方式改变、清洁能源研发等方面着手，将绿色制造技术、绿色建筑技术、清洁能源技术、生态农业技术等新技术引入环境保护，实现环境问题的全防全控。我国已引入了清洁生产和循环经济理念，目前又兴起了生态经济和低碳经济的浪潮。

（四）从事后应急向事前预警和事后应急并重转变

突发环境事件的预防、应急和有效处置是环境保护工作的重要内容。大多发达国家已经建立了先进的环境预警体系，对突发事件造成的环境污染进行积极有效的监控。我国的环境应急能力和水平随着近年来频发的突发环境事件得到有效提升。目前，环境风险识别、评估、预防、应急处置等环境预警和监控已成为我国环境科学应用发展的重点之一。

（五）危害人体健康的各类环境风险成为研究热点

随着人们环保意识的不断增强和对环境污染与人体健康关系认识的深入，环境健康风险防范已经成为国内外环境与健康领域的研究热点。目前更多关注重金属、持久性有机污染物和纳米材料等新型化学物质对人体健康的影响，以及环境污染导致的突发性和累积性健康风险。环境污染的人体暴露、环境健康标准及法律法规、环境健康风险评估、预警和应急体系等成为我国当前环境与健康领域研究的主要发展方向。

二、重点领域

今后一段时期，我国环境科学研究及应用主要围绕以下重点领域开展并力求有所突破。

（一）污染物减排与环境质量改善的响应关系

以重点区域和流域为研究对象，通过分析污染物减排与环境质量改善的机制和过程、建立相关响应关系模型和投入产出模型，揭示其污染物减排与环境质量改善的响应及效应关系，以建立更加有效的污染减排管理和技术模式，为中长期污染减排和环境质量改善的战略制定提供科学依据。今后应进一步建立氮、磷、氮氧化物、VOCs 等污染总量控制的技术、设备和管理政策。

（二）全过程污染减排技术与政策

以经济结构调整、发展方式、发展模式转变的减排驱动机制研究为切入点，进一步研究生产、流通、消费全领域减排政策、技术和管理制度，以及全行业前端准入、清洁生产、过程控制、综合回用、末端治理等全过程的污染减排技术和管理政策，全面发挥全过程污染减排在环境问题解决过程中的作用。

（三）跨地域的污染物扩散、复合演变与污染防控

研究典型污染物不同气象、水文条件下复合、降解、转化的机理，以及跨区域和流域的传输、扩散、沉降机理，尤其是多污染物和跨区域传输与演变的监测、评估和预警技术，探讨突破城市群区域氮氧化物、臭氧、细粒子的控制技术模式和管理模式。

（四）构建完整的环境监测技术、设备和管理体系

完善现有的空气、地表水、噪声、污染源、生态、固体废物、土壤、生物和辐射等环境要素的环境监测技术和环境标准。研究近海域、酸沉降、光污染、热污染和沙尘暴等环境监测技术，突发性环境污染事件应急监测技术，以及地下水和农村等新领域的环境监测技术。构建基于卫星遥感、定位站、监测站网、移动监测车船等监测设备的环境监测技术、设备和管理体系。

（五）环境风险评估、防范机制、体制与技术

以重点区域、流域、行业和突发重大灾害事件为优先研究对象，研究环境风险调查、评估、区划、管理指标体系、技术政策，以及环境风险方法处置的评估和赔偿机制。

（六）环境污染与人体健康机理、管理制度

主要包括重点区域、流域环境健康相关特征污染物、优先控制污染物调查和筛选技术研究，重金属、有毒有害有机污染物、放射性物质等对人体健康的影响机理和剂量-反应关系研究，大气污染对人群健康影响前瞻性队列和风险评估关键技术和方法研究，环境健康综合监测、数据采集和数据标准化技术研究，慢性累积性和突发性环境健康事件处理处置方法、环境污染导致健康危害快速识别技术研究等。

（七）基于自然科学和社会科学交叉的环境管理、政策和制度

研究基于自然科学规律和社会发展规律的环境管理政策体系，建立符合经济规律的环境经济政策，开展环境伦理学研究，完善环境法学体系和环境影响评价制度，探索符合我国国情的环境保护管理、政策和制度体系。

思　考　题

1. 如何理解"环境"的基本概念？环境具有哪些主要特征？如何进行环境分类？

2. 什么是环境问题？环境问题有哪些类型？环境问题的实质是什么？

3. 当前全球性环境问题有哪些？

4. 我国环境问题主要表现在哪些方面？

5. 环境科学是怎样产生的？环境科学研究的对象、任务和内容各是什么？

6. 环境科学包括哪些基本学科？

参 考 文 献

[1]　刘克峰，张颖．环境学导论．北京：中国林业出版社，2012.
[2]　中国环境科学学会．环境科学技术学科发展报告 2011—2012．北京：中国科学技术出版社，2012.
[3]　鞠美庭，邵超峰，李智．环境学基础．第 2 版．北京：化学工业出版社，2010.
[4]　王玉梅等．环境学基础．北京：科学出版社，2010.
[5]　朱鲁生．环境科学概论．北京：中国农业出版社，2005.
[6]　吴彩斌，雷恒毅，宁平．环境学概论．北京：中国环境科学出版社，2007.
[7]　王淑莹，高春娣等．环境导论．北京：中国建筑工业出版社，2004.
[8]　杨志峰，刘静玲．环境科学概论．北京：高等教育出版社，2004.
[9]　王岩，陈宜俍．环境科学概论．北京：化学工业出版社，2003.
[10]　程发良，常慧等．环境保护基础．北京：清华大学出版社，2002.
[11]　林肇信，刘天齐，刘逸农．环境保护概论．修订版．北京：高等教育出版社，2002.
[12]　陈英旭．环境学．北京：中国环境科学出版社，2001.

第二章 大气环境

大气是人类生存环境的重要组成部分,是满足人类生存的基本物质,为不可缺少的重要资源。随着人类活动的不断加强,大气环境受到各种直接和间接影响,引起大气环境质量改变、大气环境功能下降,威胁人类和其他生物的生存和发展。大气污染已经成为当前人们所面临的重要环境问题之一。

本章由四部分组成,大气环境的组成与结构部分主要介绍大气环境的组成和结构,大气污染及危害部分阐述大气污染的定义、大气污染物、大气污染源和大气污染危害,大气污染的影响因素部分说明气象、下垫面等因素对大气污染扩散的影响,大气污染防治部分探讨大气污染防治的原则、措施和主要污染物的治理技术。

第一节 大气环境的组成与结构

一、大气环境的组成

大气是由多种气态及悬浮在其中的液态和固态物质所组成的混合物,主要成分包括干洁空气、水汽和悬浮的气溶胶颗粒。

(一) 干洁空气

干洁空气是指大气中除固态、液态物质及水汽外的全部混合气体。干洁空气中气体成分分为两类(见表 2-1),一类是定常成分,各成分之间大致保持固定比例,基本上不随时间和地点发生变化,主要包括氮(N_2)、氧(O_2)、氩(Ar)和微量惰性气体氖(Ne)、氪(Kr)、氙(Xe)及氦(He)等;另一类是可变成分,这些气体在大气中的比例随时间和地点而变,包括二氧化碳(CO_2)、甲烷(CH_4)、氮氧化物(NO_x)、硫氧化物(SO_x)和臭氧(O_3)等。可变成分的形成与

表 2-1 干洁大气的基本成分

气体		分子式	体积分数/%	相对分子质量
定常成分	氮	N_2	78.0840	28.0134
	氧	O_2	20.9476	31.9988
	氩	Ar	0.934	29.948
	氖	Ne	0.001818	20.183
	氦	He	0.000524	4.0026
	氪	Kr	0.000114	83.8
	氙	Xe	0.87×10^{-7}	131.3
可变成分	二氧化碳	CO_2	0.0322	44.00995
	一氧化碳	CO	0.19×10^{-4}	28.01055
	甲烷	CH_4	1.5×10^{-4}	16.04303
	臭氧	O_3	0.04×10^{-4}	47.9982
	二氧化硫	SO_2	1.2×10^{-7}	64.0628
	一氧化二氮	N_2O	0.27×10^{-4}	44.0128
	二氧化氮	NO_2	1.0×10^{-7}	46.0055
	氨	NH_3	4.0×10^{-7}	17.03061

注:引自黄儒钦,环境科学基础,2007。

人类活动密切相关，虽然在大气中的含量远小于定常成分，但对大气质量影响非常大。例如，二氧化碳吸收太阳辐射少，但能强烈吸收地面长波辐射，从而影响大气的温度。

（二）水汽

水汽是大气中最活跃的成分。大气中的水汽主要来自海水的蒸发，少量来自江河、湖泊的水蒸发以及土壤、植物的蒸腾作用。水汽在大气温度变化范围内可发生相变，形成云、雾、雨、雪等多种天气现象。大气中的水汽含量随时间、地点、气象条件变化很大。在热带地区可高达4%（体积分数），在南北两极则不到0.1%（体积分数）。水汽在太阳辐射的近红外和红外区域，特别是地球长波辐射区域，有较强的吸收带。大气中水汽含量对生物生长和发育具有重要影响。

（三）悬浮颗粒

大气中除气体成分外，还有很多液体、固体杂质和微粒，主要来源于火山爆发、沙土飞扬、物质燃烧的颗粒、宇宙物落入大气和海水溅沫、蒸发等散发的烟粒、尘埃、盐粒和冰晶，还有微生物和植物的孢子、花粉等。大气中悬浮颗粒含量和分布随时间、地点、天气条件而发生变化，一般是低空多、高空少，陆地多、海上少，城市多、农村少。大气中的悬浮颗粒增加会影响太阳辐射传输，对大气温度和能见度产生一定影响。

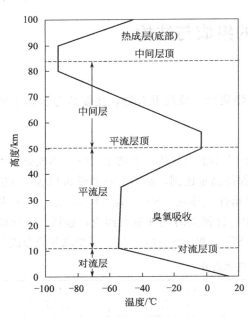

图 2-1 大气垂直分层结构示意图

二、大气环境的结构

由于地心引力作用，大气密度随高度增加而显著下降，其质量分布在垂直方向上是不均匀的。总体来看，大气的主要质量集中在下部，其质量的50%集中在距地面5km以下，75%集中在10km以下，90%集中在30km以下。由于大气的温度、成分、荷电等物理性质在垂直方向的显著差异，1962年世界气象组织（WMO）根据大气温度随高度垂直变化的特征，将大气分为对流层、平流层、中间层、热成层和散逸层，如图2-1所示。

（一）对流层

对流层（troposphere）是大气的最底层，从地球表面到对流层顶，其厚度随纬度和季节而变化。在赤道低纬度区为17～18km，在中纬度区为10～12km，两极附近高纬度地区为8～9km；夏季对流层较厚而冬季较薄。这一层的温度随高度而降低，其递减率平均约每100m降低0.65℃。

对流层相对于整个大气层的总厚度来说是很薄的，但它的密度大，大气层总质量的3/4以上集中在此层。由于受地表影响不同，对流层又可分为两层。在距地面1～2km范围内，受地表机械力、热力作用强烈，称为摩擦层、边界层或低层大气。排入大气的污染物绝大部分在此层活动。在边界层以上，受地表影响力小，称自由大气层，主要天气过程如雨、雪、雹等均出现在此层。对流层与人类生产、生活的关系最为密切。

（二）平流层

从对流层顶到50km左右的大气层为平流层（stratosphere）。平流层的温度在30～35km以下随高度增加不变或变化很小，大致稳定在−55℃左右，又称同温层；在30～

35km 以上，温度随高度的升高而升高，在平流层顶达 −3℃ 左右，称为逆温层。这种温度变化特征，主要是由于在高约 15～35km 范围内，有一层厚约 20km 的臭氧层。臭氧层能强烈吸收 200～300nm 的太阳短波紫外线，同时在紫外线的作用下被分解为原子氧和分子氧。当它们重新化合生成臭氧时，释放出大量的热能，使平流层的温度升高。平流层内大气大多作水平运动，对流十分微弱，而且大气干燥，没有对流层中的云、雨等天气现象，尘埃也比较少，大气透明度好，是现代超音速飞机飞行的理想场所。但由于大气扩散速度慢，大气污染物进入平流层后，污染物停留时间长，有时可达数十年之久，甚至会长期滞留其中。进入平流层的氮氧化物、氯化氢及氟利昂有机制冷剂等能与臭氧发生光化学反应，致使臭氧浓度降低，出现臭氧"空洞"。若臭氧层遭受破坏，太阳辐射到地球表面的紫外线将增强，使地球上生命系统遭受极大威胁。

（三）中间层

从平流层顶至距地面 85km 左右的大气层为中间层（mesosphere）。由于该层的臭氧稀少，而且氮、氧等气体所能直接吸收的太阳短波辐射大部分已被上层大气吸收，因此该层内温度变化类似于对流层情况，随高度增加而迅速递减，其层顶温度可降至 −92℃。这层中空气具有强烈的对流运动，垂直混合明显，有时出现夜光云。

（四）热成层

从中间层顶部至距地表 250km（太阳宁静期）或 500km（太阳活动期）的大气层称为热成层（thermosphere）。该层下部基本上由分子氮组成，而上部是由原子氧组成，电离后的原子氧能够强烈吸收太阳紫外光的能量，温度随高度的上升而迅速升高。由于来自太阳和其他星球的各种射线作用，该层大部分空气分子发生电离而具有高密度的带电粒子，因此也称为电离层。电离层能反射地面发射的电磁波，对地面的无线电通讯起到十分重要的作用。

（五）散逸层

热成层以上的大气层统称为散逸层（exosphere），是大气圈的最外层，距地表 500km 以上到 2000～3000km。该层空气极为稀薄，但大部分空气分子在太阳紫外线和宇宙射线作用下发生电离，温度变化呈现随高度上升而增加的特征。散逸层是大气圈逐步过渡到星际空间的大气层，由于受地心引力极小，该层的大气粒子很少互相碰撞，中性粒子基本上按抛物线轨迹运动，有些速度较大的中性粒子，能够克服地球的引力而逸入宇宙空间。

第二节　大气污染及危害

一、大气污染

（一）大气污染定义

从大气成分可以看出，干洁空气中的痕量气体含量是不足以对人类、自然界生物产生毒害作用的，但由于人类活动及各种自然过程不断向大气排放原本没有或者极微量的物质，使大气中原有物质组成和生态平衡体系发生变化，当这些物质达到足够的浓度、持续足够时间，可危及人体健康和正常的生产、生活活动，对建筑物和设备财产造成损失时，这时的大气就处于污染状态了。

按照国际标准化组织（ISO）的定义，大气污染（air pollution）是指由于人类活动或自然过程引起某些物质进入大气中，达到足够的浓度，持续足够的时间，并因此危害了人体的舒适、健康和福利或环境的现象。

（二）大气污染分类

1. 按污染的范围大小划分

（1）局部性大气污染　指由某单一污染源如工厂烟囱排气造成的较小范围的大气污染。

（2）区域性大气污染　指一些工业区及附近地区或整个城市的大气污染。

（3）广域性大气污染　指超过行政区域的广大地域的大气污染，如一个地区或大城市的酸雨。

（4）全球性大气污染　指超越国界乃至涉及整个地球大气层的污染，具有全球性影响的大气污染，如温室效应、臭氧层破坏等。

2. 按燃料性质和大气污染物组成划分

（1）煤炭型大气污染　煤炭型大气污染的主要污染物是由煤炭燃烧时放出的烟气、粉尘、SO_2 等构成的一次污染物，以及由这些污染物发生化学反应而生成的硫酸、硫酸盐类气溶胶等二次污染物。造成这类污染的污染源主要是工业企业烟气排放物，其次是家庭炉灶等取暖设备的烟气排放。

（2）石油型大气污染　石油型大气污染的主要污染物来自汽车排气、石油冶炼及石油化工厂的排放。主要污染物是 NO_2、烯烃、链状烷烃、醇、羰基化合物等，以及它们在大气中形成的臭氧、各种自由基及其反应生成的一系列中间物与最终产物。

（3）混合型大气污染　混合型大气污染的主要污染物来自以煤炭为燃料的污染源排放、以石油为燃料的污染源排放，以及从工矿企业排出的各种化学物质等。例如，日本横滨、川崎等地区发生的污染事件就属于此种污染类型。

（4）特殊型大气污染　特殊型大气污染是指有关工厂企业排放的特殊气体所造成的污染。这类污染常限于局部范围内。例如，生产磷肥企业排放的特殊气体所造成的氟污染、氯碱工业周围形成的氯气污染等。

3. 按污染物的化学性质及其存在的大气环境状况划分

（1）还原型大气污染　还原型大气污染是指以煤、石油等为燃料所产生的大气污染。这类污染的主要污染物是 SO_2、CO 和颗粒物。在低温、高湿的阴天，风速很小，伴有逆温存在的情况下，这些一次污染物容易在低空集聚，然后在空气中被氧化，并与水蒸气生成还原性烟雾，引发污染事故。伦敦烟雾事件就是这类还原型污染的典型代表，故这类污染又称伦敦烟雾型污染。

（2）氧化型大气污染　氧化型大气污染多发生在以石油为主要燃料的地区。污染物主要来源于汽车尾气、燃油锅炉以及石油化工企业，主要的一次污染物是 CO、NO_x、HC（烃类化合物）等。这些污染物在太阳短波光的照射下能够引起光化学反应，生成 O_3、醛类、PAN（过氧乙酰硝酸酯）等二次污染物。这类污染物具有极强的氧化性，对人的眼睛黏膜有强刺激作用，使人流泪。洛杉矶光化学烟雾就属此型污染，故氧化型污染又称为洛杉矶烟雾型污染。

还原型大气污染和氧化型大气污染是截然不同的大气污染，其主要差别见表 2-2。

表 2-2　还原型大气污染和氧化型大气污染的差别

项目	还原型大气污染	氧化型大气污染
污染源	工厂、家庭取暖等燃煤装置	汽车尾气为主
污染物	SO_2、CO、颗粒物和硫酸雾、硫酸盐类气溶胶	CO、NO_x、HC、O_3、醛类、PAN
燃料	煤、燃料油	汽油、煤油、石油
反应类型	热反应	光化学反应、热反应
化学作用	催化作用	光化学氧化作用

续表

项目		还原型大气污染	氧化型大气污染
气象条件	气温/℃	−1～4	24～32
	湿度/%	85 以上	70 以下
	逆温	辐射性逆温	沉降性逆温
	风速	静风	22m/s 以下
发生季节		12月～次年1月（冬季）	8～9月（早秋）
出现时间		白天夜间连续	白天
视野		0.8～1.6km	<100m
毒性		刺激呼吸，使呼吸道疾病患者加速死亡	刺激眼睛和呼吸道，臭氧化作用强

注：引自王玉梅等，环境学基础，2010。

二、大气污染源

（一）大气污染源概念

大气污染源是指向大气环境排放有害物质或对大气环境产生有害影响的场所，设备和装置。大气中污染物可来自两个方面，一是天然污染源，如森林火灾、火山喷发等产生的烟尘等；二是人为污染源，污染物由人类生产、生活过程产生。一般而言，大气污染主要是人类活动造成的，因此人为污染源成为大气污染研究和控制的重点。

（二）大气污染源分类

根据研究目的不同及污染源特点，大气的人为污染源类型有如下划分方法。

1. 按污染源存在的形式划分

（1）固定污染源　指排放污染物的固定设施，如火力发电厂、烟囱、民用炉灶等。

（2）移动污染源　指排放污染物的交通工具，又称交通污染源，移动污染源位置可以移动，并且在移动中排放出大量废气，如汽车等交通污染源。

2. 按照污染物排放的方式划分

（1）点源　指污染源集中在一点或相对于所考查的范围而言可以看做一个点的情况。如高的单个烟囱可看成点源。

（2）线源　指流动源在一定路线上排污，使该线路成为一条线状污染源。如一条汽车来往频繁的公路就可以看作线源。

（3）面源　指在一个较大范围内，较密集的排污点源连成一片，可把整个区域看作一个污染源。如许多低矮烟囱集中起来就构成了面源。

3. 按污染物排放的时间划分

（1）连续源　指连续排放污染物的污染源，如化工厂的排气筒等。

（2）间断源　指间歇性排放污染物的污染源，如采暖锅炉的烟囱等。

（3）瞬时源　指无规律地短时间排放污染物的污染源，如事故排放。

4. 按污染物排放的空间划分

（1）高架源　指距地面一定高度上排放污染物的污染源，如烟囱。

（2）地面源　指在地面上排放污染物的污染源，如煤炉、锅炉等。

5. 按照污染物发生类型划分

（1）工业污染源　包括工业用燃料燃烧排放的废气及工业生产过程的排气等，是大气的主要污染源。工业污染源由于排放源较集中、浓度较高，对局部地区大气质量影响较大。不同产品种类和工艺流程的工业污染源所排放的污染物种类和数量有很大差别。例如，石油化工企业排放 SO_2、H_2S、CO_2、NO_x 等；有色金属冶炼工业排放 SO_2、NO_x 及含重金属元素的烟尘；钢铁工业在炼铁、炼钢、炼焦等过程中排放的粉尘、硫氧化物、氰化物、酚、苯类和烃类等。

（2）农业污染源　指农业生产过程中向大气排放污染物。例如，不当施用化肥农药、有机肥等过程产生的有害物质挥发扩散，以及施用后期 NO_x、CH_4、挥发性农药成分从土壤中逸散进入大气；农业机械运行排放的尾气及农业废弃物燃烧产生的有害气体排入大气。另外，稻田和畜牧业生产中释放的 CH_4 由于其温室效应而受到重视。

（3）生活污染源　指包括民用炉灶及取暖锅炉燃煤排放的污染物、焚烧垃圾的废气、垃圾在堆放过程中由于厌氧分解排出的二次污染物等。家庭日常生活用的炉灶，由于居住区分布广泛、密度大、排放高度低，再加上没有任何处理设施，所排出的污染物数量不比大锅炉低，是不可忽视的大气污染源。

（4）交通污染源　指可排放尾气的各种现代化交通运输工具，如汽车、飞机、船舶等。这类污染源排放的废气中含有 CO、NO_x、含氧有机化合物、硫氧化物和铅的化合物等多种有害物质。由于这类污染源可在移动中排放污染物，又称移动污染源。

三、大气污染物

（一）大气污染物定义

大气污染物（air pollutants）是指由于人类活动或自然过程排入大气并对环境或人类产生有害影响的物质。据不完全统计，目前被人们注意到或已经对环境和人类产生危害的大气污染物大约有 100 种。其中影响范围广，对人类环境威胁较大、具有普遍性的污染物有颗粒物、SO_2、NO_x、CO、碳氢化合物、氟化物（即光化学氧化剂）等。

（二）大气污染物分类

1. 按照污染物的来源划分

（1）一次污染物　指直接从污染源排放的污染物质，进入大气后其性质没有发生变化，如 SO_2、NO、CO 和颗粒物等，也称原发性污染物。

（2）二次污染物　指由一次污染物在大气中相互作用经化学反应或光化学反应形成的与一次污染物的物理、化学性质完全不同的新的大气污染物，其毒性比一次污染物更强。最常见的二次污染物有硫酸及硫酸盐气溶胶、硝酸及硝酸盐气溶胶、臭氧、光化学氧化剂等。

一次大气污染物和二次大气污染物种类见表 2-3。

表 2-3　大气中的一次污染物和二次污染物

类别	一次污染物	二次污染物
含硫化合物	SO_2、H_2S	SO_3、H_2SO_4、MSO_4
含氮化合物	NO、NH_3	NO_2、HNO_3、MNO_3
碳的氧化物	CO、CO_2	无
含碳化合物	C_1～C_5 化合物	醛类、酮类、过氧乙酰硝酸酯
含卤素化合物	HF、HCl	无

注：1. MSO_4 和 MNO_3 分别表示一般的硫酸盐和硝酸盐。

2. 引自王玉梅等，环境学基础，2010。

2. 按照污染物存在状态划分

大气污染物以气体形式和气溶胶状态存在，其中气体状态约占 90％（体积分数），气溶胶状态约占 10％（体积分数）。

（1）气溶胶状态污染物　气溶胶状态污染物也称为颗粒污染物。在大气污染中，气溶胶指固体、液体粒子或它们在气体介质中的悬浮体，其粒径为 $0.002 \sim 100 \mu m$。按照粒径大小，大气气溶胶状态污染物可分为以下 5 种。

① 尘粒　尘粒一般指粒径大于 $75 \mu m$ 的颗粒物。这类颗粒物由于粒径较大，在气体分散介质中具有一定的沉降速度，因而易于沉降到地面。

② 粉尘　粉尘一般指粒径小于 $75 \mu m$ 的颗粒物，这些颗粒物通常是由煤、矿石和其他固体物料在运输、粉碎、碾磨、装卸等机械处理过程或由风扬起的土壤尘等所致。在我国环境空气质量标准中，根据粒径大小，将粉尘划分为总悬浮颗粒物（TSP）和可吸入颗粒物。总悬浮颗粒物（TSP）是指悬浮在空气中所有粒径小于 $100 \mu m$ 的固体颗粒物。可吸入颗粒物（PM_{10}、$PM_{2.5}$）是指悬浮在空气中粒径小于 $10 \mu m$ 或小于 $2.5 \mu m$ 的所有颗粒物。

③ 烟尘　烟尘是指粒径小于 $1 \mu m$ 的固体颗粒物，是在燃料燃烧、高温熔融和化学反应等过程中形成的。它包括了因升华、焙烧、氧化等过程所形成的烟气，也包括燃料不完全燃烧所造成的黑烟及由于蒸汽的凝结所形成的烟雾。

④ 雾尘　雾尘是小液体粒子悬浮于大气中的悬浮体的总称，粒径小于 $100 \mu m$。雾尘一般是由于蒸汽的凝结、液体的喷雾、雾化以及化学反应所形成的。水雾、酸雾、碱雾和油雾均属于雾尘。

⑤ 煤烟尘　煤烟尘又称黑烟子，是指伴随燃料和其他物质燃烧所发生的黑色烟尘，粒径大约在 $1 \sim 20 \mu m$。一般来说，燃烧天然气，煤烟尘生成量少；燃烧煤或木材等碳化物，特别是燃烧其干馏生成物，如焦油（沥青）等一类燃料时，煤烟尘生成量就多。

（2）气体状态污染物　气体状态污染物简称气态污染物，是以分子状态存在的污染物，大部分为无机气体。常见的气体状态包括五类，即含硫化合物、氮氧化合物、碳氧化合物、碳氢化合物和含卤素化合物。表 2-4 列出了部分气态大气污染物的发生源及相关行业。

表 2-4　部分气态大气污染物的发生源及相关行业

污染物名称	化学式	发生源及其相关行业
二氧化硫	SO_2	含硫燃料及含硫物质燃烧,硫酸、冶金、造纸等工业
三氧化硫	SO_3	含硫燃料及含硫物质燃烧,硫酸、有机化工工业
硫化氢	H_2S	石油炼制,煤气工业,合成氨工业,制浆工业
硫酸	H_2SO_4	硫酸工业,肥料工业,无机化工
一氧化氮	NO	燃料及其物质高温燃烧,硝酸工业,染料工业
二氧化氮	NO_2	燃料及物质高温燃烧,硝酸工业,纸浆生产,甘油硝化,金属腐蚀及清洗
一氧化二氮	N_2O	来自天然源(土壤硝酸盐 NO_3^- 经细菌脱氮作用),燃料燃烧和化肥使用
氨	NH_3	来自动物废弃物、土壤腐殖质的氨化,土壤氨基肥料化的分解,细菌将废弃物中的有机物分解,燃料燃烧,合成氨工业

污染物名称	化学式	发生源及其相关行业
一氧化碳	CO	燃料燃烧,甲烷转化,海水中一氧化碳的释放,植物排放,烃类氧化及植物叶绿素光解
二氧化碳	CO_2	甲烷转化,海洋脱气,动植物呼气,矿物燃料燃烧
甲烷	CH_4	主要来源厌氧细菌发酵,发生在沼泽、泥塘、水稻田底部,牲畜反刍,原油和煤气罐或管线泄漏
氯化氢	HCl	盐酸工业、烧碱工业、塑料处理、金属表面清洗
氯	Cl_2	盐酸工业,液氯的生产,氯碱工业,漂白粉生产
氟化氢	HF	化肥生产,炼铝工业,炼钢业,玻璃工业,火箭燃料生产
三氯甲烷	$CHCl_3$	有机化学试剂生产和使用
四氯化碳	CCl_4	有机化学试剂生产和使用
氰化氢	HCN	氢氰酸生产,炼铁,煤气工业,化学工业,电镀业
甲醛	HCHO	福尔马林生产,制革业合成树脂
苯	C_6H_6	石油炼制,福尔马林生产,涂料生产,有机溶剂生产
甲醇	CH_3OH	甲醇生产,福尔马林生产,涂料生产,树脂工业
苯酚	C_6H_5OH	炼焦工业,化学药品,涂料工业,树脂工业
硫醇	C_2H_5SH	石油炼制,制药业,石油化工,饲料生产

注:引自林肇信等,环境保护概论,2002。

① **含硫化合物** 含硫化合物主要指 SO_2、SO_3 和 H_2S 等,也有一部分以亚硫酸盐及硫酸(盐)颗粒和液滴的形式存在于大气中。SO_2 是一种无色、具有刺激性气味的不可燃气体,为分布广、数量大、危害严重的主要大气污染物,大多来源于含硫煤和石油的燃烧、石油炼制以及有色金属冶炼和硫酸制造等人为污染源。SO_2 在污染的大气中极不稳定,最多只能存在 1~2 天。当相对湿度较大且有催化剂存在时,可发生催化氧化反应,生成 SO_3,进而生成硫酸或硫酸盐,硫酸和硫酸盐可形成硫酸烟雾和酸性降水,对大气环境造成较大危害。SO_2 由此被作为重要的大气污染物。

H_2S 也是不稳定的硫化物,在有颗粒物存在时,可迅速被氧化为 SO_2,成为大气中 SO_2 的另一主要来源。

② **氮氧化合物** 氮氧化合物是 NO、NO_2、N_2O、N_2O_3、N_2O_4 和 N_2O_5 的总称,通常用符号 NO_x 表示。造成大气污染的 NO_x 主要有 NO 和 NO_2。天然排放的氮氧化物主要来自土壤和海洋中有机物的分解,属于自然界的氮循环过程。人为活动排放的氮氧化物大部分来自化石燃料的燃烧过程,如汽车、飞机、内燃机及工业窑炉的燃烧过程;也来自生产、使用硝酸的过程,如氮肥厂、有机中间体厂、有色及黑色金属冶炼厂等。氮氧化物对环境的危害作用极大,它既是形成酸雨的主要物质之一,也是形成大气中光化学烟雾的重要物质和消耗臭氧的重要因子。

NO 的毒性不太大,与一氧化碳类似,可使人窒息。NO 进入大气后可被缓慢地氧化成 NO_2。NO_2 是棕红色气体,其毒性是 NO 的 5 倍。当大气中有 O_3 等强氧化剂存在时,或在催化剂作用下,NO 氧化速度加快。在温度较大或有云雾存在时,NO_2 进一步与水分子作用形成酸雨中的第二重要酸——硝酸。特别是当 NO_2 和 SO_2 同时存在时,可以相互催化,形成硝酸的速度更快。另外,N_2O 俗称笑气,是一种温室气体,具有温室效应。

③ **碳氧化合物** 大气中的碳氧化合物主要包括 CO 和 CO_2。CO_2 是大气中的正常组分,

CO 则是大气中很普遍且排放量极大的污染物。天然源的 CO 排放主要来自于海水的挥发。由于海水中 CO 过饱和程度很高，海洋可不间断向大气提供 CO，其量约为人为污染源排放量的 1/6。CO 的人为污染源主要是化石燃料的不完全燃烧产生的，如居民普遍采用的小炉灶、工业窑炉、汽车等交通车辆均可排放 CO。

CO 是无色、无嗅的有毒气体。其化学性质稳定，可以在大气中停留较长时间，一般经过大气的扩散稀释和氧化作用，不会造成伤害。在一定条件下可转化为 CO_2，但速率很低。一般城市空气中的 CO 水平对植物及有关微生物均无害，但对人类有害，因为 CO 与血红蛋白结合的能力很强，能使血液携带氧的能力降低而引起缺氧，对人体造成致命伤害。

CO_2 是无毒气体，对人体无显著危害作用，主要来源于生物呼吸和矿物燃料的燃烧。CO_2 参与地球上的碳循环，对于碳平衡具有重要作用。然而，世界人口剧增导致化石燃料大量使用，使大气中的 CO_2 浓度逐渐提高，这将对整个地-气系统的长波辐射收支平衡产生影响，并可能导致温室效应，造成全球性的气候变化。

④ 碳氢化合物 大气中的碳氢化合物（HC）通常指 $C_1 \sim C_8$ 可挥发的所有碳氢化合物，又称烃类。由于 CH_4 约占大气中碳氢化合物总量的 80%~85%，且其在大多数光化学反应中是惰性的，为无害烃，因此通常把大气中碳氢化合物区分为 CH_4 和非甲烷烃（NMHC）两类。

CH_4 主要来源于厌氧细菌的发酵过程、自然界的淹水土体，例如，水稻田底有机质的分解、原油和天然气的泄漏都会释放出 CH_4，其中以水稻田排放量最大。CH_4 是一种重要的温室气体。

非甲烷烃种类很多，其中排放量最大的是自然界植物释放的萜烯类化合物，约占非甲烷烃总量的 65%。非甲烷烃的人为污染源主要包括汽油燃烧、有机物品焚烧、石油蒸发、运输损耗和废物提炼等。

碳氢化合物是形成光化学烟雾的主要成分。在活泼的氧化物如原子氧（O）、臭氧（O_3）、氢氧基（·OH）等自由基的作用下，碳氢化合物将发生一系列链式反应，生成一系列化合物，如醛、酮、烷、烯以及重要的中间产物——自由基。自由基进一步促进 NO 向 NO_2 转化，造成光化学烟雾的重要二次污染物——臭氧、醛、过氧乙酰硝酸酯（PAN）。

碳氢化合物中的多环芳烃中有不少物质被认为是致癌物质，如苯并[a]芘是强致癌物质。

⑤ 含卤素化合物 大气中以气态存在的含卤素化合物大致可分为以下三类：卤代烃、其他含氯化合物、氟化物。

大气中的卤代烃包括卤代脂肪烃和卤代芳香烃，其中一些高级卤代烃，如有机氯农药（DDT）、六六六、多氯联苯（PCB）等以气溶胶形式存在，2 个碳原子或 2 个碳原子以下的卤代烃呈气态。卤代烃如三氯甲烷（$CHCl_3$）、二氯乙烷（CH_3CHCl_2）、四氯化碳（CCl_4）和氯氟甲烷（CFM）等是重要的化学溶剂，也是有机合成工业的重要原料和中间体，在生产和使用过程中因挥发而进入大气。海洋也排放相当的三氯甲烷。

大气中的其他含氯化合物主要是氯气（Cl_2）和氯化氢（HCl）。Cl_2 主要是由化工厂、塑料厂、自来水净化厂等产生，火山活动也排放一定量的 Cl_2。HCl 主要来自盐酸制造和焚烧等。HCl 在空气中形成盐酸雾，也是构成酸雨的成分。

大气中的氟化物主要包括氟化氢（HF）、氟化硅（SiF_4）、氟硅酸（H_2SiF_6）（氟硅酸）等。氟化物主要来源于炼铝工业，钢铁工业以及磷肥、玻璃和氟塑料生产等化工过程。

⑥ 光化学氧化剂 大气中光化学氧化剂主要包括臭氧（O_3）、过氧化物、过氧乙酰硝酸

酯（PAN）等。大气中的 O_3 浓度平均为 $0.01\sim0.03\mu L/L$，当发生光化学烟雾时，它的浓度可达 $0.2\sim0.5\mu L/L$，能危及人体的健康、生物的生存。O_3 主要伤害人的气管及肺部，对心脏及脑组织也有一定影响。但低浓度的 O_3 可杀灭某些病菌或原生动物，如链球杆菌在 O_3 为 $0.03\mu L/L$、相对湿度为 $60\%\sim80\%$ 时，经 $30min$ 约 90% 死亡。PAN 强烈刺激眼睛，使之发生炎症，流泪不止。

四、大气污染危害

大气污染导致许多有毒有害物质进入大气，不仅危害人体健康，还对动植物生长、材料和自然环境产生重要影响。这些危害有些是明确并可以量化的，但大多数尚难以量化。

（一）对人体健康的危害

大气污染物侵入人体产生危害主要有三条途径，即呼吸道吸入、随食物和饮用水摄入、体表接触侵入。由呼吸道吸入大气污染物，对人体造成的影响和危害最为严重。若吸入含污染物的空气，轻者会因呼吸道受到刺激而有不适感，重者会发生呼吸系统的病变。若突然受到高浓度污染物的作用，可能会造成急性中毒，甚至死亡。不同种类大气污染物对人体健康的影响会随着污染物浓度、感染时间及人体健康状况有所差异。

1. 大气颗粒物

大气颗粒物对人体健康的影响取决于颗粒物大小，化学组成，浓度和暴露于其中的时间等。一般来说，粒径在 $100\mu m$ 以上的尘粒会很快在大气中沉降；$10\mu m$ 以上的尘粒可以滞留在鼻腔、咽和喉等部位，只有很少部分进入气管和肺内；$5\sim10\mu m$ 的尘粒大部分会在呼吸道沉积，可被分泌的黏液吸附，随痰排出；小于 $5\mu m$ 的微粒能深入肺部，其中 $0.01\sim1.0\mu m$ 的细小颗粒在肺泡的沉积率最高，可引起各种尘肺病。颗粒物表面浓缩和富集的污染物由于化学组成各异，对人体健康影响也有所差别，如多环芳烃类化合物等随呼吸进入人体内可导致肺癌。因此，人体长期暴露于细颗粒污染物浓度较高的环境中，呼吸系统发病率增高，特别是慢性阻塞性呼吸道疾病，如气管炎、支气管炎、支气管哮喘、肺气肿等发病率显著增高，且可促使这些患者的病情恶化，过早死亡。

沉积在肺部的污染物如被溶解，就会直接进入血液，造成血液中毒；未被溶解的污染物有可能被细胞所吸收，造成细胞破坏，侵入肺组织或淋巴结可引起尘肺。尘肺的种类很多，如煤矿工人吸入煤灰可形成煤肺，玻璃厂或石粉加工工人吸入硅酸盐粉尘形成硅肺，石棉厂工人多患石棉肺等。表 2-5 是某些工业粉尘及可能引起的疾病。

表 2-5　工业粉尘及其可引起的疾病

粉尘种类	可引起的疾病
燃烧排放的烟尘	佝偻病
氧化铅、铬化物、氟化物	中毒性疾病
铝、铁、锌尘	金属热症
无机和有机物粉尘	慢性支气管炎、白喉、结核病
炭粉	硅肺
铁粉	铁肺
铝粉	铝肺
焦油、氧化铁粉尘、石英石粉等	肺癌
氟及氟化物尘	氟黑皮肤病与皮肤癌
镍尘	镍湿疹

注：引自林肇信等，环境保护概论，2002。

2. 二氧化硫

SO_2 是无色具有中等强度刺激性气体。当 SO_2 浓度达到 $0.3\sim1.0\mu L/L$ 时，人们就会闻到它的气味。包括人类在内的各种动物，对 SO_2 的反应都会表现为支气管收缩，呼吸加快，每次呼吸量减小。一般认为，空气中 SO_2 的浓度在 $0.5\mu L/L$ 以上时，对人体已有某种潜在性影响；当 SO_2 的浓度达到 $10\mu L/L$ 时，器官受到的刺激明显加剧，并出现咳嗽、喷嚏、胸闷、呼吸困难、呼吸道红肿等症状，造成支气管炎、哮喘病，严重的可引起肺气肿，甚至死亡。

通常情况下，被污染大气中 SO_2 与多种污染物共存。吸入含有多种污染物的大气对人体产生的危害具有协同作用，其结果比各污染物作用之和还要大得多。特别是 SO_2 与颗粒物气溶胶同时被吸入，吸附在颗粒物上的 SO_2 被氧化为 SO_3，而 SO_3 与水汽形成极细（粒径 $<1\mu m$）的硫酸雾，它能更深入侵入呼吸道，对肺泡有更强的毒性作用。据动物实验，由硫酸雾造成的生理反应比 SO_2 大 $4\sim20$ 倍。当 SO_2 浓度约为 $8\mu L/L$ 时，而硫酸雾浓度小于 $0.8\mu L/L$ 时，人即不能忍受，易引起酸血症等疾病。

3. 一氧化碳

CO 是无色无臭的有毒气体。CO 与血液中血红蛋白的结合能力是氧气与血红蛋白结合能力的 200 倍左右，它们结合后生成碳氧血红蛋白将严重阻碍血液输氧，引起缺氧，发生中毒。当人体在浓度为 $10\sim15\mu L/L$ 的 CO 环境中暴露 8h 或更长，对时间间隔的判断力就会受到损害，出现注意力不集中、心悸、记忆力减退等症状。这种浓度范围是白天商业区街道上的普遍现象。当在浓度为 $30\mu L/L$ 的 CO 环境中暴露 8h 或更长，会出现呆滞现象。一般认为，$30\mu L/L$ 的 CO 浓度是一定年龄范围内健康人暴露 8h 的工业安全上限。当 CO 浓度达到 $100\mu L/L$ 时，大多人会出现晕眩、头痛和倦怠。尤其当 CO 浓度达到 $600\sim700\mu L/L$ 时，1h 后就会出现头痛、耳鸣和呕吐症状。

4. 氮氧化物

对大气造成污染的氮氧化物 NO_x 主要指 NO 和 NO_2。

NO 对人体的影响，用实验方法来确定是比较困难的，因此它对人的生理影响还不十分清楚。如果动物与高浓度 NO 接触，可出现中枢神经病变。NO 和血红蛋白结合能力强，比 CO 大几百倍。通过对动物进行高浓度 NO 试验，证实有变性血红素和一氧化氮血红蛋白生成。NO 对人体的危害，目前已经引起人们的重视。

NO_2 是对呼吸器官有刺激性的气体，NO_2 中毒常作为职业病来对待。在职业病中有急性高浓度 NO_2 中毒引起的肺水肿，以及有慢性中毒而引起的慢性支气管炎和肺水肿。在某些中毒病例中还见到全身性的作用，其表现为血压降低，血管扩张，血液中生成变性血红素，以及对神经系统有一定的麻痹作用等。表 2-6 是不同 NO_2 浓度对人体的影响。

表 2-6　不同 NO_2 浓度对人体影响

$NO_2/(\mu L/L)$	作用时间	人体产生的症状
0.12		感觉有臭味
$1.6\sim2.0$	15min	慢性支气管炎患者呼吸困难
5	2h	从事间歇性运动的健康人出现呼吸道阻力增大,动脉血液中氧分压降低
13		眼和鼻会出现刺激感及胸部不适感
$25\sim27$	1h	引起支气管炎和肺炎
80	$3\sim5min$	胸部出现绞痛感
$300\sim500$		引起支气管炎和肺水肿

注：引自林肇信等，环境保护概论，2002。

NO₂ 对人体的影响与有无其他污染物有关。NO_2 与 SO_2 和悬浮颗粒物共存时，其对人体的影响不仅比单独 NO_2 对人体的影响严重得多，而且也大于各自污染物的影响之和。对人体的实际影响是这些污染物之间的协同作用。吸附 NO_2 的悬浮颗粒物最容易侵入肺部，沉积率很高，可导致呼吸道及肺部病变，出现支气管炎、肺气肿及肺癌等病症。

5. 光化学氧化剂

光化学氧化剂包括臭氧（O_3）、过氧乙酰硝酸酯（PAN）等，其对人体的影响类似氮氧化物 NO_x，但比 NO_x 的影响更强。臭氧是主要氧化剂之一，下面着重介绍臭氧对人体的影响。

由动物实验证实，上呼吸道对臭氧的摄取率很低，臭氧可直接侵入呼吸道深处。与浓度为 $1\mu L/L$ 臭氧接触 1h 能使肺细胞蛋白质发生变化；接触 4h，在 24h 后出现肺水肿；接触时间更长些，可使支气管炎和肺气肿恶化。当与浓度为 $0.25\sim0.5\mu L/L$ 的臭氧接触 3h，则呼吸道阻力增大。

根据近年来实际光化学烟雾发生时氧化剂对人体影响的研究实验表明，在氧化剂浓度为 $0.1\mu L/L$ 时，经短时间接触，使眼睛产生刺激感。若氧化剂浓度达到 $0.25\mu L/L$ 时，哮喘病患者发作频率增加；当氧化剂浓度达到 $0.25\sim0.7\mu L/L$ 时，患慢性呼吸器官疾病患者病情恶化。

另外，臭氧等氧化剂对人体健康还有远期危害。由于氧化剂可损伤机体膜（包括各种器官组织和细胞膜），使膜中的脂肪酸被氧化，导致膜结构变形或破坏，进而损伤细胞里的线粒体、核仁和溶酶体，并释放一种老化色素，使心脏功能衰退，从而促使机体提早衰老。

6. 挥发性有机化合物（VOC）

挥发性有机化合物是指一系列有机化合物，包括碳氢化合物（烷烃、烯烃和芳烃）、含氧有机物（醇、醛、酮、酸和醚）以及含有卤素的有机物（甲基氯仿、三氯乙烯等）。这些有机物都极易挥发到大气中。

碳氢化合物中的多环芳烃（PAHs）如苯并 [a] 芘、蒽等，大多具有致癌作用，其中苯并 [a] 芘是国际上公认的致癌能力很强的物质，并作为计量大气受 PAHs 污染的依据。大气中的苯并 [a] 芘主要通过呼吸道侵入肺部，并引起肺癌。有资料指出空气中的苯并 [a] 芘浓度增加 1%，将使居民的癌症死亡率上升 5%。

二噁英和多氯联苯，前者包括多氯二苯并二噁英和多氯二苯并呋喃，在垃圾焚烧、农作物秸秆田间燃烧、含氯漂白剂处理制浆过程中都会有排放。此外，其他电子产品、家用电器处理不当也会产生这类污染。这类污染物属于国际上严加控制的全球持久性污染物（POPs），除具有"三致"（致癌、致畸、致突变）性外，同时还影响人类和野生动物的繁衍。

7. 其他有害物质

（1）铅及铅化物　大气污染中铅主要来源于汽车中的四乙基铅防爆剂。铅是生物体酶的抑制剂，进入人体后随血液分布到软组织和骨骼中。急性铅中毒较少见，慢性铅中毒可分为轻度、中度和重度。轻度铅中毒的症状有神经衰弱综合征、消化不良；中度铅中毒出现腹绞痛、贫血及多发性神经病；重度铅中毒出现肢体麻痹和中毒性脑病。儿童铅中毒可推迟大脑发育或感染急性病症。据测定，当人体内血铅浓度超过 $30\mu g/100mL$ 时，就会出现头晕、肌肉关节痛、失眠、贫血、腹痛、月经不调等症状。

（2）镉及镉化物　镉及镉化物侵入人体，可积累在肝、肾和肠黏膜上。镉污染的积累性中毒可引起"痛痛病"。

（3）氟及氟化氢 氟及氟化氢对眼睛及呼吸道有强烈的刺激作用。吸入高浓度的氟或氟化氢气体时，可引起肺水肿和支气管炎。

（4）氯及氯化氢 氯是有毒气体，在浓度为 $5\sim10\mu L/L$ 时对呼吸道有刺激作用，对眼睛也有刺激作用。在浓度为 $50\sim100\mu L/L$ 时可引起肺水肿。

（二）对植物的危害

大气污染对植物的危害，随着污染物的性质、浓度和接触时间，植物的品种和生长期，气象条件等的不同而异。一般来说，大气污染物经过叶片的气孔进入植物体，然后逐渐扩散到海绵组织、栅栏组织，破坏叶绿素，使组织脱水坏死，或干扰酶的作用，阻碍植物的生长。颗粒状污染物能擦伤叶面，阻碍阳光，影响光合作用，影响植物的正常生长。

在各种大气污染物中，SO_2、O_3、Cl_2 和 HF 等对植物的危害最大，可导致植物中毒或枯竭死亡、正常发育减缓或对病虫害的抵御能力降低。据调研，汽车尾气中的二次污染物 O_3、过氧乙酰硝酸酯，可使植物叶片出现坏死病斑和枯斑。乙烯可影响植物的开花结果。汽车尾气对甜菜、菠菜、西红柿和烟草的毒害更为严重，公路两侧的农作物减产与汽车尾气污染密不可分。表 2-7 是各种大气污染物对植物叶片伤害症状。

表 2-7　不同大气污染物对植物叶片的伤害症状

大气污染物	典型症状	敏感和抗性植物
二氧化硫 （SO_2）	双子叶植物叶脉间出现黄或红棕色大小不等的点、块状伤斑，与正常组织间界限分明，单子叶植物沿平行叶脉出现条状伤斑	敏感植物有紫花苜蓿、大麦、烟草和棉花等；抗性植物有马铃薯、玉米、高粱、洋葱等
氟化物 （MF）	对植物的危害症状表现为与叶片内的钙质反应，生成难溶性氟化钙，干扰酶的活性，阻碍代谢机制，破坏叶绿素和原生质。危害症状主要在幼嫩叶片的尖端和边缘出现，与正常组织间有一明显的暗红色界限	敏感植物有玉米、高粱、桃、杏、唐菖蒲等；抗性植物有小麦、棉花、番茄、柑橘和苜蓿等
氮氧化物 （NO_x）	叶脉出现不规则的白色、黄褐色或棕色伤斑，有时出现全叶点状斑	敏感植物有大豆、番茄、芝麻、烟草、甘薯等；抗性植物有黄瓜、水稻、玉米、西瓜、柿等
臭氧 （O_3）	多在整个叶片上散布着棕色或黄褐色细密点状斑伤	敏感植物有烟草、番茄、芝麻、烟草、小麦、葡萄等；抗性植物有唐菖蒲、胡椒、银杏、甜菜
过氧乙酰硝酸酯（PAN）	叶背变成白色、棕色、古铜色或玻璃状，呈点状、块状伤斑。有时在叶尖、中部或基部出现坏死带	敏感植物有番茄、扁豆、莴苣、芥菜、芹菜、马铃薯等；抗性植物有玉米、棉花、黄瓜、洋葱等
氯气 （Cl_2）	多数在叶脉间出现点、块状伤斑，与正常组织间界限模糊或有过渡带，严重时整个叶片褪绿漂白	敏感植物有紫花苜蓿、玉米、烟草、苹果等；抗性植物有大豆、枣、臭椿、侧柏等
氨气 （NH_3）	症状首先出现在成熟叶，叶脉间出现点、块状褐色或黑褐色伤斑，与正常组织间界限分明	敏感植物有棉花、芥菜、向日葵等；抗性植物有桃、花生、玉米、苹果、芋头等

注：引自刘克锋等，环境学导论，2012。

大气污染物对植物的危害可分为急性危害、慢性危害和不可见危害三种。急性危害是污染物浓度很高的情况下，短时间内所造成的危害。植物出现明显的伤害症状，一般容易发现。慢性危害是污染物浓度较低的情况下，经过长时间（几十天）后造成的危害。植物逐渐出现一些不良反应，表现为生长不够茂盛，生育不良，受伤害症状不明显或逐渐表现出来。不可见危害也称隐性危害或生理危害，一般在污染物浓度特别低时，污染物对植物的生理生化过程产生一定的影响，但其影响程度未达到叶片表现受害症状的水平，仅对生育有一定抑制，对产量有轻微影响。

（三）对器物和材料的损害

大气污染物对金属制品、涂料、皮革制品、纸制品、纺织品、橡胶制品和建筑物等会造成严重损害。这种损害包括玷污性损害和化学性损害两个方面。

（1）玷污性损害 玷污性损害是粉尘、烟等颗粒物落在器物表面或材料中造成的，有的可以通过清扫冲洗出去，有的很难除去，如煤油中的焦油等。

（2）化学性损害 化学性损害是由于大气污染物的化学作用，使器物腐蚀变质。如二氧化硫及其生成的酸雾、酸滴等，能使金属表面产生严重的腐蚀，使金属涂料变质，降低其保护效能等。

二氧化硫可对金属和建筑材料造成严重损害。据研究，城市大气中金属的腐蚀率是农村环境中腐蚀率的 $1.5 \sim 5$ 倍。温度和相对湿度显著影响着腐蚀速率。虽然铝对二氧化硫具有较好的抗拒力，但在相对湿度高于 70% 时，其腐蚀率也会显著上升。对于石灰石、大理石、花岗岩、水泥砂浆等建筑材料，当遇到含硫物质或硫酸时会先形成较易溶解的硫酸盐，然后被雨水冲刷掉。二氧化硫还会使纸张变脆、褪色，胶卷表面出现污点，皮革脆裂，尼龙织物加速老化、抗张力下降。据调查，南京和重庆的大气环境相似，但与南京相比，重庆大气中二氧化硫的浓度和降水的酸度要高得多，暴露在室外的金属材料和建筑材料的腐蚀速度要快得多。南京这些材料和建筑物的维修周期要比重庆长 $1 \sim 5$ 倍。

另外，光化学氧化剂中的臭氧，会使橡胶绝缘性能的寿命缩短，导致橡胶制品迅速老化脆裂。臭氧还会侵蚀纺织品中的纤维素，使其强度减弱。

（四）对大气能见度及天气和气候的影响

1. 对大气能见度的影响

大气能见度降低是大气污染的最常见后果之一。一般来说，对大气能见度有影响的污染物应是气溶胶粒子、能通过大气反应生成气溶胶粒子的气体或有色气体。因此，对能见度有潜在影响的污染物主要包括总悬浮颗粒物（TSP）、SO_2 和其他气态含硫化合物、NO 和 NO_2，以及光化学烟雾。这些污染物中，SO_2 和其他气态含硫化合物可在大气中以较大的反应速度生成硫酸盐和硫酸气溶胶粒子；NO 和 NO_2 在大气中可生成硝酸盐和硝酸气溶胶粒子，在某些条件下，NO_2 会导致烟雨和城市霾云出现可见着色；光化学烟雾可生成亚微米级的气溶胶粒子。

大气能见度的降低不仅会使人感到不愉快、造成极大的心理影响，还会产生交通安全方面的危害。长期以来一直把能见度作为城市大气污染严重程度的定性指标。

2. 对天气和气候的影响

大气污染物对天气和气候的影响十分显著，主要表现在以下几个方面。

（1）减少到达地面的太阳辐射量 从工厂、发电厂、汽车、家庭取暖设备向大气排放的大量烟尘微粒，使空气变得非常浑浊，遮挡了阳光，使到达地面的太阳辐射量减少。据观测统计，在大工业城市烟雾不散的日子里，太阳光直接照射到地面的量比没有烟雾的日子减少近 40%。大气污染严重的城市，会导致人和动植物因缺乏太阳辐射而生长发育受到影响。

（2）增加大气降水量 大气污染物中的颗粒物很多具有水汽凝结核的作用。当大气中有其他一些降水条件与之配合的时候，就会出现降水天气。一些研究表明，颗粒物浓度高的城区和工业区的降水量明显大于其周围相对清洁区降水量。

（3）形成酸雨 这种酸雨是大气中的二氧化硫经过氧化形成的硫酸，随着自然界降水下落形成的。硫酸雨可使大片森林和农作物毁坏，纸品、纺织品和皮革制品等腐蚀破碎，还可使金属的防锈涂料变质而降低保护作用。

（4）提高大气温度　在工业城市上空，由于大量废热排放到空中，近地面空气温度比四周郊区要高些。这种现象在气象学上称作"热岛效应"。

（5）影响全球气候　大气污染除了对天气产生影响外，对全球气候的影响也逐渐引起人们的注意。研究认为，二氧化碳是可能引起气候变化的大气污染物之一。大量二氧化碳随着无数烟囱和废气管道排放到大气中，约有 50% 留在大气里。经粗略估计，如果大气中的二氧化碳含量增加 25%，由于温室效应作用，近地面气温可以增加 $0.5 \sim 2℃$；如果增加 100%，近地面温度可增加 $1.5 \sim 6℃$。有专家认为，大气中的二氧化碳含量若按照现在的速度增加下去，若干年后会使南北极的冰融化，导致全球气候异常，给人类的生态环境带来许多不利影响。同时，臭氧层破坏也将导致地球气候出现异常，对地球的生命系统构成极大危害。

第三节　大气污染的影响因素

大气污染程度，除取决于污染源排放的污染物种类、数量、排放方式、排放源密集程度及位置等因素外，还受所在地区的气象和下垫面等因素影响，其中后两者对于大气污染物扩散和浓度时空分布的影响更为显著。本节主要介绍气象因素、下垫面因素及污染物性质等对大气污染的影响。

一、气象因素对大气污染的影响

气象因素对污染物在大气中的稀释和扩散起到决定作用。其影响主要表现在动力和热力两个方面。

（一）气象因素的动力影响

气象因素的动力影响主要指风和湍流对于污染物在大气中的扩散和稀释作用。

1. 风对大气污染扩散的影响

风对大气污染物的扩散影响体现为两个方面，其一是整体输送作用，风向决定了大气污染物迁移运动的方向；其二是对污染物的冲淡稀释作用，对污染物的稀释程度取决于风速。风速越大，单位时间内与烟气混合的清洁空气量越大，冲淡稀释作用就越好。一般来说，大气中污染物浓度与污染物总量成正比，与平均风速成反比，若风速增大一倍，则下风向污染物的浓度将减少一半。

2. 大气湍流对大气污染扩散的影响

大气除了整体水平运动之外，还存在着不同于水平方向的无规则、杂乱无章的运动，这种极不规则的大气运动称为湍流。其表现为气流的流速和方向随时间和空间位置的不同呈随机变化，并由此引起温度、湿度以及污染物浓度等气象属性的随机涨落。大气总是处于不停息的湍流运动中，排放到大气中的污染物在湍流作用下，不断被清洁空气渗入，同时又无规则地分散到其他方向去，使污染物不断被稀释和冲淡。

假如没有湍流存在，污染物在大气中只能沿风向移动，污染物的扩散只靠布朗运动，这时烟云几乎是一个变化不大的烟管运动。实际上，由于烟云向下风向漂移时，除其本身的分子扩散外，还受大气湍流作用，使得烟团周界逐渐扩张。

大气污染物的扩散、稀释还与湍流尺度大小密切相关（见图 2-2）。当湍流的尺度比烟团尺度小时，由于扩散速度慢，烟气沿水平方向几乎呈直线前进，如图 2-2（a）；当湍流比烟气的尺度大时，烟气被大尺度的大气湍流夹带，前进路线呈曲线状，如图 2-2（b）；当湍流尺度与烟气尺度相近时，烟气被涡旋迅速撕裂，沿着下风向不断扩大，烟气很快扩散，浓

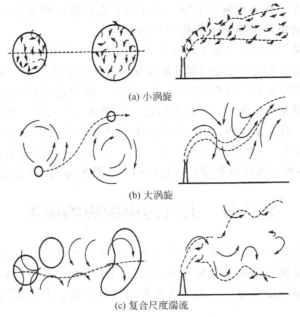

(a) 小涡旋

(b) 大涡旋

(c) 复合尺度湍流

图 2-2 不同尺度湍流对烟气扩散的影响

度不断稀释，如图 2-2 （c）。

因此，风与湍流是决定污染物在大气中扩散状况的最直接因子，也是决定污染物扩散快慢的决定性因素。风速愈大，湍流愈强，污染物扩散速率愈快。凡是有利于增大风速、增强湍流的气象条件，都有利于污染物的稀释扩散，否则将会使污染加重。

（二）气象因素的热力影响

气象因素的热力影响主要表现为大气温度层结、逆温和大气稳定度等对大气污染物扩散稀释的作用。

1. 大气温度层结对大气污染扩散的影响

大气温度层结是指地球表面上方大气温度在垂直方向上随高度变化的情况，即在垂直地球表面方向上的气温分布。气温的垂直分布决定着大气的稳定度，而大气的稳定程度又影响着湍流的强度，因而常用温度层结作为大气湍流状况的指标，进而判断污染物的扩散情况。

（1）气温垂直递减率　在标准大气状况下，对流层的近地层气体温度比其上层气体温度高，整个气温垂直变化的总趋势是随海拔高度的增加而逐渐降低。这种气温的垂直变化可用气温垂直递减率（γ）来表示，其含义是在垂直于地球表面方向上，每升高 100m 气温的变化值。对于标准大气来说，对流层不同高度上的 γ 值也不同，一般取其平均值 $\gamma=0.65℃/100m$，即每上升 100m，大气温度要下降 0.65℃。

由于近地层大气和地形条件非常复杂，气温垂直递减率是随时随地变化的，一般可概括为三种情况（见图 2-3）。

① $\gamma>0$，即气温随高度的增加而降低，温度垂直分布与标准大气相同，空气形成上下

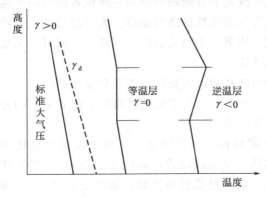

图 2-3 大气温度层结（据魏振杰，2007）

对流，湍流也随之发展，对污染物扩散有利，γ 越大，对流越快，污染物扩散也越快。

② $\gamma=0$，即气温不随高度的变化而变化，即在一定高度范围内气温恒定，形成等温层，空气没有垂直运动，大气较稳定，不利于污染物的扩散和稀释。

③ $\gamma<0$，气温随高度的增加而增加，其温度垂直分布与标准大气相反，形成逆温层，空气和湍流运动均被抑制，污染物极难扩散。

（2）气温干绝热递减率　在物理学上，若一系统在与周围物体没有热量交换而进行状态变化时，称为绝热变化。这个过程称为绝热过程。在绝热过程中，系统的状态变化及对外做功靠系统内能变化来达到。系统在某状态时的内能与绝对温度成正比，一定状态的内能可由温度来度量。若大气中一气块做垂直运动，气块因上升或下降而引起膨胀、压缩，由此而引起温度变化，这种温度变化比外界热交换所引起的温度变化大，一个干燥或未饱和的湿空气块，在大气中绝热上升 100m 一般降温 0.98℃，如下降 100m 则升温 0.98℃，通常可近似取 1℃，这个数与周围温度无关。气块绝热上升 100m 降温 1℃ 称为气温干绝热递减率，用 γ_d（1℃/100m）表示。

2. 逆温及对大气污染的影响

逆温是指大气层的温度分布与标准情况下气温分布相反，气温随高度增加而增加。根据逆温层形成的原因，可将逆温划分为辐射逆温、下沉逆温、平流逆温、锋面逆温和地形逆温 5 种。

（1）辐射逆温　一般来说，在晴朗无风的夜间，地面强烈的辐射使地面和近地面的大气层迅速降温，而上层大气降温较慢，因而形成了自地面开始逐渐向上发展的逆温层，称为辐射逆温。辐射逆温多发生在对流层的接地层。日出后地面受太阳辐射，近地面大气层增温，逆温就逐渐消失。辐射逆温全年都可出现，但以冬季最强。在中纬度地区的冬季，辐射逆温厚度可达 200～300m。

（2）下沉逆温　下沉逆温又称压缩逆温。当高压区内某一层空气发生强度较大的气团下沉运动时，常可使原来具有稳定层结的空气压缩形成逆温层结（见图 2-4）。下沉逆温一般出现在高气压区里，范围广，厚度大，一般可达数百米。下沉逆温一般达到某一高度就停止了，因此其多发生在高空大气中。

（3）平流逆温　当暖空气流到冷的下垫面上，使近地面空气因接触冷却作用而形成逆温。平流逆温的强弱，主要取决于暖空气和冷地面的温差，温差越大，逆温越强。冬季，当海洋上的较暖空气流到大陆上时，就会出现强的平流逆温。

（4）锋面逆温　对流层中的冷空气团与暖空气团相遇时，暖空气因其密度小爬升到冷空气上面，形成一个倾斜的过渡区，称为锋面。在锋面上，如果冷暖空气温差较大，就可出现逆温，这种逆温称为锋面逆温（见图 2-5）。一般情况下，锋面都在移动，但移动缓慢的暖锋（暖气团推动锋面向冷空气一侧移动的锋）可能发生污染问题。

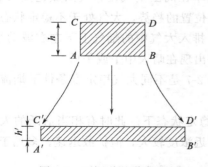

图 2-4　下沉逆温形成过程

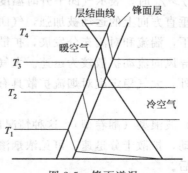

图 2-5　锋面逆温

（5）地形逆温　地形逆温是由于局部地区的地形造成的。例如在盆地或谷地中，当日落进入夜晚时，由于山坡散热较快，使坡面上的大气温度比谷、盆地中的大气温度低，这种冷空气就沿斜坡下沉，使谷、盆地中温度较高的暖空气抬升，这就形成了上层气温比低层气温高的逆温。

逆温层形成以后，可阻碍空气上升运动的发展，使空气中的杂质、尘埃聚集在逆温层的底部，往往使低层大气能见度变差、污染物积聚、空气质量下降。尤其在城市工业区上空，逆温层的形成可加剧大气污染，使有毒物质不易扩散，造成很大的危害。一般来说，逆温强度越大、厚度越厚、维持时间越长，污染物越不易扩散和稀释，造成的危害就越大。世界上的一些严重大气污染事件多与逆温存在有关。如美国洛杉矶的光化学烟雾事件等。

3. 大气稳定度对大气污染的影响

大气的稳定度是指大气中某一高度上的气团在垂直方向上相对稳定程度。大气的稳定与否，通常用气温垂直递减率（γ）与上升空气团的气温干绝热垂直递减率（γ_d）的对比判断。一般存在三种情况（见图 2-6）。

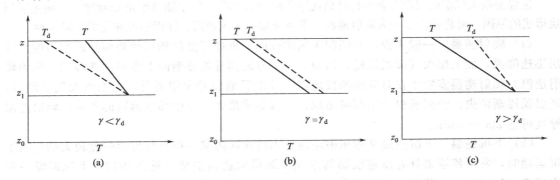

图 2-6　三种不同的大气稳定程度（据赵景联，2005）

T_d—气温干绝热垂直递减率下的温度；T—气温垂直递减率下的温度；
z—气团高度；z_1—气团运动后高度（下降）；z_0—气团初始高度

当 $\gamma < \gamma_d$ 时，气团加速度小于零，垂直方向上的运动很弱，气团升降受到阻碍，大气处于稳定状态。这时污染物会在空气中集聚，使局部区域发生严重的大气污染。大气稳定状态多出现在晴天的夜间或早晨。

当 $\gamma = \gamma_d$ 时，气团加速度为零，气团可平衡在任意位置，此时的大气处于中性状态。这是介于大气稳定和不稳定状态之间的一种中间状态。

当 $\gamma > \gamma_d$ 时，表示气团上升时温度随高度降低速率比周围空气慢，气团加速度大于零，气团在垂直方向上的运动被加强，气团总有远离原来位置的趋势，大气处于不稳定状态。这种情况下，湍流和对流充分发展，扩散稀释能力强，排入大气中的烟气上下左右波动很大，沿着主导风向流动扩散较为迅速。大气不稳定状态多出现在晴天中午或午后。

另外，大气稳定度对烟流扩散具有重要影响。图 2-7 是不同大气稳定度条件下烟流的典型形状。

（1）波浪型（翻卷型）　这种情况出现在大气不稳定状态下。此时有相当活跃的大尺度湍涡活动，扩散十分迅速，可见浓烟滚滚，污染源附近浓度较大，但扩散迅速。多见于晴天中午前后。

（2）锥形　这种情况出现在大气稳定度接近中性条件下。此时沿主导风向扩散，污染物

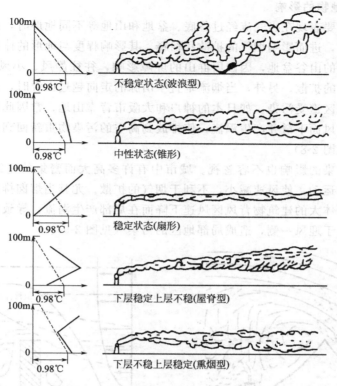

图 2-7　大气稳定度对烟流扩散的影响

输送较远，扩散速度仅次于波浪型。一般不会造成烟雾事件，多出现于多云天、阴天、强风夜晚或冬夜。

（3）扇形（平展型）　这种情况出现于大气稳定状态条件下。此时烟气在垂直方向的扩散很小，在水平方向上有缓慢的扩散，烟气沿下风向输送很远，但遇到山丘或高大建筑物时，污染物不易扩散。多出现在冬春微风的晴天午夜至清晨。

（4）屋脊型（上升型）　这种情况出现在大气上层不稳定而下层稳定状态条件下。此时上层有微风或湍流，下层无风无湍流，烟气不向下扩散只向上扩散，对地面污染较小。多出现在傍晚前后。

（5）熏烟型（熏蒸型）　这种情况出现在于大气上层稳定而下层不稳定的条件下。此时烟气扩散情况与屋脊型相反，由于污染物向下扩散很快，使地面浓度很高，往往形成近地面污染危害。多出现在日出后。

这里仅从温度层结和大气静力稳定度对上述这五种典型的烟流进行简单分析，但实际烟流要复杂得多，影响因素也复杂得多。例如，还应考虑动力因素、地面粗糙度等方面的影响。这五种烟型可作为判断大气稳定度的重要依据。

二、下垫面因素对大气污染的影响

下垫面是指大气底层接触面的性质、地形及建筑物的构成情况。下垫面对大气污染扩散的影响主要有两种方式。其一是动力作用。如粗糙度增加机械湍流，地形起伏可改变局地流场和气流路径，从而改变污染物的扩散稀释条件。其二是热力作用。由于下垫面性质不同或地形起伏，使得受热、散热不均匀，引起温度场和风场的变化，进而影响污染物的扩散。

（一）地形和地物的影响

地形的影响主要表现在当气流经过谷底、盆地和山地等不同地形时，由于摩擦作用，风向和风速发生变化，进而影响烟气的扩散和稀释。其影响程度与地形的体积大小、形状和高低有关。尤其封闭的山谷盆地，因四周群山的屏障影响，往往静风、小风频率占很大比重，不利于大气污染物的扩散。另外，当烟流垂直于山脉的走向越过山脊时，在迎风面会发生下沉作用，使附近地区遭受污染。如日本的神户和大阪市背靠山地，常因此形成污染。当烟气越过山脊后，在背风面下滑并产生涡流，使排放到高空的污染物重新回到地面，加重相关地区的污染危害（见图2-8）。

地物对大气污染的影响也不容忽视。城市中有许多高大而密集的建筑物，地面粗糙度大，阻碍了气流的运动，使风速减小，不利于烟气的扩散。尤其当烟囱排出的烟气遇到高大建筑物时，由于形体大的建筑物背风区风速下降而在局部产生涡流，导致建筑物背风一侧的污染物浓度明显高于迎风一侧，造成局部地区的污染（见图2-9）。

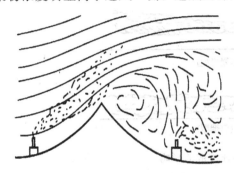 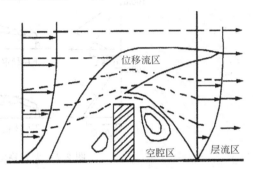

图2-8　丘陵对烟流运行的影响　　　图2-9　建筑物对气流扩散的影响

（二）局地环流的影响

地形的差异可造成地表热力性质的不均匀，往往形成局部气流，其影响范围可在几公里至几十公里，对当地大气污染造成较大影响。常见的局地气流包括山谷风、海陆风和城市"热岛效应"等。

1. 山谷风

山谷风是山风和谷风的总称，它发生在山区，是以24h为周期的一种局地环流。山谷风是山坡和谷底受热不均形成的，风向有明显的昼夜变化。白天受热的山坡把热量传递给其上面的空气，这部分空气比同高度的谷中空气温度高，相对密度小，于是产生上升气流。同时谷底的冷空气沿着山坡爬升补充，形成由谷底流向山坡的气流，称为谷风。夜间山坡上的空气温度下降较谷底快，其相对密度也比谷底大，在重力作用下，山坡上的冷空气沿坡下沉形成山风。这种昼夜循环交替的风称为山谷风（见图2-10）。

在稳定的山谷风环流地区，若有大量污染物排入山谷中，由于风向的摆动，污染物不易扩散，在山谷中停留时间很长，特别是夜晚，山风风速小，并伴随有逆温出现，大气稳定，最不利于污染物的扩散，易造成严重的大气

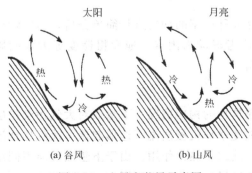

图2-10　山风和谷风示意图

污染。

2. 海陆风

海陆风是海风和陆风的总称。它发生在海陆界面地带，是以 24h 为周期的一种局地环流。它是由海洋和陆地之间的热力差异引起的，风向也有明显的昼夜变化。白天，由于太阳辐射，地表受热，陆地增温比海面增温快，陆地气温高于海面气温，热空气上升，使高空的气压增高，因此在海陆大气之间产生了温度差、气压差，使低空大气由海洋流向陆地，称为海风；夜晚，由于有效辐射发生变化，陆地散热冷却比海面快，空气冷却，密度变大，空气下沉，上层气压减低，此时海面上的气温较高，空气上升，上空气压增高，形成热力环流，上层风向岸上吹，而地面则由陆地吹向海洋，称为陆风（见图 2-11）。

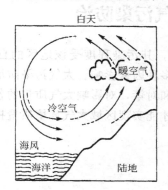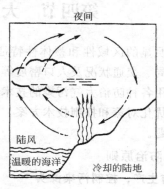

图 2-11　海风和陆风示意图

海陆风环状气流，不能把污染源排出的污染物完全扩散出去，而使一部分污染物在大气中循环往复，对大气污染扩散极为不利。尤其建在海边地区的工厂必须考虑海陆风对污染物排放的影响，因为有可能出现在夜间随陆风吹到海面上的污染物，在白天又随海风吹回来，或者进入海陆风局地环流中，使污染物不能充分地扩散稀释而造成严重的污染。

3. 城市热岛环流

城市热岛环流是由城乡温度差引起的局地环流。产生城乡温度差的主要原因有：城市人口密集、工业集中，使得能耗水平高；城市的覆盖物（如建筑、水泥路面等）热容量大，白天吸收太阳辐射，夜间放热缓慢，使低层空气冷却变缓；城市上空笼罩着一层烟雾和 CO_2，使地面有效辐射减弱。因此城市市区净热量收入比周围郊区多，城市气温比周围郊区和乡村高（特别是夜间），气压比乡村低，就形成了从周围郊区吹向城市市区的局地风，称为"城市热岛环流"或"城市风"（见图 2-12）。

城市热岛环流的气流从城市热岛上升而在周围乡村下沉，风从城市四周吹向城市中心，这种风称为"城市风"。通过城市风，可把郊区污染源排出的大量污染物输送到市中心。因此，若城市周围有许多产生污染物的工厂，就会使污染物在夜间向市中心输送，造成严重的大气污染。

三、其他因素对大气污染的影响

（一）污染物的性质和成分

排入大气的污染物通常是由各种气体和固体颗粒物组成，它们的性质是由它们的化学成分决定

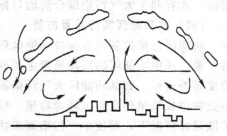

图 2-12　城市空气环流示意图

的。不同化学成分在大气中造成的化学反应和清除过程不同。粒径大小不同的固体颗粒在大气中的沉降速度及清除过程是不同的，因而对浓度分布的影响也不同。

（二）污染源的几何形状和排放方式

不同类型污染源的污染物排放方式和进入大气的初始状态均不同，因而其浓度分布和计算公式也有差别。通常将工厂烟囱排放当做高架连续点源，繁忙的公路作为连续线源，城市居民的家庭炉灶当做面源；把各污染源结合在一起考虑，则可看作复合源。其中连续源的危害最大，高大的烟囱可将污染物吹到数千米以外的地方，如英国和德国曾采用 200m 以上的高烟囱排放烟尘，烟尘可飘散到 1100km，落到北欧的挪威和瑞典国土上。

第四节　大气污染防治

大气污染具有明显的区域性和整体性特征，其污染程度受该地区的自然条件、能源构成、工业结构和布局、交通状况及人口密度等多种因素影响。大气污染防治必须从区域环境整体出发，综合运用各种防治大气污染的技术和对策，对影响大气质量的各种因素进行综合系统分析，提出最优化对策和控制技术方案，才能实现区域大气环境质量控制目标，真正解决大气环境污染问题。

一、大气污染防治原则

（一）推行清洁生产，控制污染源头

清洁生产是指将综合预防的环境策略持续应用于生产过程和产品之中，以减少对人类和环境的风险。在生产过程方面，清洁生产包括节约原材料和能源，淘汰有毒原材料并在全部排放物离开生产过程前，减少它们的数量和毒性。在产品方面，清洁生产旨在减少产品的整个生命周期，从原料提炼到产品的最后处置等各环节减轻对人类和环境的影响。可见，清洁生产是对污染实行源头控制的重要措施，推行清洁生产不但可避免排放废物带来的风险和降低处理、处置的费用，进而提高资源利用率、降低成本，带来经济上的收益。

（二）合理利用环境自净能力与人为措施相结合

利用风向、风频、逆温和热岛效应等区域环境特征，以及污染物稀释扩散等自净规律，确定经济合理的污染物排放标准和排放方式。同时，综合考虑环境自净能力和人工治理措施，制定不同方案，以选择最优（或较优）大气污染防治方案。

（三）综合防治与分散治理相结合

区域大气污染防治以污染集中控制为主，如改变城市燃料构成和供热方式，发展城市燃气和集中供热，逐步淘汰燃烧效率低、污染严重的陈旧锅炉和机动车产品等。此外，区域大气污染综合防治还要以污染源分散治理为基础，各主要污染源采取措施后能达到总量控制的指标，才有利于大气污染综合防治目标的实现。

（四）按功能区实行总量控制

功能区总量控制是在保持功能区环境质量符合要求的前提下，允许某种污染物的最大排污总量。环境功能区的环境质量主要取决于区域的污染物排放量，而不是单个污染源的排放浓度是否达标。如某功能区大气污染源数量多，虽然单个污染源都达标排放，整个功能区的污染物排放总量仍会超过环境容量。反之，在大气污染源数量少、规模小，气象条件有利于扩散稀释情况下，即使单个污染源未达标排放，但排污总量也不会超出环境容量。因此，大气污染排放浓度控制必须与环境功能区污染物排放总量控制相结合。

（五）技术措施和管理措施相结合

大气污染综合防治一定要管治结合，尤其要通过环境管理来促进环境问题的解决。要善于运用排放申报登记、排污收费、限期治理等各项环境管理制度，促进大气环境污染问题的根本解决。对于已经建成投产的大气污染治理工程设施，更要建立严格的管理制度，保证大气污染治理工程设施的正常运行。

二、大气污染防治措施

大气污染防治措施应包括宏观的也包括微观的，既有技术措施也有管理措施，既有集中控制也有分散单项治理措施。由于各地区大气环境污染特征及综合防治方向和重点也不同，相关大气环境污染综合防治措施也应有所侧重。根据国外大气环境污染治理经验，结合我国实际，对现有大气环境污染综合防治措施进行简单介绍。

（一）加强大气环境管理，制定防治规划

进行大气环境质量管理，要严格执行国家大气质量标准、大气污染物排放标准和工程设计标准，积极开展大气质量监测和大气质量评价工作。这些标准及法规的执行，可严格限制污染物的排放，调整和控制污染物排放总量，使其不超过大气环境的自我净化能力，实现大气污染治理目标。

大气污染综合防治规划是从区域大气环境整体出发，针对该区域大气污染问题，根据大气环境质量要求，以改善大气环境质量为目标，综合运用各种措施，组合、优化大气污染防治方案。制定大气污染综合防治规划是实施可持续发展战略，全面改善区域大气环境质量的重要措施。

（二）优化工业结构，推行清洁生产

工业结构是工业系统内部各部门、各行业间的比例关系，主要包括产业部门结构、行业结构、产业结构、规模结构等。工业部门不同、产品不同、生产规模不同，则单位产值（或产品）所产生的污染物的量、性质和种类也不同。在经济目标一定的前提下，通过优化工业结构、降低大气污染物排放量，进一步促进经济和大气环境质量的协调发展。

在优化工业结构的同时，必须实施清洁生产。所谓清洁生产，就是将综合预防的环境策略持续应用于生产过程和产品中，减少排放废物对人类和环境带来的风险，提高资源利用率，降低成本并降低处理、处置费用。因此，清洁生产成为减少大气污染物排放、实现大气污染物总量控制目标，促进经济增长方式转变的重要手段。

（三）改善能源结构，提高能源利用效率

以煤为主的能源结构和较低的能源利用效率是目前我国大气污染严重的主要原因之一。为此可从如下方面入手：其一是改变燃料构成，开发新型能源。在有条件的城市，逐步推广使用天然气、煤气和石油液化气；同时选用低硫燃料，对重油和煤炭进行脱硫处理，改善燃料品质，开发和利用太阳能、氢燃料、地热等新型能源。其二是区域集中供暖供热。设立大的热电厂和供热站，实行区域集中供暖供热，尤其将热电厂、供热站设在郊外，对于冬天供暖的北方城市来说，是消除烟尘十分有效的措施，据测算，同样 1t 煤，工业集中使用产生的烟量仅是居民分散使用的 $1/3 \sim 1/2$，飘尘的 $1/5 \sim 1/4$。其三对燃料进行预处理。原煤经过洗选、筛分、成型及添加脱硫剂等加工处理，不仅可大大降低含硫量，减少 SO_2 的排放量，而且有可观的经济收益。其四是改革工艺设备、改善燃烧过程。通过改革工艺及改造锅炉、改变燃烧方式等办法，以减少燃煤量来减少排放量。还可通过工艺改革，把某生产过程的废气作为另一生产过程的原料进行利用，取得减少污染排放和变废为宝的双重经济收益。

（四）综合防治汽车尾气污染

随着经济持续快速发展，我国汽车的保有量急剧增加，特别是大中城市，表现尤为突出。交通运输工具排放的废气是形成光化学烟雾的一次污染物的重要来源之一。由于治理光化学烟雾尚无有效直接方法，只有从控制污染源入手，改善汽车、火车和轮船的排气状况。具体措施包括限制机动车辆数量，开辟新道路，改善交通管理设施；提高交通运输工具发动机的燃油质量，改进内燃机，使油料充分燃烧，减少氮氧化物等污染物的排放量等。

（五）绿化造林

植物具有美化环境、调节气候、截留滞尘和吸收大气中有害气体等功能。森林和绿地因此被喻为天然的除尘器、消毒器、空调机和制氧厂，是个巨大的节能器。绿化造林能在大面积范围内、长时间、连续地净化大气，尤其是大气中污染物影响范围和浓度比较低的情况下，森林净化是行之有效的办法。

（六）采用有效的大气污染治理技术

合理利用能源、改革工艺、改进燃料和进行严格的工艺操作是控制大气污染的关键技术措施。为了使这些技术措施发挥有效作用，必须优先采用无污染或少污染的工艺；认真选配合适材料；改进和优选燃烧设备、燃料和燃烧条件，做到既节约能源又减少大气污染物的产生。

三、主要大气污染物治理技术

（一）颗粒污染物治理技术

颗粒污染物治理是我国大气污染治理的重点之一。颗粒污染物治理技术就是将气体与粉尘微粒的多相混合物分离的操作技术，即除尘技术。微粒不一定局限于固体，也可是液体微粒。从气体中去除或捕获固体或液体微粒的设备称为除尘装置或除尘器。根据除尘的机理不同，目前常用的除尘器可分为：机械除尘器、电除尘器、过滤式除尘器、湿式除尘器等。

1. 机械除尘器

机械除尘器是通过质量力的作用达到除尘目的的除尘装置。质量力包括重力、惯性力和离心力等，主要除尘器形式包括重力沉降室、惯性除尘器和旋风除尘器等。此类除尘器具有结构简单、易于制造、造价低、施工快、便于维修及阻力小，对大粒径粉尘去除效率较高等优点，已广泛用于工业。

（1）重力沉降室除尘器　重力沉降室除尘原理是利用粉尘与气体的密度不同，使含尘气体中的尘粒依靠重力作用从气流中沉降分离。当含尘气流通过横断面积比管道大得多的沉降室时，含尘气流水平流速大大降低，致使其中较大粒子在沉降室中有足够的时间受重力作用进行沉降。这种沉降室往往安装在其他收集设备之前，作为除去较大粒径尘粒的预处理装置。图 2-13 是沉降室降尘示意图。

（2）惯性除尘器　惯性除尘器的除尘原理是利用粉尘与气体在运动中的惯性力不同，使粉尘从气流中分离出来。常用方法是使含尘气流冲击在挡板上，气流方向发生急剧改变，气流中的尘粒惯性较大，不能随气流急剧转弯，便从气流中分离出来。一般情况下，惯性除尘器中的气流速度越高，气流方向转变角愈大，气流转换方向次数越多，对粉尘的净化效率越高，但压力损失也越大。该除尘器适用于非黏性、非纤维且粒径为 $10\sim20\mu m$ 以上的粗尘粒，除尘效率约为 $50\%\sim70\%$，用于多级除尘中的第一级除尘。图 2-14 是惯性除尘器分离原理示意图。

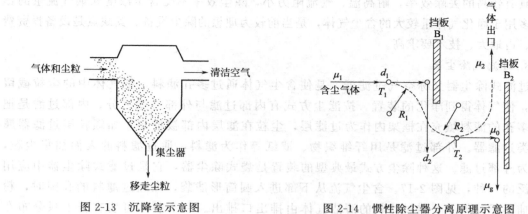

图 2-13　沉降室示意图　　　　　图 2-14　惯性除尘器分离原理示意图

（3）旋风除尘器　旋风除尘器是利用旋转气流产生的离心力使尘粒从气流中分离的装置。该除尘器的工作原理是含尘气流进入除尘器后，沿外壁由上向下作旋转运动，尘粒在离心力作用下逐步移向外壁，到达外壁的尘粒在气流和重力作用下沿壁面落入灰斗，净化的气体到达锥体底部后，转而向上沿轴心旋转，最后经排气管排出。这种除尘器是机械除尘器中效率最高的一种，适用于非黏性及非纤维性粉尘的去除，对粒径大于 $5\mu m$ 以上的颗粒具有较高的去除效率，属于中效除尘器，且可用于高温烟气的净化，是应用广泛的一种除尘器。图 2-15 是旋风除尘器的示意图。

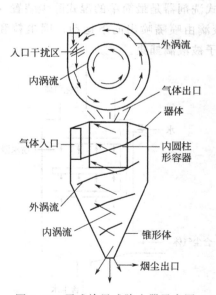

图 2-15　干式旋风式除尘器示意图

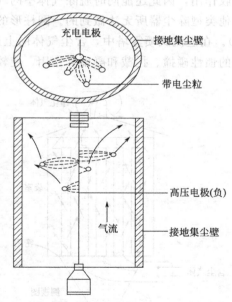

图 2-16　筒式静电除尘器示意图

2. 电除尘器

电除尘器是含尘气体在通过高压电场进行电离的过程中，使尘粒荷电，并在电场力的作用下使尘粒沉积在集尘极上，将尘粒从含尘气体中分离出来的一种除尘设备。图 2-16 是电除尘器示意图。图中的集尘极为一圆形金属管，放电极极线（电晕线）用重锤悬吊在集尘极圆管中心。含尘气流由除尘器下部进入，净化后的气流由顶部排出。电除尘器对粒径很小的尘粒具有较高的去除效率，耐高温、气流阻力小，除尘效率不受含尘浓度和烟气流量的影响，多用于净化气体量较大的含尘气体，是当前较为理想的除尘设备。其缺点是设备投资费用高、占地大、技术要求高。

3. 过滤式除尘器

过滤式除尘器又称空气过滤器，是使含尘气体通过多孔滤料，把气体中的尘粒截留下来，使气体得到净化的装置。按滤尘方式有内部过滤与外部过滤之分。内部过滤是把松散多孔的滤料填充在框架内作为过滤层，尘粒在滤层内部被捕集，如颗粒层过滤器属于这类过滤器。外部过滤是用纤维织物、滤纸等作为滤料，通过滤料的表面捕集尘粒，故称为外部过滤。这种除尘方式最典型的装置是袋式除尘器，它是过滤式除尘器中应用最广泛的一种，见图 2-17。含尘气流从下部进入圆筒形滤袋，在通过滤料的孔隙时，粉尘被捕集于滤料上，透过滤料的清洁气体由排出口排出。一个袋室可装有若干只分布在若干个舱内的织物过滤袋，常用滤料由棉、毛、人造纤维织物加工而成。这种除尘器的除尘效率一般可达 99% 以上，适合于含尘浓度低的气体。缺点是占地大、维修费用高、不耐高温和高湿气流。

4. 湿式除尘器

湿式除尘器也称为洗涤除尘器，是指用液体（一般为水）洗涤含尘气体，使尘粒与液膜、液滴或气泡碰撞而被吸附，凝聚变大，尘粒随液体排出，气体得到净化。湿式除尘器可有效地去除气流中直径在 $0.1\sim20\mu m$ 的液滴或固体颗粒，由于洗涤液对多种气态污染物具有吸收作用，因此还能同时脱除气体中的气态有害物质，对高温气体还能起到降温作用，这是其他类型除尘器所无法做到的。圆柱形的喷雾塔式洗剂器是最简单的湿式除尘装置（见图 2-18）。在逆流式喷雾塔中，含尘气体向上运动，液滴由喷嘴喷出向下运动，因尘粒和液滴之间的惯性碰撞、拦截和凝聚等作用，使较大的粒子被液滴捕集。

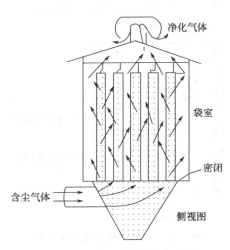

图 2-17 密闭压力袋式除尘器

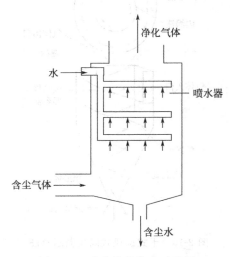

图 2-18 喷水塔的除尘示意图

湿式除尘器结构简单、造价低、占地面积小、操作维修方便、除尘效率高，适宜于净化非纤维性和不与水发生化学作用的各种粉尘，在处理高温、易燃、易爆气体时安全性好，在除尘的同时还可去除气体中的有害物质。缺点是用水量大，易产生腐蚀性液体，产生的废液或泥浆需进行处理，并可能造成二次污染。在寒冷的地区或季节，易结冰。

(二)气态污染物治理技术

1. 二氧化硫治理技术

目前国内外对二氧化硫治理，主要采用燃料脱硫、排烟脱硫、高烟囱排放等方法。其中燃料脱硫是防止二氧化硫污染的基本方法之一；排烟脱硫是从燃料燃烧或工业生产排放的废气中去除二氧化硫，是控制二氧化硫污染的主要技术手段，也是目前世界唯一大规模商业化应用的脱硫方式；高烟囱排放是利用大气的扩散稀释作用来降低二氧化硫等污染物浓度，不是治本方法。

（1）燃料脱硫　燃料脱硫是在燃料燃烧前利用洗选等物理、化学及生物方法进行脱硫。物理法脱硫是指用洗选方法降低原煤含硫量，其操作简单、价格低廉，但只能脱除无机硫且效率不高，一般脱硫率在50%左右。化学法脱硫是指对煤进行脱碳或加氢改变其原有的碳氢比，将煤变成以煤气（H_2、CO 和 CH_4 等混合可燃气体）为主的清洁二次燃料；或者利用金属氧化物的催化作用，对重油进行高压加氢反应，使氢和硫作用形成 H_2S 并从重油中分离除去。化学法脱硫效率较高，能脱除有机硫，但操作费用和设备投资费用高，反应条件较为强烈，脱硫后的产品用途受到限制，难以被工业大规模采用。生物法脱硫是利用氧化亚铁硫杆菌、硫化细菌、拟单球菌、恶臭假单胞菌等微生物的生化作用去除煤炭中的无机硫和有机硫。

（2）燃烧中脱硫

① 型煤固硫技术　将不同种类的原煤筛分后按一定比例配煤，破碎后按比例与水、黏接剂、固硫剂混合均匀，经机械加压设备挤压成型，风干后成为型煤。固硫剂主要有石灰石、大理石和电石渣等，其主要成分为 $CaCO_3$、CaO 等，在高温燃烧时，SO_2 被这些成分吸收。从目前各种脱硫技术的成本及运行费用分析来看，使用添加固硫剂的型煤是最为经济的烟气脱硫方法之一。可使中低含硫量的煤炭燃烧后达标排放。

② 循环流化床燃烧技术　煤炭与固硫剂（石灰石、白云石等）一同送入循环流化床锅炉中，煤炭进行悬浮燃烧，炉中的石灰石等固硫剂与烟气中的 SO_2 发生反应，形成相对稳定的固态硫酸钙物质，最后同炉渣排出。循环流化床燃烧技术固硫效率高，一般大于80%；NO_x 排放量较少；适应能力强，各种高硫煤、低热值煤炭均可混合燃烧；脱硫费用较低。但该技术还不完全成熟，尤其是大型锅炉，容易出现故障。

③ 炉内喷钙尾气增湿固硫技术　该技术第一阶段将磨细到325目左右的石灰石喷射到炉膛上部，炉膛温度为900～1250℃之间，石灰石中 $CaCO_3$ 分解成 CaO 和 CO_2，烟气中的 SO_2 与 CaO 反应生成 $CaSO_4$，该段反应条件较差，固硫率为20%～40%。在第二阶段，在炉后烟道上设置一个增湿活化反应器，烟气进入活化器中喷水增湿，烟气中未反应的 CaO 与水反应生成较高活性的 $Ca(OH)_2$，再与烟气中剩余的 SO_2 发生反应。该工艺流程简单，易于在老锅炉上安装喷钙、活化设备；脱硫效率可达70%以上，投资少，不造成二次污染。但存在的主要问题是炉内温度对脱硫效率影响较大。

（3）烟气脱硫技术　该技术主要利用各种碱性的吸收剂或吸附剂捕集烟气中的二氧化硫。按吸收剂和脱硫产物含水量的多少可分为湿法脱硫、半干法脱硫和干法脱硫三类，具体如下。

① 湿法脱硫　湿法脱硫是世界上应用最多的，占脱硫总装机容量的86%左右。其原理是，采用碱性浆液或溶液作为吸收剂在吸收塔内对含有二氧化硫的烟气进行喷淋洗涤，使二氧化硫和吸收剂反应生成亚硫酸盐和硫酸盐。常用的湿法脱硫工艺有：石灰石/石灰-

石膏法、双碱法、氨酸法、钠盐循环法、碱式硫酸铝法、水和稀酸吸收法、氧化镁法以及海水脱硫等。其中石灰石/石灰-石膏法是技术最成熟、应用最多、运行状况最稳定的方法，其脱硫效率在90％以上。但该工艺流程较复杂，投资与运行费用高，占地面积大。

②半干法脱硫 半干法工艺的特点是反应在气、固、液三相中进行，利用烟气显热蒸发吸收液中的水分，使最终产物为干粉状。主要脱硫工艺有喷雾干燥法、烟气循环流化床脱硫法和增湿灰循环脱硫法。喷雾干燥法通过高速旋转的雾化器，将吸收浆液雾化成细小雾滴，与烟气中的二氧化硫进行传质、传热反应，脱硫效率可达80％以上。烟气循环流化床脱硫法以循环流化床原理为基础，通过吸收剂的多次再循环，延长吸收剂与烟气的接触时间，来提高吸收剂的利用率和脱硫效率，脱硫效率也可达到80％以上。增湿灰循环脱硫法是将CaO粉（粒径在1mm以下）与除尘器收集的大量的循环灰进行混合增湿，然后将含5％水分的循环灰导入烟道反应器，与烟气进行脱硫反应，脱硫效率大于80％。

③干法脱硫 干法脱硫是反应在无液相介入的完全干燥的状态下进行，反应产物亦为干粉状态，不存在腐蚀、结露等问题。主要有荷电干式喷射脱硫法、电子束照射法和脉冲电晕等离子体法三种工艺。

荷电干式喷射脱硫法，是吸收剂以高速通过高压静电电晕区，得到强大的静电荷（负电荷）后，被喷射到烟气中扩散形成均匀的悬浊状态，吸收剂离子表面充分暴露，增加了与二氧化硫反应的机会。同时，由于离子表面的电晕，增强了其活性，缩短了反应所需的滞留时间，有效提高了脱硫效率。当Ca/S=1.5时，脱硫效率为60％～70％。

电子束照射法，是靠电子加速器产生高能电子，使烟气中的氧和水蒸气等激发转化成氧化能力强的自由基、离子、激发态原子等活性物质，与烟气中二氧化硫和氮氧化物反应生成硫酸和硝酸，再与加入的氨反应产生硫酸铵和硝酸铵化肥。

脉冲电晕等离子体法，是靠脉冲高压电晕在反应器中形成等离子体，产生高能电子(5～20Ev)，由于它只提高电子温度，而不提高粒子温度，能量效率比电子束照射法高2倍。其优点是设备简单、操作简便、投资仅是电子束照射法的60％，因此，成为国际上干法脱硫脱硝的研究前沿。

2. 氮氧化物治理技术

对于固定源氮氧化物的治理主要有燃料脱氮、改进燃烧方式和生产工艺、烟气脱硝三种方法。前两种方法是减少燃烧过程中氮氧化物的生成量，第三种方法则是对燃烧烟气和工业尾气中的氮氧化物进行治理。燃料脱氮技术至今尚未很好开发；改进燃烧方式和开发低NO_x燃烧技术和设备，由于氮氧化物去除率有限，技术全面实施尚有一定困难；烟气脱硝由于具有很高的脱除效率，成为目前氮氧化物治理普遍采用的主要技术。

烟气脱硝技术主要包括电子束照射法、脉冲电晕等离子体法，选择性催化还原法、选择性非催化还原法，液体吸收法；固体吸附法等。前两种方法利用高能电子产生的自由基将NO氧化为NO_2，再与H_2O和NH_3作用生成NH_4NO_3化肥并加以回收，可同时脱硫脱硝。吸附法常用分子筛、活性炭、天然沸石、硅胶等作为吸附剂，其脱硝效率高，且能回收氮氧化物，但因吸附剂容量小、吸附剂用量多、设备庞大、再生频繁等原因，广泛应用受到一定限制。下面主要介绍液体吸收法、选择性催化还原法（SCR）、选择性非催化还原法（SNCR）在烟气脱硝中的应用。

（1）液体吸收法　液体吸收法常用的吸收剂有碱液、稀硝酸溶液等。碱液大多采用碳酸钠、氢氧化钠、石灰乳或氨水溶液等。碱液吸收设备简单、操作容易、投资少，但吸收效率较低，特别是对 NO 吸收效果差，只能消除 NO_2 所形成的黄烟，达不到去除所有氮氧化物的目的。利用稀硝酸吸收硝酸尾气中的氮氧化物，不仅可以净化排气，还可回收氮氧化物用于制硝酸，但此法只能用于硝酸生产过程中，应用范围有限。

（2）选择性催化还原法　此法是利用 Pt 或 Cu 作催化剂有选择地将氮氧化物还原成 N_2，而不与废气中的 O_2 发生反应。常用的还原性气体为 NH_3 和 H_2S 等。选择性催化还原法的脱硝效率能达到 90% 以上。在欧洲、日本、美国等对燃煤电厂氮氧化物排放控制最先进的地区和国家，除采取燃烧控制之外，还大量使用选择性催化还原法进行烟气脱硝。

（3）选择性非催化还原法　该方法以氨基化合物为还原剂，将烟气中的氮氧化物还原成 N_2。由于无催化剂的作用，反应所需的温度较高，一般在 900~1100℃ 之间。选择性非催化还原法的脱硝效率主要取决于反应温度、还原剂与 NO_x 的化学计量比、混合程度及反应时间等。其中温度控制至关重要，如温度过低，还原剂的反应不完全，容易造成 NH_3 泄漏；而温度过高，NH_3 容易被氧化成 NO，抵消了 NH_3 的脱硝作用。选择性非催化还原法的脱硝效率在 30%~70% 之间。选择性非催化还原技术投资成本低，建设周期短，脱硝效率中等，比较适用于缺少资金的发展中国家和适用于对现有中小锅炉的改造。

3. 汽车尾气治理技术

汽车发动机排放的废气中含有一氧化碳、碳氢化合物、NO_x、有机铅化合物、无机铅和苯并 [a] 芘等多种有害物质，控制汽车尾气中有害物质排放浓度的方法主要有两种：一种是改进发动机的燃烧方式，使污染物的产生量减少，称为机内净化；另一种方法是利用装在发动机外部的净化设备，对排出的废气进行净化治理，这种方法称为机外净化。目前我国的汽车废气控制技术主要采用机外净化，该技术包括一段净化法、二段净化法和三元净化法等催化净化方法。

（1）一段净化法　一段净化法又称催化氧化法、催化燃烧法，即利用装在汽车排气管中的催化燃烧装置，将汽车发动机排出的 CO 和碳氢化合物，用空气中的 O_2 氧化为 CO_2 和 H_2O，净化后的气体直接排入大气。这种方法只能去除 CO 和碳氢化合物，对 NO_x 没有去除作用，但这种方法技术比较成熟，是目前我国应用的主要方法。

（2）二段净化法　二段净化法又称催化氧化-还原法，是利用两个催化反应器或在一个反应器中装入两段性能不同的催化剂，完成净化反应。由发动机排出的废气先通过第一段催化反应器（还原反应器），利用废气中的 CO 将 NO_x 还原为 N_2；从还原反应器排出的气体进入第二段催化反应器（氧化反应器），在引入空气作用下，将 CO 和碳氢化合物氧化为 CO_2 和 H_2O。这种二段反应法在实践中已经得到应用，但缺点是燃料消耗增加，并可能对发动机的操作性能产生影响。

（3）三元净化法　三元净化法是利用能同时完成 CO、碳氢化合物的氧化和 NO_x 还原反应的催化剂，将 3 种有害物质一起净化的方法。这种方法可以节省燃料、减少催化反应器的数量，是比较理想的方法。但由于需对空燃比进行严格控制以及对催化剂性能的高要求，从技术上来说还不十分成熟。

【阅读材料】

伦敦烟雾事件

　　1952 年 12 月 5 日至 9 日，英国伦敦发生了连续数日的大雾天气。由于大雾的影响，大批航班被取消，汽车白天在公路上行驶必须开着大灯。当时，伦敦正在举办一场牛展览会，参展的牛首先对大雾天气产生了反应，350 头牛有 52 头严重中毒，4 头奄奄一息，1 头当场死亡。不久伦敦市民也发生了反应，许多人感到呼吸困难、眼睛刺痛，有哮喘、咳嗽等呼吸道症状的病人明显增多，死亡率剧增。在 12 月 5 日至 12 月 8 日的 4 天里，伦敦市死亡人数达 4000 人。在烟雾事件发生的一周中，48 岁以上人群死亡率为平时的 3 倍，1 岁以下人群的死亡率为平时的 2 倍；因支气管炎死亡 704 人、冠心病死亡 281 人、心脏衰竭死亡 244人、结核病死亡 77 人，分别为前一周的 9.5 倍、2.4 倍、2.8 倍和 5.5 倍。12 月 9 日之后，由于天气变化，大雾逐渐消散，但在此后的两个月内，又有近 8000 人因为烟雾事件而死于呼吸系统疾病。

　　导致伦敦烟雾事件的直接原因是燃煤产生的二氧化硫和粉尘污染。当时伦敦冬季多使用燃煤采暖，市区内还分布有许多以煤为主要能源的火力发电站，煤炭燃烧产生了大量的二氧化硫、粉尘等污染物。间接原因是开始于 12 月 5 日的逆温层所造成的大量污染物蓄积。由于逆温影响，伦敦城市空气静止无风。加之燃煤产生的粉尘表面大量吸附水汽，成为形成烟雾的凝聚核，促使了大雾的形成；同时燃煤粉尘中含有三氧化二铁成分，可催化来自燃煤的污染物二氧化硫氧化生成三氧化硫，进而与吸附在粉尘表面的水化合生成硫酸雾滴。这些硫酸雾滴吸入呼吸系统后会产生强烈的刺激作用，使体弱者发病甚至死亡。

　　1952 年伦敦烟雾事件是 20 世纪重大环境灾害事件之一，并且作为煤烟型空气污染的典型案例出现在多部环境科学教科书中。该事件也引起了英国民众和政府当局的注意，使人们意识到控制大气污染的重要意义，并直接推动了 1956 年英国《洁净空气法案》的通过。

思　考　题

1. 简述大气环境的组成与结构。
2. 什么是大气污染？大气污染可划分为哪些类型？
3. 试说明大气污染源的类型及大气污染物的种类。
4. 大气污染对人体健康的危害有哪些？
5. 大气污染对天气和气候具有哪些影响？
6. 气象因素对大气污染的影响表现在哪些方面？
7. 如何描述大气的稳定性及其与排烟类型的关系？
8. 地形和地物如何影响大气污染？
9. 山谷风和海陆风局地环流对大气污染影响有何不同？
10. 简述大气污染防治的原则。
11. 大气污染防治可采取哪些措施？
12. 如何选择合适的除尘器进行大气颗粒污染物治理？
13. 试述烟气脱硫技术的主要原理。
14. 如何进行氮氧化物治理？
15. 我国目前汽车尾气的机外净化技术有哪些？

参 考 文 献

[1] 刘克峰，张颖．环境学导论．北京：中国林业出版社，2012．
[2] 郝吉明，马光大，王书肖．大气污染控制工程．第3版．北京：高等教育出版社，2010．
[3] 鞠美庭，邵超峰，李智．环境学基础．第2版．北京：化学工业出版社，2010．
[4] 王玉梅等．环境学基础．北京：科学出版社，2010．
[5] 左玉辉．环境学．北京：高等教育出版社，2010．
[6] 刘培桐．环境科学概论．第2版．北京：高等教育出版社，2010．
[7] 郭静，阮宜纶．大气污染控制工程．北京：化学工业出版社，2008．
[8] 吴彩斌，雷恒毅，宁平．环境学概论．北京：中国环境科学出版社，2007．
[9] 童志权．大气污染控制工程．北京：机械工业出版社，2006．
[10] 魏振枢，杨永杰．环境保护概论．北京：机械工业出版社，2006．
[11] 朱鲁生．环境科学概论．北京：中国农业出版社，2005．
[12] 赵景联．环境科学导论．北京：机械工业出版社，2005．
[13] 赵烨．环境地学．北京：高等教育出版社，2010．

第三章 水 环 境

　　水是地球上一切生命赖以生存、人类生产及生活不可缺少的物质资源，对于社会经济可持续发展具有重要影响。水污染降低了水资源的可利用性，使可供人类使用的清洁水资源更加短缺。我国水环境污染严重，已成为制约社会经济发展的重大战略问题。积极开展水环境及污染防治研究，对于控制水污染、改善水环境，确保水安全及促进社会、经济和环境的协调发展具有重要现实意义。

　　本章包括四部分，即水环境概述、水质指标与水质标准、水体污染与自净和水环境污染防治。水环境概述部分主要介绍水的形成、分布、水循环，水资源定义、特征、利用，以及天然水的组成和各类天然水特征。水质指标与水质标准部分阐述水质指标类型及含义，水质标准定义和常见的水质标准。水体污染与自净部分介绍水体及水体污染定义，水体污染分类、水体主要污染物和污染源，各类地表水污染特征，水体污染危害和水体三种自净方式。水环境污染防治部分探讨水环境污染防治途径，并说明水污染防治技术分类及常见污水处理方法原理及特点。

第一节 水环境概述

一、地球上的水

（一）水的形成

　　对于水的起源，长期以来一直存在很大分歧，目前仍有 30 多种不同的水形成学说。原始星云说认为，在地球形成之前的初始物质中存在一种含有 H_2O 分子的原始星云，类似于现在平均含水 0.5% 的陨石，地球形成后降到地球上，从而使地球上有了水。另外一些学者认为在地球形成以后才产生了水的原始元素（H 和 O），而 H 和 O 在适宜条件下化合生成羟基（—OH），羟基再经过复杂的变化，形成水（H_2O）。而地幔说认为地球上的水主要来源于地球内部的上地幔，岩石圈的物质一半是由硅组成，其中主要有硅酸盐和水分。这些岩石在一定的温度和适宜条件下（如火山爆发）脱水，从而形成了水。

　　总之，虽然目前对水的起源还没有定论，但普遍认为自然界的水是地球长期演化过程的一种产物，与地球的发展有着密不可分的联系。经过几十亿年的演变，地球上产生的水不断进入大气层，地面的水量也逐渐增多，最终形成了现在的江、河、湖、海，以及变化莫测的云、雾、雨和雪。

（二）水的分布

　　自然界除了存在于各种矿物中的化合水、结合水以及岩石圈深部封存的水分外，海洋、河流、湖泊、地下水、大气水分和冰雪共同构成地球的水圈。据国际水文学会（UNICEF）估计，地球上的水量总计 $1.386 \times 10^9 \mathrm{km}^3$，主要由海洋水、陆地水和大气水等构成。海洋水量约 $1.34 \times 10^9 \mathrm{km}^3$，约占地球总水量的 96.54%。湖泊、河流、冰川、地下水等陆地水体

水量约为 $3.59 \times 10^7 \, km^3$，约占地球总水量的 3.45%；其中 80% 位于极地区难以开发利用，直接供应人类生活、生产需要的河水和淡水湖的数量很少，只有 $9.3 \times 10^4 \, km^3$，是水资源中最为重要的组成部分。此外，大气水量约 $1.3 \times 10^4 \, km^3$，占地球总水量的 0.001%。地球上不同种类水的估计水量及比例分布见表 3-1。

表 3-1　地球上各种水体的估计水量及比例分布

水体类型	总水量		淡水量	
	体积/$10^4 \, km^3$	比例/%	体积/$10^4 \, km^3$	比例/%
海洋水	133800	96.54		
地下水	2340	1.69		
其中:地下咸水	1287	0.94		
地下淡水	1053	0.75	1053	30.06
土壤水	1.7	0.001	1.7	0.05
冰川与永久积雪	2406	1.74	2406	68.68
永冻土底水	30	0.002	30	0.86
湖泊水	17.6	0.013		
其中:咸水	8.5	0.006		
淡水	9.1	0.007	9.1	0.26
沼泽水	1.1	0.0008	1.1	0.08
河川水	0.2	0.0002	0.2	0.006
生物水	0.1	0.0001	0.1	0.003
大气水	1.3	0.001	1.3	0.04

（三）水的循环

1. 水的自然循环

地球上各种形态的水都处在不断运动与相互转换之中，形成了水循环。水循环是地球上重要的物质能量循环过程之一，直接涉及自然界一系列物理、化学、地学和生物过程，对人类社会的生产生活以至整个地球生态都有非常重要的意义。

水的自然循环是指地球上各种形态的水在太阳辐射和重力作用下，通过蒸发、水汽输送、凝结降水、下渗、径流等环节，不断发生相态转换的周而复始的运动过程。从全球范围看，典型的水的自然循环过程是这样进行的，即海洋蒸发形成的水汽大部分留在海洋上空，少部分被气流输送至陆地上空，在适当条件下这些水汽凝结成降水。海洋上空的降水回到海洋，陆地上空的降水则降落至地面，一部分形成地表径流补给河流和湖泊，一部分渗入土壤与岩石空隙，形成地下径流，地表径流和地下径流最后都汇入海洋。由此形成全球范围的自然水循环系统（见图 3-1）。

由于水的自然循环存在，地球上各种形式的水以不同周期或速度更新，成为一种可再生的资源。水的这种循环复原特征，可以用水的交替周期表示。由于各种形式水的储存形式不同，各种水的交换周期也不一致。河流、湖泊的更替周期较短，海洋更替周期较长，而极地冰川的更新速度则更缓慢，更替周期可达上万年（见表 3-2）。水的更替周期是反映水循环强度的重要指标，也是水资源可利用率的基本参数。

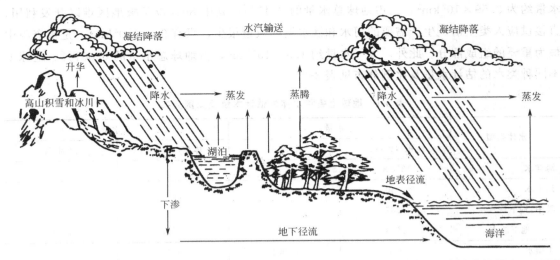

图 3-1　水的自然循环过程

表 3-2　地球上各种水体的循环更替周期

水体类型	更替周期	水体类型	更替周期
海洋	2500 年	沼泽	5 年
深层地下水	1400 年	土壤水	1 年
极地冰川	9700 年	河川水	16 天
永久积雪和高山冰川	1600 年	大气水	8 天
永冻带底冰	10000 年	生物水	几小时
湖泊	17 年		

2. 水的社会循环

除了水的自然循环，水还由于人类的活动而不断迁移转化，形成水的社会循环。水的社会循环是指人类为了满足生活和生产的需求，不断取用天然水体中的水，经过使用，一部分天然水被消耗，但绝大部分变成了生活污水和生产废水排放，重新进入天然水体（见图 3-2）。与水的自然循环不同，在水的社会循环中，水的性质不断发生变化。例如，人类取用的水中，只有很少一部分作为饮用或食物加工以满足生命对水的需求（约每人每天 5L 水），其余大部分水则用于卫生目的，如洗涤、冲厕等（约每人每天 50～300L 不等，取决于生活习惯、卫生设备水平等）。工业生产用水量很大，除了一部分水用作工业原料外，大部分用于冷却、洗涤或其他目的，使用后水质将发生变化，其污染程度随工业性质、用水性质及方式等因素而变。此外，随着农业生产中化肥、农药使用量的日益增加，降雨后农田径流会挟带大量化学物质进入地面和地下水体，形成所谓的"面源污染"。

二、水资源

（一）水资源的定义

广义的水资源是指自然界的一切水体，包括海洋、河流、湖泊、沼泽、冰川、土壤水、地下水及大气中水分。由于当前经济技术条件的限制，对高含盐的海水和分布在南北两极的冰川，目前大规模开发还有许多困难。

狭义的水资源仅指在一定时期内，能被人类直接或间接开发利用的那部分动态水体。这

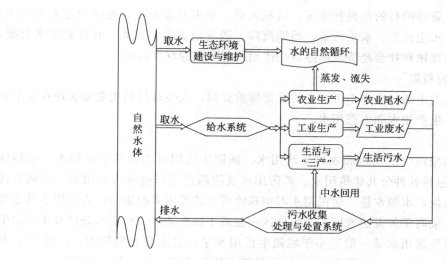

图 3-2　水的社会循环（据左玉辉，2010）

种开发利用，不仅目前在技术上可能，而且经济上合理，且对生态环境可能造成的影响是可接受的。这种水资源主要指河流、湖泊、地下水和土壤水等淡水，个别地方还包括微咸水。这些水资源合起来仅占全球总水量的 0.32% 左右，约 $1.065 \times 10^7 km^3$。与海水相比，淡水资源所占比例很小，为目前研究的重点。

特别注意的是，土壤水虽然不能直接用于生活和工业生产，但它是植物生长必不可少的条件，可直接被植物吸收，应属于水资源范畴。大气降水是径流形成的主要因素，是淡水最主要、甚至唯一的补给来源。

（二）水资源的特征

1. 循环再生性和有限性

由于水的自然循环，水资源得到不断恢复和更新，使其成为可再生资源。但由于受太阳辐射、地表下垫面、人类活动等条件的限制，每年通过水循环更新的水量又是有限的，而且自然界中各种水体的循环周期不同，水资源恢复量也不同。因此，水循环过程的无限性和再生补给水量的有限性，决定了水资源在一定限度内是"取之不尽、用之不竭"的。在开发利用水资源过程中，不能破坏生态环境及水资源的再生能力。

2. 时空分布的不均匀性

作为水资源主要补给来源的大气降水、地表径流和地下径流等具有随机性和周期性，其年内与年际变化很大。它们在地区分布也不很均衡，有些地方干旱，水量很少，但有些地方水量又很多，并形成灾害，这给水资源的合理开发利用带来很大困难。

3. 利用上的多用性

水资源具有"一水多用"的多功能特点，在国计民生中用途广泛。从水资源利用方式上看，可分为消耗用水和借用水体两种。生活用水、农业灌溉、工业生产用水等属于消耗性用水，其中一部分回归到水体中，但量已减少，而且水质也发生了变化；另一种使用形式是非消耗性的，如养鱼、航运、水力发电等。因此在水资源开发利用过程中应进行综合开发、综合利用、水尽其才，同时满足不同用水部门的需要。

4. 利和害的两重性

由于降水和径流的地区分布不平衡和时程分配的不均匀，往往会出现洪涝、干旱等自然灾害。开发利用水资源的目的是兴利除害，造福人类，如果开发不当，也会引起人为灾害。例如，垮坝事故、水土流失、水质污染、地面沉降、诱发地震等。因此，开发利用水资源，必须严格按照自然规律和社会经济规律办事，达到兴利除害的双重目的。

（三）水资源的利用

水资源作为人类生活、生产不可缺少的重要物质资源，人类对其利用主要表现在 3 个方面，即生活用水、生产用水和生态用水。

1. 生活用水

生活用水分为城镇生活水和农村生活用水。城镇生活用水主要是家庭用水（包括饮用、卫生等），还包括各种公共建筑用水、消防用水及浇洒道路绿地等市政用水。受城市性质、经济水平、气候、水源水量、居民用水习惯和收费方式等因素的影响，人均用水量变化较大，发达地区一般高于欠发达地区，丰水地区一般高于缺水地区。受供水条件及生活水平所限，农村人均日生活用水量一般远小于城镇生活用水量，且水质差别较大。2007 年，我国农村人均生活用水 71L/d，远低于 211L/d 的城镇人均生活用水量（含公共用水）。

2. 生产用水

水在生产中的利用涉及水能、水量和水质等多方面，按用途划分，生产用水包括农业用水和工业用水两部分。

（1）农业用水 农业用水主要包括农业、林业、牧业灌溉用水及渔业用水。农业用水量由于受地理条件的影响，在时空分布上变化较大，同时还与作物的品种和组成、灌溉方式和技术、管理水平、土壤、水源及工程设施等具体条件有关。2007 年，我国农业用水总量为 $3.5985 \times 10^{11} m^3$（其中 90.3% 是农业灌溉用水），占我国用水总量的 61.9%。

（2）工业用水 工业用水主要包括原料、冷却、洗涤、传送、调温、调湿等用水。工业用水与工业空间布局、产业结构、生产工艺水平等因素密切相关。工业用水主要集中在造纸及纸制品业、纺织服装和鞋帽制造业、化学原料及化学品制造业、电力热力生产和供应业、黑色金属冶炼及压延加工业、农副产品加工等行业。2007 年，我国工业用水量 $1.4041 \times 10^{11} m^3$，占用水总量的 24.1%，其中前述 6 个行业用水量占全国工业水量的 65.9%。

3. 生态用水

广义的生态用水是指维持全球生态系统水分平衡所需的水，包括江河湖泊为满足水生生物生长，并有利于冲刷泥沙、冲洗盐分、保持水体自净能力，以及交通旅游等所需要水量；植被蒸腾、土壤水、地下水和地表水蒸发水量，以及为维持水沙平衡及水盐平衡所必需的入海水量等。狭义的生态用水是指为维护生态环境不再恶化并逐渐改善所需的水资源总量。生态用水在水资源丰富的湿润地区并不构成问题，但在水源紧缺的干旱、半干旱地区及季节性干旱的半湿润地区，由于人类活动范围和规模的加大，往往存在生活用水、生产用水严重挤占生态用水的情况，导致生态环境恶化。

三、天然水

（一）天然水的组成

在自然界中，完全纯净的水是不存在的。天然水在自然循环过程中不断与环境物质发生作用，许多物质可以通过溶解等途径进入水体。因此天然水是由溶解性物质和非溶解性物质所组成的化学成分极其复杂的溶液综合体。通常来说，天然水中的这些物质可以是固态的、液态的或者是气态的，它们大多以分子态、离子态或胶体微粒态存在于水中（见表 3-3）。

表 3-3 天然水的常见物质组成

主要离子		微量元素	溶解气体		生源物质	胶体		悬浮物质
阴离子	阳离子		主要气体	微量气体		无机胶体	有机胶体	
Cl^-、SO_4^{2-}、HCO_3^-、CO_3^{2-}	Na^+、K^+、Ca^{2+}、Mg^{2+}、Fe^{3+}	Br、F、I、Fe、Cu、Ni、Co、Ra	O_2、CO_2	N_2、H_2S、CH_4	NH_4^+、NO_2^-、NO_3^-、PO_4^{3-}、HPO_4^{2-}	$Fe(OH)_3 \cdot nH_2O$、$Al_2O_3 \cdot nH_2O$	腐殖质	硅铝酸、盐颗粒、砂粒、黏土

注：引自黄润华等，环境基础教程，2004。

1. 主要离子

水中溶解的离子主要有九种，即钾离子（K^+）、钠离子（Na^+）、钙离子（Ca^{2+}）、镁离子（Mg^{2+}）、铁离子（Fe^{3+}）、氯离子（Cl^-）、硫酸根离子（SO_4^{2-}）、碳酸氢根离子（HCO_3^-）和碳酸根离子（CO_3^{2-}）。这九种离子占水中溶解固体总量的95%～99%以上。天然水中的氢离子（H^+）含量较低，大多数天然水的pH在6.8～8.5之间。

2. 微量元素

天然水中的微量元素有Br、I、F，含量极微的Cu、Co、Cr、As等，以及放射性元素如Ra等。如Hg的含量介于0.001～0.1mg/L，Cr含量小于0.01mg/L，河流和淡水湖中的Cu含量平均为0.02mg/L。

3. 溶解气体

天然水中溶解的气体主要有氧气（O_2）和二氧化碳（CO_2），还有氮气（N_2）、硫化氢（H_2S）和甲烷（CH_4）等微量气体。O_2和CO_2直接影响水生生物的生存和繁殖以及水中物质的溶解、反应等化学行为和微生物的生化行为。

4. 生源物质

天然水中的生源物质主要包括磷酸盐（PO_4^{3-}）、硝酸盐（NO_3^-）、亚硝酸盐（NO_2^-）、铵盐（NH_4^+）等水生植物必需的养分，其中含氮化合物在一定条件下可以相互转化。

5. 胶体

天然水中的胶体物质主要指粒径在10^{-9}～10^{-7}m范围的物质。其中无机胶体主要是次生黏土矿物和铁、铝等含水氧化物，有机胶体主要是动植物肢体腐烂和分解生成的腐殖质。湖泊水中的腐殖质含量最高，常使水呈现黄绿色或褐色。

6. 悬浮物质

天然水中的悬浮物质是粒径大于10^{-7}m的物质，如泥沙、黏土、藻类、原生动物、细菌及其他不溶物质。悬浮物质的存在使天然水有颜色、变浑浊或产生异味，有的细菌可致病。

（二）各类天然水的水质特点

1. 大气降水

大气降水是由海洋和陆地蒸发的水蒸气凝结而成。它的水质组成在很大程度上取决于地区条件。如靠近海岸处的降水可混入由风卷送的海水飞沫，城市和工业区上空的降水可混入煤烟、工业粉尘等。但总的来说，大气降水是杂质较少而矿化度很低的软水。水中仍然以HCO_3^-含量占优势，pH一般在5.6～7之间，溶解气体常是饱和或过饱和的，含盐量一般从每毫升数毫克到30～50mg。

2. 地表水

（1）河水 河水的化学成分受多种因素影响，如河水集水面积内被侵蚀的岩石性质、流动过程中补给水源成分、流域面积地区的气候条件及水生生物活动等。大多数河流是属于弱矿化或中矿化的水，只有少数河流为高矿化的水。河水含盐量一般在 $100\sim200mg/L$，一般不超过 $500mg/L$。河水中各种主要离子的比例为 $Ca^{2+}>Na^+$，$HCO_3^->SO_4^{2-}>Cl^-$，但也有例外。河水中的溶解氧一般情况下是饱和状态的，但若受到有机物的污染会出现缺氧状态，待污染物被氧化分解后又可恢复正常。

（2）湖泊 湖泊是由河流及地下水补给而形成的，湖水组成成分与湖泊所处的气候、地质、生物等条件有密切关系。湖泊有着与河流不同的水文条件，湖水流动缓慢而蒸发面积大，通常水体相对稳定，在蒸发量大的地区可形成咸水湖。湖水中的主要离子比例一般为 $Ca^{2+}>Na^+$，$HCO_3^->SO_4^{2-}>Cl^-$，少量 $Na^+>Ca^{2+}$，而 $Cl^->HCO_3^-$ 是咸水湖的特点。

湖水中的生物营养元素 N、P 非常重要，过多排入 N、P 会造成湖泊的富营养化，使藻类大量繁殖；藻类死亡分解要消耗大量溶解氧，使湖泊水质恶化。水库是人工形成的湖泊，其水质变化规律基本类似于湖泊，但在水体交换时，水质变化规律与河流相近。

（3）海水 海洋是地表径流的最终场所，它汇集了大量化学物质。海水的矿化度很高，可达 $35g/L$。海水中各种离子含量有一个固定次序，正好和河流相反：$Cl^->SO_4^{2-}>HCO_3^-+CO_3^{2-}$，$Na^+>K^+>Mg^{2+}>Ca^{2+}$。

3. 地下水

地下水是以滴状液体充填于构成地壳的岩石及沉积物孔隙中的水，是降水经过土壤和地层的渗流而成的。部分河水和湖水也会通过河床和湖床的渗流成为地下水的一个来源。

由于地下水经过土壤和地层的渗透、过滤，几乎全部去除了从空气和地面带来的颗粒杂质，因此，地下水比较透明、无色，有极少悬浮物质、极少细菌，温度较低且变化幅度小。但水可溶解与其接触的土壤和地层，溶入较多的矿物质，且在渗透过程中，一些有机物会被细菌分解成无机盐类，增加了地下水的含盐量，硬度和矿化度也会较大。分解产生的 CO_2、H_2S 等会使水具有还原性，可溶解 Fe、Mn 等金属，使它们以低价离子进入水中，故有的地下水含 Fe、Mn 较多。此外，水中原有的溶解氧常在地层下被有机物所消耗，地下水的溶解氧较为缺少。

第二节　水质指标和水质标准

一、水质指标

（一）水质

水质（water quality）为水体质量的简称，是指水体的物理（如色度、浊度等）、化学（无机物和有机物含量）和生物（细菌、微生物、浮游生物等）的特征及其组成状况。为评价水体质量的状况，规定了一系列水质参数和水质标准，如饮用水、工业用水、渔业用水和景观用水等水质标准。

（二）水质指标

水质指标（water quality index）是描述水质状况及其量化的具体表现，主要表示水中存在的杂质种类和数量，是判断和综合评定水体质量并对水质进行界定分类的重要参数。按照性质可将水质指标分为物理指标、化学指标、生物学指标和放射性指标。

1. 物理指标

物理指标包括臭和味、颜色、浊度、水温、固体含量（又称残渣）、电导率、透明度和矿化度等。

（1）臭和味 臭和味属于感官性指标，可以定性反映水中所含某种污染物的多少。天然水是无臭无味的，当水体受到污染后就可能产生异样的气味。水的异味主要来源于还原性硫和氮的化合物、挥发性有机物和氯气等污染物。不同盐分也会给水带来不同的异味，如氯化钠带咸味、硫酸镁带苦味等。

（2）颜色 纯净的水是无色透明的，含有悬浮态、胶体或溶解态等杂质的水有颜色且不透明，其颜色可用表色和真色来描述。表色是未经静置沉淀或者离心的原始水样的颜色，是由溶解物质、胶体物质和悬浮物质共同引起的颜色，可用文字法描述。真色是去除悬浮杂质、由胶体物质和可溶杂质造成的颜色，可用色度作为衡量指标。

（3）浊度 浊度是指水中不溶解物质（如黏土、泥沙、浮游生物、微生物等）对光线透过时所产生的阻碍程度。浑浊度是天然水和各类用水的一项非常重要的水质指标，也是水可能受到污染的重要指标。一般来说，水中不溶解物质越多，浊度也越高，但两者之间没有固定的定量关系。这是因为浊度是一种光学效应，其大小与杂质的含量、大小、形状和表面折射率等指数有关。

（4）固体含量 固体含量是指在一定温度下，将一定体积的水样蒸发至干时，所残余的固体物质总量，也称蒸发残渣，一般分为总固体含量、可滤性固体含量和不可滤性固体含量。

① 总固体含量是指水样未经任何处理，在 $103 \sim 105 ℃$ 的温度下烘干得到的残渣总量。

② 可滤性固体含量，也称溶解性固体含量，是指水样经过 $0.45 \mu m$ 的滤膜过滤后，滤液（包括溶解物质和一部分胶体物质）在 $103 \sim 105 ℃$ 的温度下烘干后得到的固体残渣。

③ 不可滤性固体含量，也称悬浮固体含量（suspended solids，SS），是通常最受关注的一项指标，是指水样经 $0.45 \mu m$ 的滤膜过滤后，被滤膜截留的残渣（包括悬浮物质和另一部分胶体物质）在 $103 \sim 105 ℃$ 的温度下烘干至恒重所得残余固体物质总量。

（5）电导率 电导率又称比电导，指水溶液传导电流的能力。一般水中所含溶解盐类越多，水中的离子数量越多，电导率就越大，可间接表示水中可滤残渣的相对含量，可以用电导率仪来测定。

2. 化学指标

水质的化学指标是指水体中杂质及污染物的化学成分和浓度的综合性指标，可分为一般性水质化学指标，如 pH、酸度和碱度、硬度、各种阴阳离子、总含盐量等；无机物指标，如溶解氧（dissolved oxygen，DO）、有毒重金属、营养物质等；有机物指标，如生化需氧量（bio-chemical oxygen demand，BOD）、化学需氧量（chemical oxygen demand，COD）、总需氧量（total oxygen demand，TOD）、总有机碳（total organic carbon）、高锰酸盐指数、酚类等。

（1）pH 值 pH 值反映水的酸碱性质，天然水体的 pH 值一般在 $6 \sim 9$ 之间，饮用水的适宜 pH 值应在 $6.5 \sim 8.5$ 之间。生活污水一般呈弱碱性，有些工业废水偏离中性范围很远。当天然水体受到酸碱污染后，pH 值发生变化，可消灭或抑制水体中生物的生长，妨碍水体自净，影响一些重要金属络合物结构和有毒物质的毒性。如果天然水体长期受到酸碱污染，会使水质逐渐酸化或碱化，对正常生态系统产生严重影响。pH 值可用玻璃电极法和比色法进行测量。

（2）酸度和碱度（acidity and alkalinity）　在水体中，给出质子的物质总量称为水的酸度，接受质子的物质总量称为水的碱度。这两者都是综合性度量，一般采用酸碱指示剂滴定法或者电位滴定法进行测定。酸度包括强无机酸，弱酸和水解盐。碱度包括水中重碳酸盐碱度（HCO_3^-），碳酸盐碱度（CO_3^{2-}）和氢氧化物碱度（OH^-）。

（3）硬度　水的硬度按致硬阳离子分为钙硬度、镁硬度等，其总和称为水的总硬度。按照相关阴离子可分为碳酸盐硬度和非碳酸盐硬度，两者之和也称为水的总硬度。其中碳酸盐硬度主要由钙、镁的碳酸盐和重碳酸盐所形成，通过煮沸可以被除去，所以也被称为"暂时硬度"；非碳酸盐硬度主要由钙、镁的硫酸盐、氯化物等形成，不受加热影响，又称为"永久性硬度"。总硬度测定方法目前使用最普遍的是 EDTA 络合滴定法。

（4）营养物质　营养物质主要指氮、磷化合物。从农作物生长角度看，植物营养元素是宝贵的物质，但过多的氮、磷进入天然水体容易导致水体发生富营养化现象。水体富营养化程度与氮、磷含量有关，并且磷的作用远大于氮。因此，它们也是重要的水质指标。

① 氮的水质指标　氮的水质指标通常包括总氮、氨氮、亚硝酸盐氮、硝酸盐氮和凯氏氮等。其中总氮是衡量水质的重要指标之一；氨氮是水中游离氨（NH_3）和离子状态铵盐（NH_4^+）之和。鱼类对水中氨氮比较敏感，当氨氮含量高时会导致鱼类死亡。亚硝酸盐氮是指水中以亚硝酸盐形式（NO_2^-）存在的氮。硝酸盐氮是指水中以硝酸盐形式（NO_3^-）存在的氮。凯氏氮又称基耶达氮（Kjeldahl nitrogen，KN），是以凯氏氮法测得的含氮量，为有机氮与氨氮之和。

② 磷的水质指标　磷的水质指标通常用总磷来表示，包括有机磷和无机磷。有机磷主要包括葡萄糖-6-磷酸、2-磷酸-甘油酸等；无机磷是以磷酸盐形式存在的，有正磷酸盐（PO_4^-）、偏磷酸盐（PO_3^-）、磷酸氢盐（HPO_4^{2-}）和磷酸二氢盐（$H_2PO_4^-$）等。

（5）重金属　重金属主要指汞、镉、铅、铬以及类金属砷等生物毒性显著的元素，也包括具有一定毒害性的一般金属，如锌、铜、钴、锡、镍等。目前最引起人们关注的重金属元素有汞、铬、铅、砷和镉等。

（6）溶解氧（DO）　溶解氧（DO）是指水体中溶解的游离态氧溶度。随着大气压下降，水温升高，或者含盐量增加，溶解氧的含量都会降低。水中的溶解氧主要来源于水体中藻类光合作用和大气中氧的溶解。当水体受到有机物污染时，微生物氧化分解这些有机污染物会消耗水体中的氧气，导致受纳水体的溶解氧降低。因此，溶解氧虽是一个无机物指标，但间接反映了水体受有机物污染的程度，溶解氧值越高，说明水体中有机物浓度越小，即水体受有机物污染程度越低。

（7）生化需氧量（BOD）　生化需氧量（BOD）是指在有氧条件下，水中可分解的有机物（如碳水化合物、蛋白质、油脂等）由于好氧微生物的作用而被氧化分解为无机化合物的需氧量，也称生物化学需氧量。该指标是反映水体中有机污染程度的综合指标之一。

有机物的生物氧化是一个缓慢的过程，这个过程可分为两个阶段：第一阶段称为碳氧化阶段，主要是有机物被转化为二氧化碳、水和氨，这个阶段消耗的氧量称为碳化生化需氧量；第二阶段主要是氨被转化为亚硝酸盐和硝酸盐，这个阶段消耗的氧量称为硝化生化需氧量。对有机物质来说，在 20℃ 水温下完成这两个阶段需要 100 天以上。但 20 天以后的生化反应过程速度趋于平稳，因此常用 20 天的生化需氧量 BOD_{20} 作为总生化需氧量。在实际应用中，20天时间太长，而5天的生化需氧量约占总碳氧化需氧量的70%~80%，所以目前国内外普遍采用20℃培养5天的生化需氧量为指标，记为 BOD_5，称为5日生化需氧量。

（8）化学需氧量（COD） 化学需氧量（COD）又称化学耗氧量，是指在酸性条件下用强氧化剂（重铬酸钾或高锰酸钾）将有机物氧化成 CO_2 与 H_2O 所消耗的氧量。化学需氧量反映了水中受还原性物质（如有机物、亚硝酸盐、硫化物、亚铁盐等无机物）污染的程度。基于水体被有机物污染较为普遍，该指标作为有机物相对含量的综合指标之一，但只能反映能被氧化剂氧化的有机物。

（9）高锰酸盐指数 高锰酸盐指数是指在一定条件下，以高锰酸钾为氧化剂，处理水样时所消耗的量，以氧的 mg/L 来表示。水中的亚硝酸盐、亚铁盐、硫化物等还原性无机物和在此条件下可被氧化的有机物，均可消耗高锰酸钾。因此，高锰酸盐指数常被作为水体受还原性有机（和无机）物质污染程度的综合指标。

（10）总需氧量（TOD） 总需氧量（TOD）是指在一定条件下，水中有机物全部被氧化为 CO_2、H_2O、NO_2 和 SO_2 所消耗的氧量。TOD的测定原理是将一定数量的水样，注入含氧量已知的氧气流中，在通过以铂钢为催化剂的燃烧管，在900℃高温下燃烧时，水样中含有的有机物被燃烧氧化，消化掉氧气流的氧，剩余的氧量用电极测定并自动记录。氧气流原有含氧量减去剩余含氧量即为总需氧量 TOD。由于高温条件下，有机物可被彻底氧化，故 TOD 大于 COD 值。

（11）总有机碳（TOC） 总有机碳（TOC）是以碳的含量表示水体中有机物质总量的综合指标。TOC的测定采用燃烧氧化-非色散红外吸收法。因为在高温下，水中的碳酸盐也分解产生二氧化碳，所测得含碳量为总碳。为获得有机碳含量，可采用两种方法：一种是将水样预先酸化，通入氮气曝气，去除各种碳酸盐分解产生的二氧化碳后再注入仪器测定；另一种方法是使用有高温炉和低温炉的 TOC 测定仪，将同一等量的水样分别注入高温炉和低温炉，高温炉水样中的有机碳和无机碳均转化为无机碳，而低温炉使无机碳酸盐分解为二氧化碳，有机物却不能被分解。将高温和低温炉中生成的二氧化碳依次测定，分别为总碳和无机碳，二者之差即为总有机碳。

水质比较稳定的污水，BOD_5、COD、TOD 和 TOC 之间有一定的相关关系，数值大小排序为 TOD＞COD＞BOD_5＞TOC。

3. 生物学指标

生物学水质指标一般包括细菌总数、大肠菌群数、病毒等。

（1）细菌总数 细菌总数是大肠菌群数、病原菌、病毒及其他细菌数的总和，以每毫升水样中细菌菌落总数表示。细菌总数越多，表示病原菌与病毒存在的可能性越大，但不能说明污染的来源，必须结合大肠菌群数来判断水体污染的来源及其安全程度。

（2）大肠菌群数 大肠菌群数也称大肠菌群值，表示每升水样中所含有的大肠菌群的数目，是粪便污染的指示菌群，可表明水体受到粪便污染的严重程度，间接表明有肠道病原菌如伤寒、痢疾和霍乱等致病菌存在的可能性。大肠菌群数作为生物学指标，主要用于判断水质被病原微生物污染的程度。

（3）病毒 病毒是表明水体中是否存在病毒及其他病原菌（如炭疽杆菌）的病毒指标。因为检出大肠杆菌，只能表明肠道病原菌的存在，但不能表明是否存在病毒。病毒的检测方法目前主要是数量测定法与蚀斑测定法两种。

生物学指标主要根据生物种类、数量、生物指数、生物生产力等指标，同时参考生理生化、病理形态及污染物残留量等进行多指标综合评价。生物学指标评价能综合反映水体污染的程度，但难以定性、定量确定污染物的种类和数量。

4. 放射性指标

放射性指标是针对放射性污染而言的。当发生放射性污染时，放射性污染物进入水体，可附着在生物体表面，也可进入生物体蓄积起来，还可通过食物链对人产生内照射。水中的放射性污染物可能来源于核电站、工业和医疗研究用的放射性物质或铀矿开采中产生的废物。有些地下水中天然就含有氡。常用的放射性指标有总 α 放射性、总 β 放射性等。

二、水质标准

水的用途很广，在生活、工业、农业、渔业、航运、旅游和环境（如景观用水）等各个方面都需要大量的水，而且对水质有一定的要求。该要求的表示方法就是水质标准，是水的物理、化学和生物的质量标准。

所谓水质标准，是指为了有效保障人体健康、控制水污染、保护并合理开发利用水资源，结合水体自然环境特征、控制水环境污染的技术水平及经济条件等因素，由国家或地方政府对各种用水在物理、化学和生物学性质方面的要求进行规定，明确水中污染物或其他物质的最大容许浓度或最小容许浓度，以限制水中的杂质。水质标准是一种法定性要求，具有指令性和法律性，相关部门、企业和单位都必须严格遵守。我国已颁布的主要水质标准见表 3-4。

表 3-4 我国颁布的主要水质标准

标准类别	标准名称	标准号
水环境质量标准	地表水环境质量标准	GB 3838—2002
	生活饮用水卫生标准	GB 5749—2006
	地下水质量标准	GB/T 14848—1993
	海水水质标准	GB 3097—1997
	渔业水质标准	GB 11607—1989
	农田灌溉水质标准	GB 5084—2005
污水排放标准	污水综合排放标准	GB 8978—1996
	城镇污水处理厂污染物排放标准	GB 18918—2002
	医疗机构水污染物排放标准	GB 18466—2005
	电镀污染物排放标准	GB 21900—2008
	制糖工业水污染物排放标准	GB 21909—2008
	合成革与人造革工业污染物排放标准	GB 21902—2008
	啤酒工业污染物排放标准	GB 19821—2005

(一) 地表水环境质量标准 (environmental quality standards for surface water)

为了保障人体健康、维护生态平衡、保护水资源、控制水污染，以及改善地表水质量和促进生产，2002 年原国家环保总局颁布了《地表水环境质量标准》（GB 3838—2002）。该标准适用于中国领域内江河、湖泊、运河、渠道、水库等具有使用功能的地表水域，其中具有特定功能的水域执行相应专业用水水质标准，如《渔业水质标准》、《农田灌溉用水水质标准》等。依据地表水水域环境功能和保护目标、控制功能高低，依次将我国地表水划分为以下五类：

Ⅰ类：主要适用于源头水、国家自然保护区。

Ⅱ类：主要适用于集中式生活饮用水地表水源地一级保护区、珍稀水生生物栖息地、鱼虾产卵场、仔稚幼鱼的索饵场等。

Ⅲ类：主要适用于集中式生活饮用水地表水源地二级保护区、鱼虾越冬场、洄游通道、水产养殖区等渔业水域及游泳区。

Ⅳ类：主要适用于一般工业用水区及人体非直接接触的娱乐用水区。

Ⅴ类：主要适用于农业用水及一般景观要求水域。

不同功能水域类别分别执行相应类别标准值。水域功能类别高的标准值严于水域功能类别低的标准值。同一水域兼有多类使用功能的，执行最高功能类别对应的标准值。实现水域功能与达到功能类别标准为同一含义。表3-5列出了地表水环境质量标准基本项目标准限值。

表 3-5 地表水环境质量标准基本项目标准限值　　　　　　单位：mg/L

序号	项 目		分 类				
			Ⅰ类	Ⅱ类	Ⅲ类	Ⅳ类	Ⅴ类
1	水温/℃		人为造成的环境水温变化应限制在：周平均最大温升≤1，周平均最大温降≤2				
2	pH 值(无量纲)		6～9				
3	溶解氧	≥	饱和率90%(或7.5)	6	5	3	2
4	高锰酸盐指数	≤	2	4	6	10	15
5	化学需氧量(COD)	≤	15	15	20	30	40
6	五日生化需氧量(BOD$_5$)	≤	3	3	4	6	10
7	氨氮(NH$_3$-N)	≤	0.15	0.5	1.0	1.5	2.0
8	总磷(以 P 计)	≤	0.02(湖、库0.01)	0.1(湖、库0.025)	0.2(湖、库0.05)	0.3(湖、库0.1)	0.4(湖、库0.2)
9	总氮(湖、库,以 N 计)	≤	0.2	0.5	1.0	1.5	2.0
10	铜	≤	0.01	1.0	1.0	1.0	1.0
11	锌	≤	0.05	1.0	1.0	2.0	2.0
12	氟化物(以 F$^-$计)	≤	1.0	1.0	1.0	1.5	1.5
13	硒	≤	0.01	0.01	0.01	0.02	0.02
14	砷	≤	0.05	0.05	0.05	0.1	0.1
15	汞	≤	0.00005	0.00005	0.0001	0.001	0.001
16	镉	≤	0.001	0.005	0.005	0.005	0.01
17	铬(六价)	≤	0.01	0.05	0.05	0.05	0.1
18	铅	≤	0.01	0.01	0.05	0.05	0.1
19	氰化物	≤	0.005	0.05	0.2	0.2	0.2
20	挥发酚	≤	0.002	0.002	0.005	0.01	0.1
21	石油类	≤	0.05	0.05	0.05	0.5	1.0
22	阴离子表面活性剂	≤	0.2	0.2	0.2	0.3	0.3
23	硫化物	≤	0.05	0.1	0.2	0.5	1.0
24	粪大肠菌群/(个/L)	≤	200	2000	10000	20000	40000

（二）生活饮用水卫生标准（standards for drinking water quality）

饮用水直接关系到人民日常生活和身体健康，因此供给居民以质量优良、足量的饮用水是最基本的卫生条件。2007 年 7 月 1 日，由国家标准化委员会和原卫生部联合发布的《生活饮用水卫生标准》(GB 5749—2006) 强制性国家标准和 13 项生活饮用水卫生检验国家标准正式实施。这是国家 21 年来首次对 1985 年发布的《生活饮用水标准》进行修订。

《生活饮用水卫生标准》(GB 5749—2006) 适用于城乡各类集中式供水的生活饮用水，也适用于分散式供水的生活饮用水，规定了生活饮用水水质卫生要求、生活饮用水水源水质卫生要求、集中式供水单位卫生要求、二次供水卫生要求、涉及生活饮用水卫生安全产品卫生要求、水质监测和水质检验方法。制定的标准和原则与地表水环境质量标准相同，所不同的是，不存在水体自净问题，无 DO、BOD 等指标。表 3-6 是生活饮用水常规水质指标及限值。

表 3-6 生活饮用水常规水质指标及限值

指标类型	指标名称	限值	指标类型	指标名称	限值
微生物指标	总大肠菌群/(MPN/100mL 或 CFU/100mL)	不得检出	感官性状和一般化学指标	色度(铂钴色度单位)	15
	耐热大肠菌群/(MPN/100mL 或 CFU/100mL)	不得检出		浑浊度/(NTU——散射浊度单位)	1
	大肠埃希菌/(MPN/100mL 或 CFU/100mL)	不得检出		臭和味	无异臭无异味
	菌落总数/(CFU/mL)	100		肉眼可见物	无
毒理指标	砷/(mg/L)	0.01		pH	6.5～8.5
	镉/(mg/L)	0.005		铝/(mg/L)	0.2
	铬(六价)/(mg/L)	0.05		铁/(mg/L)	0.3
	铅/(mg/L)	0.01		锰/(mg/L)	0.1
	汞/(mg/L)	0.001		铜/(mg/L)	1.0
	硒/(mg/L)	0.01		锌/(mg/L)	1.0
	氰化物/(mg/L)	0.05		氯化物/(mg/L)	250
	氟化物/(mg/L)	1.0		硫酸盐/(mg/L)	250
	硝酸盐(以 N 计)/(mg/L)	地下水源限制为 20		硫酸盐/(mg/L)	250
	三氯甲烷/(mg/L)	0.06		溶解性总固体/(mg/L)	1000
	四氯化碳/(mg/L)	0.002		总硬度(以 $CaCO_3$ 计)/(mg/L)	450
	溴盐酸(使用臭氧时)/(mg/L)	0.01		耗氧量(以 O_2 计)/(mg/L)	5
	甲醛(使用臭氧时)/(mg/L)	0.9		挥发酚类(以苯酚计)/(mg/L)	0.002
	亚氯酸盐(使用二氧化氯消毒时)/(mg/L)	0.7		阴离子合成洗涤剂/(mg/L)	0.3
	氯酸盐(使用复合二氧化氯消毒时)/(mg/L)	0.7	放射性指标	总 α 放射性/(Bq/L)	0.5
				总 β 放射性/(Bq/L)	1

注：MPN 表示可能数，CFU 表示菌落形成单位。当水样检出总大肠菌群时，应进一步检验大肠埃希菌或耐热大肠菌群，水样未检出总大肠菌群，不必检验大肠埃希菌或耐热大肠菌群。

（三）污水综合排放标准（integrated wastewater discharge standard）

为了控制水体污染，保护江河、湖泊、运河、渠道、水库和海洋等地表水体以及地下水体的环境质量，必须从控制污染源入手，制定相应的污染物排放标准。1996 年原国家环保总局颁布的《污水综合排放标准》(GB 8978—1996) 就是其中之一。

《污水综合排放标准》(GB 8978—1996) 适用于现有单位水污染物的排放管理，以及建设项目的环境影响评价、建设项目环境保护设施设计、竣工验收及其投产后的排放管理。

1. 标准分级

按照地表水域使用功能要求和污水排放去向，该标准规定了 3 个级别的水污染物的最高允许排放浓度。

① 排入 GB 3838—2002 中Ⅲ类水域（划定的保护区和游泳区除外）和排入 GB 3097—1997（海水水质标准）中二类海域的污水，执行一级标准。

② 排入 GB 3838—2002 中Ⅳ、Ⅴ类水域和排入 GB 3097—1997 中三类海域的污水，执行二级标准。

③ 排入设置二级污水处理厂的城镇排水系统的污水，执行三级标准。

④ 排入未设置二级污水处理厂的城镇排水系统的污水，必须根据排水系统出水受纳水体的功能要求，分别执行一级标准或二级标准。

⑤ GB 3838—2002 中Ⅰ、Ⅱ类水域和Ⅲ类水域中划定的保护区，GB 3097—1997 中一类海域，禁止新建排污口，现有排污口应按水体功能要求，实行污染物总量控制，以保证受纳水体水质符合规定用途的水质标准。

2. 标准值

该标准还将排放的污染物按其性质及控制方式分为两类。

（1）第一类污染物　该类污染物是指能在环境和动植物体内蓄积，对人类健康产生长远不良影响的污染物，如重金属、有毒有机物等。这类污染物不分行业和污水排放方式，也不分受纳水体的功能类别，一律在车间或车间处理设施排放口采样，其最高允许排放浓度见表 3-7。

表 3-7　第一类污染物最高允许排放浓度　　　　　　　　单位：mg/L

序号	污染物	最高允许排放浓度	序号	污染物	最高允许排放浓度
1	总汞	0.05	8	总镍	1.0
2	烷基汞	不得检出	9	苯并[a]芘	0.00003
3	总镉	0.1	10	总铍	0.005
4	总铬	1.5	11	总银	0.5
5	六价铬	0.5	12	总α放射性	1Bq/L
6	总砷	0.5	13	总β放射性	10Bq/L
7	总铅	1.0			

（2）第二类污染物　此类污染物是指长远影响小于第一类的污染物。这些污染物包括石油类、挥发酚、氟化物、硫化物、甲醛、硝基苯等。只需在排放单位排放口进行采样，其最高允许排放浓度必须达到排放标准要求。

此外，《污水综合排放标准》(GB 8978—1996) 还规定了 1997 年 12 月 31 日之前建设（包括改、扩建）的单位和 1998 年 1 月 1 日以后建设（包括改、扩建）的单位水污染物的排放浓度限值及部分行业最高允许排水定额。

第三节　水体污染与自净

一、水体污染

(一) 水体

水体是地表水圈重要的组成部分，是指以相对稳定的陆地为边界的天然水域，包括有一定流速的沟渠、江河和相对静止的水库、湖泊、沼泽，以及受潮汐影响的三角洲与海洋。在环境学领域，把水体作内完整的生态系统或综合自然体来看，包括水中的悬浮物质、溶解物质、底泥和水生生物。

在环境污染研究中，区分"水"和"水体"的概念十分重要。例如，重金属污染物易于从水中转移到底泥中（生成沉淀或被吸附和螯合），水中重金属的含量一般都不高，仅从水着眼，似乎未受到污染，但从整个水体来看，则可能受到较严重的污染。重金属污染由水转向底泥的过程可以称为水的自净作用，但事实上，沉积在底泥中的重金属将成为该水体的一个长期次生污染源，很难治理，且逐渐向下游移动，扩大污染面。

(二) 水体污染

1. 水体污染的定义

按照《中华人民共和国水污染防治法》的定义，水污染是指水体因某种物质的介入，而导致其化学、物理、生物或者放射性等方面特征的改变，从而影响水的有效利用，危害人体健康或者破坏生态环境，造成水质恶化的现象。

从上述定义中，水体污染包括三个方面的含义：其一是水体受到污染影响后，改变了原来的自然状况，即进入水体的某些物质超过水体本身含量；其二是某种物质进入水体后，使水质变坏，破坏了水体的原有用途；其三是人类活动造成进入水体的污染物质超过了水体的自净能力，导致水体恶化。

2. 水体污染的分类

（1）按照污染物的来源划分

① 自然污染　自然污染是指自然界自行向水体释放有害物质或造成有害影响的现象。例如岩石和矿物的风化和水解、大气降水以及地面径流所挟带的各种物质、天然植物在地球化学循环中释放出来的物质进入水体后，都会对水体水质产生影响，通常由于自然原因造成的水中杂质的含量称为天然水体的背景值或本底浓度。

② 人为污染　人为污染是指人类生产生活活动中产生的废物进入水体所造成的污染现象，包括工业废水、生活污水、农田排水和矿山排水等。大量城市工业废水和生活污水进入水体，会造成严重的水体污染。尤其是工业和人口高度集中的城市，三废排放量大、扩散面广、污染物成分也很复杂。

（2）按照污染物的性质划分

① 物理性污染　物理性污染是指排入水体的泥沙、悬浮性固体物质、有色物质、放射性物质及高于常温的水造成的水体污染，如悬浮物污染、热污染、放射性污染等。

② 化学性污染　化学性污染是指向水体排放酸、碱、重金属、有机和无机污染物质所造成的水体污染，如酸碱污染、重金属污染、需氧性有机物污染、营养物质污染、有机毒物污染等。

③ 生物性污染 主要指随污水排入水体的病原微生物造成的水体污染。如生活污水，特别是医院污水往往会带有伤寒、霍乱、细菌性痢疾等病原微生物，这些污水流入水体后，将对人体健康及生命安全造成极大威胁。

二、水体污染源和污染物

(一) 水体污染源

水体污染源是指向水体排放或释放污染物的场所、设备和装置。根据各种水体污染源的特点，可将其分为不同类型。

1. 按照污染源形态分类

(1) 点污染源 点污染源是指以点状形式排放造成水体污染的发生源，即排污形式为集中在一点或一个可当做一点的小范围，一般由管道收集后进行集中排放（称为有组织排放），其变化规律具有季节性和随机性。此类污染源排放污水的方式主要有四种，即直接排污水进入水体、经下水道与城市生活污水混合后排入水体、用排污渠将污水送至附近水体和渗入排放。城市生活污染源和工业污染源是两种主要的点状污染源。

① 生活污染源 随着城市化发展，城市生活污水的排放量剧增，已成为水体污染的重要污染源。生活污水是指人们日常生活中产生的各种污水的混合液，包括厨房、洗涤室、浴室等排出的污水和厕所排出的含粪便污水等。其来源除家庭生活污水外，还包括学校、旅游、商业和服务行业及其他城市公用设施等排出的污水，这些污水经城市污水处理厂或经管渠输送到排放口向水体排放。生活污水中悬浮固体、好氧有机物、合成洗涤剂、氨氮、磷、氯、细菌和病毒含量最高，其次是钙、镁等，重金属含量一般是微量的。其中对水体威胁最大的是含量较高的氮、磷、细菌和病毒。生活污水的水质呈现较规律变化，用水量具有明显的季节变化特征。

② 工业污染源 工业废水是目前造成水体污染的主要来源。各种工业企业在生产过程中排出的废水，包括工艺过程用水、机器设备冷却水、烟气洗涤水、设备和场地清洗水及生产废液等。工业废水由于受产品、原料、药剂、工艺过程、设备构造、操作条件等因素的综合影响，所含的污染物质极为复杂，且在不同时间造成的水体水质有很大差异。因此工业污染源具有量大、面广、含污染物多、毒性强、成分复杂、不易净化和处理难等特点，对自然界中各类水体都会造成较大危害，是重点治理的污染源。

(2) 线污染源 线污染源是指输油管道、污水沟道及公路、铁路、航线等线状污染源。线污染源所形成的危害大大低于点污染源，但是一旦形成污染源，其后果也是极其可怕的。

(3) 面污染源 面污染源也称非点污染源，简称非点源。该类污染源一般将污染物分散排放在一个较大的区域范围，通常以降水或地面径流的途径进入水体。农业污水和灌溉水是主要的水体面污染源，由于过量施用化肥和农药，灌溉后排出的水或雨后径流中，常含有大量的氮、磷营养物质和有毒的农药，对水体影响很大。此外，水体面污染源还包括农村中分散排放的生活污水及乡镇工业废水；大气污染物随降雨进入水体，如酸雨、风刮起泥沙、粉尘进入水体；堆放的工业废渣和城市垃圾通过降雨、淋溶进入地下水和地表水体。

水体面污染源量大、面广、情况复杂，控制治理难度高于点污染源。随着点污染源治理力度不断加大，面污染源在水环境污染中所占的比重在不断增加。

2. 按污染源中污染物的来源分类

(1) 人为污染源 人为污染源是指由于人类生活和工农业生产，造成大量污染物排入水体而形成污染。从目前情况来看，绝大多数的水体污染源都是人为污染源，为环境保护研究和控制的主要对象。

（2）自然污染源　自然污染源是指自然界自行向水体环境排放有害物质或造成有害影响的场所，如地表水渗漏和地下水流动将地层中某些矿物质溶解，使水中盐分、微量元素或放射性物质浓度偏高，导致水质恶化。但是这种情况一般只发生在局部地区，其危害往往也具有地区性。

（二）水体污染物

水体污染物是指能导致水污染的物质。由于水体污染物的种类繁多，可以采用不同方法、标准或从不同角度将其分成不同的类型。下文根据水体污染物的物理、化学、生物学性质及污染特性，将水体污染物分为物理性污染物、化学性污染物和病原微生物污染物三大类。

1. 物理性污染物

（1）悬浮固体　悬浮固体（suspended solid，SS），也称悬浮物，是指悬浮在水中的细小固体或胶体物质，主要来自水力冲灰、矿石处理、建筑、冶金、化肥、化工、纸浆和造纸、食品加工等工业废水和生活污水。水体受悬浮固体污染后，浊度增加、透光度减弱，进而影响水生生物的光合作用，抑制其生长繁殖，妨碍水体的自净作用。同时，悬浮固体可堵塞鱼鳃，导致鱼类窒息死亡，破坏鱼类产卵区；有机悬浮固体在被微生物代谢时，会消耗水体中的溶解氧；悬浮固体沉积于河底，造成底泥积累与腐化，使水体水质恶化；悬浮固体还可作为载体，吸附营养物、有机毒物、重金属和农药等，形成危害更大的复合污染物，随水流迁移污染。

（2）放射性物质　放射性物质主要来自核工业部门和使用放射性物质的民用部门，尤其是核电站的废水。当过量的放射性物质人为排放到水体中后，它们可通过饮水和食物链进入人体，蓄积在组织内。放射性物质释放的 α 射线、β 射线、γ 射线会杀伤组织细胞，出现头痛、头晕、食欲下降等症状，继而出现白细胞增生，超剂量长期作用可导致肿瘤、白血病和遗传障碍等。

（3）热污染　热污染是指由于工矿企业排放高温废水引起水体的温度升高，危害水生动植物的繁殖与生长的现象。热电厂的冷却水是热污染的主要来源。热污染的危害主要表现在以下几个方面：其一水温升高使水中的溶解氧减少，相应的亏氧量随之增加，大气中的氧向水中传递速率减慢；其二水温升高导致生物耗氧速度加快，促使水体中的溶解氧进一步耗尽，使水质迅速恶化，造成鱼类和其他水生生物死亡；其三水温上升导致水体的化学反应加快，使水体中的物化性质如导电率、腐蚀性发生变化，可能导致对管道和容器的腐蚀，同时细菌生长繁殖加速，增加后续水处理的费用。

2. 化学性污染物

（1）无机无毒污染物

① 酸、碱和无机盐　当水体遭受酸碱污染后，pH 值发生变化，当 pH 值小于 6.5 或大于 8.5 时，水中微生物的生长就受到抑制，使水体自净能力受到阻碍。酸碱可以改变物质存在的形态，还可腐蚀水下各类设备及船舶。水体长期受到酸碱的污染将导致生态系统的不良影响，使水生生物的种群发生变化、减产甚至绝迹。

各种溶于水的无机盐类，会造成水体含盐量增高，硬度变大。采用这种水进行灌溉时，会使农田盐渍化。排入水体的酸、碱发生中和反应，更提高了水中的含盐量。

② N、P 等植物营养物质 废水中所含的 N 和 P 是植物和微生物的主要营养物质。废水排入受纳水体，使水中 N 和 P 的浓度分别超过 0.2mg/L 和 0.02mg/L 时，就会引起受纳水体的富营养化，促进各种水生生物（主要是藻类）的生长，刺激它们的异常繁殖，并大量消耗水中的溶解氧，从而导致鱼类等窒息死亡。

（2）无机有毒污染物

① 重金属 作为水体污染的重金属，主要指汞、镉、铅、铬，以及类金属砷等生物毒性显著的元素，也包括具有一定毒性的一般重金属如锌、镍、钴、锡等。重金属污染物进入水体环境中不易消失，通过食物链的富集进入人体，再经过较长时间积累造成慢性中毒。重金属的毒性常由微量所致，一般来说，重金属产生毒性的浓度范围大致为 1~10mg/L，毒性较强的汞、镉产生毒性范围在 0.001mg/L 以下。重金属及其化合物的毒性几乎都通过与机体结合，使各种酶失去活性而发生作用。有些重金属可在生物体内转化为毒性更强的有机物，如著名的日本水俣病就是由汞的甲基化作用形成甲基汞，破坏人的神经系统所致。

② 氰化物 氰化物是指含有氰基（CN⁻）的化合物，为剧毒物质。水体中含氰化物 0.1mg/L 能杀死虫类，0.3mg/L 能杀死赖以自净的微生物，而含 0.3~0.5mg/L 时，鱼类中毒死亡。人只要口服 0.1g 左右 KCN 或 NaCN 便立即死亡。氰化物危害极大，可在数秒之内出现中毒症状。当含氰废水排入水体后，会立即引起水生动物急性中毒甚至死亡。水体中的氰化物主要来源于工业企业排放的含氰废水，如电镀废水、焦炉和高炉的煤气洗涤冷却水、化工厂的含氰废水，以及选矿废水等。

③ 氟化物 氟化物主要来自于电镀加工含氟废水和含氟废气的洗涤水。氟化物对许多生物具有明显毒性。饮用水中的氟适宜浓度为 0.5~1.0mg/L，当饮用水中含氟超过 1.0mg/L 时会出现氟斑牙，更高时会导致人骨骼变形，引起氟骨症和肾脏损害等。

（3）有机无毒污染物 耗氧有机物是有机无毒污染物中最主要的一种，它所导致的水污染在我国最普遍。生活污水、食品加工和造纸等工业废水中，含有大量的有机物，如碳水化合物、蛋白质、油脂、木质素和纤维素等。这些物质的共同特点是：没有毒性，进入水体后，在微生物的生物化学作用下分解为简单的无机物 CO_2 和水，在分解过程中需要消耗水中的溶解氧。当这些物质过多地进入水体，会造成水体中溶解氧严重不足直至耗尽，从而恶化水质，并对水中生物的生存产生影响和危害，故常称这些有机污染物为耗氧有机污染物。衡量耗氧有机物最常用的指标是五日生化需氧量（BOD_5），清洁水体中 BOD_5 应低于 3mg/L，若 BOD_5 超过 10mg/L 则表明水体已受到严重污染。

（4）有机有毒污染物 这类污染物种类较多，常见的有酚类、有机农药、多环芳烃、芳香族化合物和石油类污染物等。有机有毒污染物多数不易被微生物降解，在自然环境中可存留几十年甚至上百年；对人和生物体有毒性，有的能引起急性中毒或导致慢性疾病，有些已被证明是致畸、致癌和致突变的物质。

① 酚类化合物 水体中酚类化合物主要来源于冶金、煤气、炼焦、石油化工、制药、涂料等工业行业排放的含酚废水。由于各工业生产原料、工艺、产品不同，各种含酚废水的浓度、成分和水量都有较大差别。其中焦化厂含酚废水量大，成分复杂、含酚量高。另外，粪便和含氮有机物的分解过程中也产生少量酚类化合物，所以城市生活污水也是酚污染物的来源。

酚类化合物中以苯酚的毒性最强。苯酚产生臭味，溶于水，毒性较大，能使细胞蛋白质发生变性和沉淀。当水中酚浓度为 0.1~0.2mg/L 时，鱼肉产生酚味；浓度高时引起鱼类大量死亡，甚至绝迹。若人们长期饮用含酚水，可引起头晕、头痛、精神不安等各类神经系统症状以及呕吐、腹泻等慢性消化道症状，甚至中毒。一般规定地表水中酚的最高允许浓度为0.002mg/L（Ⅰ类水），渔业水体标准规定为≤0.005mg/L。

另外，酚类化合物属于可被天然分解的有机物，其中挥发性酚易被分解为无毒化合物。

② 有机农药　有机农药主要分为有机氯和有机磷两大类。有机磷农药毒性虽最大，但在水中较易降解，存留时间短，尚未出现广泛的污染，只是在河流、湖泊、河口和沿海海域有局部的污染。有机氯农药被广泛用作杀虫剂、灭菌剂、杀螨剂等，除来自生产农药的工厂排出的废水之外，主要来自广大农田和地表径流。绝大多数有机氯农药毒性大，几乎不降解，积累性极高，对生态系统具有显著影响。

有机氯农药中具有代表性的有 DDT、六六六和各种环戊二烯类。大量科学资料证明，有机氯农药已经参加了水循环及生命过程，且呈全球分布，其危害性除造成鱼类、水鸟类大批死亡外，对人类及其后代存在严重的潜在威胁。因此，各国对有机氯农药在食品中的残留控制十分严格。德国、日本、美国等不允许在食品中检出环戊二烯类杀虫剂。中国在 20 世纪 60 年代开始禁止在蔬菜、茶叶、烟草等作物上施用 DDT、六六六，在 80 年代初对各种作物全面禁用 DDT 和六六六。

③ 多环芳烃（polycyclic aromatic hydrocarbon，PAH）　多环芳烃是由石油、煤等燃料及木材、可燃气体在不完全燃烧或高温处理条件下所产生的。排入大气中的悬浮粉尘经沉降和雨洗等途径到达地表，加之各类废水的排放引起地表水和地下水的污染。多环芳烃是环境中重要的致癌物质之一。已证实，在多环芳烃化合物中有许多种类具有致癌或致突变作用，如苯并［a］芘、苯并［a］蒽、二苯并［a，h］芘等，接触含有多环芳烃较多的煤焦油和沥青的作业工人，可发生职业性癌症。

④ 多氯联苯（polychlorinated biphenyl，PCB）　多氯联苯（PCB）是联苯分子中一部分氢或全部氢被氯取代后所形成的各种异构体混合物的总称。多氯联苯广泛用于电器绝缘材料和塑料增塑剂等，是一种稳定性极高的合成化学物质，在环境中不易降解，不溶于水而溶于油或有机溶剂中，其进入生物体内也相当稳定，故一旦侵入肌体就不易排泄，而是聚集在脂肪组织、肝和脑中，引起皮肤和肝脏损害，破坏钙的代谢，导致骨骼、牙齿的损害，并具有亚急性、慢性致癌和致遗传变异等可能性。1968 年 3 月发生在日本九州市和爱知县一带的"米糠油"事件，就是一起典型的多氯联苯中毒事件。

⑤ 洗涤剂　洗涤剂是代替肥皂，而其功能又远强过肥皂的一类合成化合物。在洗涤剂广泛应用于生活和工业之后，排入水体中的洗涤剂的量越来越大，才逐渐显示出其对水环境的恶劣影响，从而被确认为一种污染物。洗涤剂对水体污染的影响主要表现为：一是当水体中洗涤剂含量达到 0.5mg/L 时，水面上将浮起一层泡沫，这不仅破坏自然景观，而且影响大气中的氧向水中的溶解交换。当水体中的洗涤剂大于 10mg/L 时，鱼类就难以生存。二是洗涤剂中均含有以磷酸盐为主的增净剂，可导致水体富营养化，使水质恶化。三是洗涤剂中的表面活性剂会使水生动物的感官功能减退，甚至丧失觅食或避开有毒物质的能力，也可导致水生生物丧失生存本能。

⑥ 石油类污染物　石油类污染物主要来源于船舶排水、工业废水、海上石油采油、油料泄漏及大气石油烃沉降等。水体遭受到石油类污染物污染后，会出现五颜六色，感官性状极差。当石油类污染物浓度增加，在水面会结成油膜，当油膜达到 $1\mu m$ 厚时，能隔绝水面与大气接触，使大气通过水面向水体的复氧作用停止，从而影响水生生物的生长与繁殖。石

油类污染物还会黏附在鱼鳃及藻类、浮游生物上，致其死亡。此外，石油类污染物的组成成分中含有多种有毒物质，食用受石油类污染物污染的鱼类等水产品，会危及人体健康。

3. 病原微生物污染物

病原微生物污染物主要指水体中含有的各种细菌、病毒和寄生虫等各类病原菌。此类污染物多来自于生活污水、医院污水、畜禽饲养场污水、屠宰及肉类加工和制革等工业废水。受病原体污染后的水体，微生物激增，其中许多是致病菌、病虫卵和病毒，它们往往与其他细菌和大肠杆菌共存，所以通常用细菌总数和大肠杆菌指数及菌值数作为病原体污染的直接指标。

病原微生物污染物通过粪便、污水和垃圾等途径进入水体，可能导致传染病的爆发流行，对人类健康造成极大的威胁。这种经水传播的疾病，称为水致传染病或水性传染病，主要有肠道传染病，如伤寒、霍乱、痢疾、肠炎、病毒性肝炎等，以及血吸虫、蛔虫等寄生虫病。1955 年印度德里自来水厂的水源被肝炎病毒污染，三个月内共发病 2.9 万多人。1988 年在中国上海市流行的甲肝，就是人们大量食用了被病原微生物污染的毛蚶后引发的。

三、各类水体的污染特征

（一）地表水污染特征

1. 河流污染特征

河流污染是指进入河流的污染负荷超过了河流的自净能力，造成河流水环境质量下降，影响到水体使用功能的现象。河流污染具有如下特征。

（1）污染程度随径流量变化 河流的径流量和入河的污水量、污染物总量决定着河流的稀释比。在排污量相同情况下，河流的径流量越大，河流污染的程度越轻，反之就越重。由于河流的径流量具有随时间变化的特点，因此河流污染的程度也表现出明显的时间变化特征，尤其枯水期河流污染通常较为严重。

（2）污染扩散快 河流是流动的，上游受到污染会很快影响到下游的水环境质量。从水污染对水生生物生活习性的影响来看，一段河流受到污染后，可迅速影响到整条河流的生态环境。

（3）污染影响大 河流，特别是水质相对洁净的大江大河是人类主要的饮用水源之一，种类繁多的污染物可以通过饮用水危害人类。不仅如此，河流还可通过水生动植物食物链，以及农田灌溉等途径直接或间接危及人类健康。此外，水质的严重恶化还会影响到河流流经地区工业用水、农业用水和生态用水的保障能力，进而引发社会危机和生态危机。

2. 湖泊污染特征

湖泊往往是一个地区的较低洼处，是数条河流的汇入点，成为污染物的归宿地。湖泊由于水体交换滞缓，其污染呈现出系列与河流污染不同的特征。

（1）污染物来源广、途径多、种类复杂 湖泊流域内的几乎所有污染物，都可通过各种途径最终进入湖泊水环境，湖泊污染的来源可分为外源和内源两类：外源包括入湖河流携带的工业废水、生活污水和面源污水，湖区周围的农田排水和降水径流；内源包括船舶排水、养殖废水及污染底泥等。

（2）污染稀释能力弱 由于湖泊水面宽广、流速缓慢、水力停留时间较长，造成污染物进入湖泊后，不易迅速被湖水稀释而达到充分混合，也难以通过水流的搬运作用，经出湖水流向下游输送。因此常会出现湖泊水质分布不均匀，以及污染物向湖底沉降的现象，尤其大容量深水湖泊更为显著。

（3）**生物降解和积累能力强** 湖泊对多种污染物具有降解作用，如藻类、细菌或底栖动物作用下，将有机污染物降解为二氧化碳和水，有利于湖泊的净化。有些毒性不大的污染物也可能被转化为毒性很强的物质，如无机汞可被生物转化为甲基汞，使湖泊污染的危害加重。此外，湖中生物对某些污染物还具有积累作用，这些污染物除了直接从湖水进入生物体外，还通过多级生物的吞食，在食物链中不断进行转移、富集和放大，例如 DDT 及其分解产物，通过水、藻、虾、昆虫、小鱼，而达到鸟类体内的浓度要比水中浓度大 100 多万倍。

目前，湖泊污染主要表现为水体的富营养化。

（二）地下水污染特征

地下水是指埋藏在地表以下的天然水。由于地下水分布广泛、水质洁净、温度变化小、便于储存和开采等特点，地下水越来越成为城镇、工业区，特别是干旱或半干旱地区主要的供水水源。但当进入地下水中的污染物超过了其自净能力时，就会造成地下水的污染。地下水污染的特点如下。

1. 污染来源广泛

地下水污染的途径多样，主要包括工业废水和生活污水未经处理直接排入渗坑、渗井、溶洞和裂隙，进入地下水；工业废物和生活垃圾等固体废物，在无适当的防渗措施条件下，经雨水淋洗，有毒有害物质缓慢渗入地下水；不符合灌溉水质标准的污水灌溉农田，或受污染的地表水体长期渗漏，从而进入地下水；沿海地区过度开采地下水，使地下水位严重下降，海水倒灌污染地下水。

2. 污染治理难度大

地下水在无光和缺氧条件下，生物作用微弱，水质动态变化小，化学成分稳定，但如果受到污染，则难以再恢复到原来状态，加上污染溶液渗入所经过地层还能起到二次污染的作用。一般要彻底消除人为的地下水污染，大约需要十几年甚至几十年才能使水质得到完全净化。

3. 污染危害严重

地下水是世界许多干旱、半干旱地区，以及地表水污染严重地区重要的饮用和生产水源，对我国 80 个大中城市调查统计，以地下水作为供水水源的城市占到 60％以上。可见，地下水污染进一步制约了水资源短缺地区的生存和发展。

（三）海洋污染特征

人类活动直接或间接将各种污染物排入海洋环境，使海洋生物资源受损、海水正常使用遭受破坏，从而影响渔业生产、危害人体健康或者降低海洋环境优美程度。由于海洋是地球上最大的水体，具有巨大的自净能力，其环境污染表现出独自特征。

1. 污染源多而复杂

海洋的污染源极其复杂，除了海上船舶、海上油井排放的有毒有害物，沿海地区产生的污染物直接注入海洋外，内陆地区的污染物也大都通过河流最后排入海洋。此外，大气污染物也可通过大气环流输送到海洋上空，随降水进入海洋。因此，海洋有地球一切污染物的"垃圾桶"之称。

2. 污染持续性强

海洋是地球各地污染物的最终归宿之一，进入海洋的污染物很难再转移出去。因此，随着时间的推移，一些不能降解或不易降解的污染物（如重金属和有机氯化物）越积越多。例如 DDT 进入海洋后，经过 10～50 年才能分解掉 50％。

3. 污染扩散范围大

由于具有良好的水交换条件，海洋中的污染物可通过洋流、潮汐、重力流等作用与海水进行很好地混合，将污染物带到更远、更深的海域。例如，人类已经在北冰洋和南极洲捕获的鲸鱼体内分别检测出了 $0.2\mu g/g$ 和 $0.5\mu g/g$ 的多氯联苯，这表明多氯联苯已由近岸扩散到远洋，足见污染物在海洋环境中的扩散范围是相当大的。目前，全球较严重的海洋污染主要集中在靠近发达地区的近海海域，如美国东北部沿岸海域、日本的濑户内海和中国的渤海和东海沿岸海域。

四、水体污染危害

水体污染不仅影响人们的正常生活和工农业生产，还危害人体健康、破坏生态系统，严重威胁水资源的持续利用和经济社会持续协调发展。水体污染的危害主要表现在以下方面。

（一）危害人体健康

水体受到污染后，污染物可通过饮用水或食物链进入人体，使人发生急性或慢性中毒。其中受重金属污染的水对人体健康危害极大，人摄入被镉污染的水和食物后，会造成肾、骨骼病变，骨骼中的钙被镉取代而疏松，造成自然骨折，疼痛难忍，也称"骨痛病"；摄入硫酸镉 20mg，就会造成死亡。铅离子能与多种酶络合，干扰机体的生理功能，引起贫血，甚至危及神经、肾和脑，造成永久性的脑损伤。六价铬有很大的毒性，引起皮肤溃疡，还有致癌作用。砷可使许多酶受到抑制或失去活性，造成机体代谢障碍；饮用含砷的水，会发生急性或慢性中毒。有机磷农药会造成神经中毒；有机氯农药会在脂肪中蓄积，对人和动物的内分泌、免疫功能和生殖机能造成危害；多环芳烃多数具有致癌作用；氰化物也是剧毒物质，进入血液后，与细胞的色素氧化酶结合，妨碍细胞正常呼吸，组织细胞不能利用氧，造成组织缺氧，机体呼吸衰竭窒息死亡，此外，被寄生虫、病毒或其他致病菌污染的水，会引起多种传染病和寄生虫病。世界卫生组织调查发现，人类 80% 的疾病与水污染有关。

（二）破坏水生生态系统

水环境污染导致了水生生物资源的减少或绝迹，打乱了原有水生生态系统的平衡状态。据统计，全国鱼虾绝迹的河流约为 2400km。水体污染使湖泊和水库的鱼类有异味，体内毒物严重超标，无法食用。水体污染还使许多江河湖泊水体浑浊、气味变臭、水生植物大量死亡，水体富营养化加剧，形成了"死湖"和"死河"现象，湖泊数量不断减少。全国面积在 $11km^2$ 以上的湖泊数量 30 年间减少了 543 个。

（三）加剧缺水状况

水体污染实际上减少了可用水资源量，形成了水质性缺水。这种缺水类型不是水量不足，也不是供水工程滞后，而是大量排放的工业废水和生活污水造成水资源受污染而短缺。水质性缺水往往发生在丰水区，是沿海经济发达地区共同面临的难题。以珠江三角洲为例，尽管水量丰富，身在水乡，但由于河道水体受到污染，冬春枯水期又受咸潮影响，清洁水源严重不足。因此，如果不对水体污染进行有效控制，我国今后的缺水状况将更加严重。

（四）影响正常的工农业生产

水体受到污染后，工业用水必须投入更多的处理设施和处理费用，造成资源、能源的浪费。例如，食品工业用水要求非常严格，水质直接影响产品质量，水质不合格会导致生产停顿。农业使用污水，可使作物减产，品质降低，甚至使人畜受害，大片农田遭受污染，降低土壤质量。

五、水体的自净

水体自净（self-purification of water bodies）是指水体受到污染后，由于物理、化学、生物等因素作用，使污染物的浓度和毒性逐渐降低，经过一段时间，恢复到受污染以前状态的自然过程（见图3-3）。水体自净过程复杂，受多种因素影响，按其净化机理，可分为三种类型，即物理自净、化学自净和生物化学自净。

（一）物理自净

物理自净是指通过污染物在水体中进行混合、稀释、扩散、挥发、沉淀等作用降低浓度，使水体得到一定程度净化的过程。物理自净只能降低污染物在水中的浓度，而不能减少污染物的总量。对于海洋和容量大的河段，物理自净起到重要作用。物理自净能力的强弱取决于污染物自身的物理性质，如密度、形态和粒度等，以及水体的水文条件，如温度、流速、流量、河道弯曲程度、污水排放口的位置和形式等。

稀释和扩散是水体物理自净的重要方式，主要使水体中的悬浮物、胶体和溶解性物质浓度降低，见图3-4。如图所示，污染物进入水体后，在水流动过程中，高浓度污染物逐渐被河水稀释，然后在下游某个断面处，与河水完全混合。在该断面处，污染物浓度分布均匀且远低于排污口的污染物浓度。大江、大河因宽度大，可能不易出现完全混合断面，而在排污口一侧下游形成稳定的污染带。

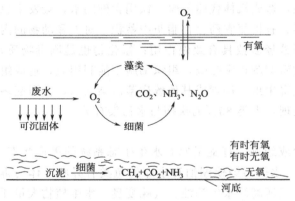

图 3-3　水体自净示意图（据刘克峰，2012）

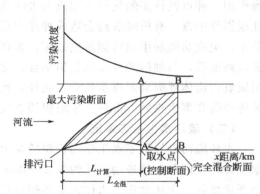

图 3-4　水体物理自净过程（据吴彩斌，2007）

（二）化学自净

化学自净是指水中的污染物通过氧化、还原、中和、吸附和凝聚等反应，使其浓度降低的过程。例如，流动的水体从水面上大气中溶入氧气，使污染物中铁、锰等重金属离子氧化，生成难溶解物质析出 ［如 Fe、Mn 等被氧化成 $Fe(OH)_3$、$Mn(OH)_2$ 而沉淀］；一些元素在一定的酸性条件下，形成易溶性化合物，随水漂移而稀释。在中性或碱性条件下，某些元素形成难溶性化合物而沉降。天然水中的胶体和悬浮颗粒物质，可吸附和凝聚水中污染物，随水流移动或逐渐沉降，达到净化目的。影响化学自净能力的因素有污染物的形态和化学性质、水体的温度、氧化还原电位和酸碱度等。

（三）生物化学自净

生物化学自净是指进入水体的污染物经过生物吸收、降解作用，使其浓度降低或转化为无害物质的过程。该自净过程可使污染物的总量降低，使水体得到真正的净化。影响水体生物化学自净的主要因素包括污染物的性质和数量、微生物种类及水体的温度、供养状况等。

生物化学自净的狭义概念是指水体中的有机污染物被微生物氧化分解并转化为无害、稳定无机物的过程。当工业有机废水和生活污水排入水域后，即分解转化，并消耗水中溶解氧。水中一部分有机物消耗于腐生微生物的繁殖，转化为细菌机体；另一部分转化为无机物。细菌又成为原生动物的食料。有机物逐渐转化为无机物和高等生物，水体得到净化。如果有机物过多，氧气消耗量大于补充量，水中溶解氧不断减少，因缺氧，有机物由好氧分解转为厌氧分解，于是水体变黑发臭。

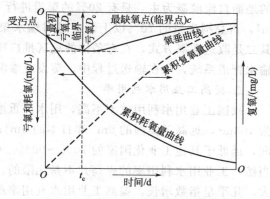

图 3-5　耗氧和复氧过程氧垂曲线

图 3-5 是河流受到有机废水污染后，水体生物化学自净过程中氧气消耗（耗氧）和氧的补充（复氧）的过程曲线（氧垂曲线）。如图所示，河流在受到有机废水污染前，水中的溶解氧几乎饱和，亏氧接近于零。在受到污染后，开始时河水中的有机物大量增加，好氧细菌对污染物分解剧烈，耗氧速率超过复氧速率，河水中的溶解氧下降，亏氧量增加。随着有机物因分解而减少，好氧速率逐渐减慢，终于等于复氧速率，河水中的溶解氧达到最低点（相当于图 3-5 中氧垂曲线的最缺氧点，即临界点）。接着，耗氧速率低于复氧速率，河水溶解氧逐渐回升。最后河水溶解氧恢复或接近饱和状态。当有机物污染程度超过河流的自净能力时，河流将出现无氧河段，这时厌氧分解开始，河流的氧垂曲线发生中断现象。

物理自净、化学自净和生物化学自净三种过程是相互交织、相互影响和同时进行的。一般来说，生物化学自净和物理自净在水体自净中占主要地位。由于水体的自净能力是有限的，当超过自净能力时，就会造成或加剧水体污染。因此，研究和掌握水体的自净规律，对充分利用水体自净能力，确定排入污水的处理程度，经济、有效地防止水体污染具有十分重要的意义。

第四节　水环境污染防治

水环境污染防治应遵循预防为主、防治结合、综合治理的原则，通过采用各种管理措施和工程治理技术手段，减少废水排放量，降低水环境污染程度，提高水体的自净能力，实现各水环境功能区水质达标，促进水环境的可持续利用。

一、水环境污染防治途径

（一）提高水资源利用率

提高水资源利用率不但可以增加水资源量，还可以减少污水排放量，减轻水环境污染。提高水资源利用率可从以下三个方面进行。

1. 提高农业灌溉用水利用率

我国目前农业灌溉年用水量为 $4.000 \times 10^{11} \, m^3$，约占总用水量的 75%。农业灌溉用水利用效率从整体上决定全国水资源利用效率。为此，可从两个方面提高灌溉用水利用率：其一是对输水渠道加砌衬层，降低灌溉水渗漏损失量。据统计，我国 98% 的灌溉面积仍以传统的地面自流灌溉为主，只有 20% 的渠道进行了防渗衬砌，渠系渗漏年损失量达 1.300×10^{11} m^3，占总损失量的 70% 以上。通过对输水渠道的加砌衬层可有效提高农业灌溉用水效率。其二是改进灌溉方式，在有条件的地区推广喷灌和滴灌技术。这两种灌溉技术都采用密封的输水管道系统，水在输送过程中，蒸发或渗漏损失极小。

2. 提高工业用水利用率

我国工业用水利用效率不高，用水严重浪费普遍存在。目前我国工业万元产值利用水量为 $103m^3$，远高于美国的 $9m^3$ 和日本的 $6m^3$；城市工业用水重复利用率约为 30%～40% 之间，远低于其他工业化国家的 70%～90%。可见我国工业用水利用率还有很大的提升潜力。当然，工业用水利用率的提高并不是无限的。一般来说，工业用水利用率愈高，节水投资愈大，几乎呈指数增长，提高工业用水利用率最终要受经济和财力的制约。

3. 提高城市生活用水利用率

我国多数城市自来水管网的跑、冒、滴、漏损失至少达到 20%，家庭生活用水浪费现象十分普遍。利用节水措施可大大减少城市生活用水的无效或低效耗水，如采用节水型抽水马桶、节水型淋浴头和具有自动延时关闭功能的空水阀门等可杜绝长流水现象，大量节约洗浴用水。

（二）推进城市污水资源化

城市污水处理和再生利用是对水自然循环过程的人工模拟与强化。一般来说，城镇供水的 80% 转化为污水，经收集处理后，其中 70% 可再次循环利用。这意味着通过污水回用，可以在现有供水量不变的情况下，使城镇的可利用水增加 50% 以上，这是一笔巨大的资源。国内外实践经验表明，城市污水的再生利用是开源节流、减轻水体污染、改善生态环境、解决城市缺水的有效路径。因此，发展城市污水再生利用，推进城市污水资源化是实现有限水资源可持续利用、增强城市水资源安全保障程度的必然选择。

（三）控制工业废水污染和面源污染

1. 工业废水污染控制

工业废水排放量大，成分复杂。因此，工业废水污染防治是水环境污染源头控制的重要任务。工业废水污染防治应从合理布局、清洁生产、就地处理、循环经济以及强化管理等多方面着手，采取综合措施，才能取得良好效果。

（1）优化结构、合理布局　在产业规划各工业发展中，应从可持续发展的原则出发制定产业政策，优化产业结构，明确主导产业导向，优先发展第三产业、低水耗低污染产业，限制发展能耗物耗高、水污染重的工业，降低单位工业产品的污染物排放负荷。工业布局应充分考虑对环境的影响，通过规划引导工业企业向工业区相对集中，为工业废水污染的集中控制创造条件。

（2）清洁生产和循环经济　清洁生产是采用能避免或最大限度减少污染物产生的工艺流程、方法、材料和能源，将污染物尽可能地消灭在生产过程中，使污染物排放减小到最少。循环经济是通过产业链的有机组合，将污染负荷变废为宝，达到削减污染负荷与提升经济效益同步实现的目标。在工业企业内部推行清洁生产和循环经济的技术与管理，不仅可从根本上消除水污染，取得显著的环境效益和社会效益，而且具有良好的经济效益。

（3）就地处理　城市污水处理厂一般仅能去除常规有机污染，工业废水成分复杂，含有大量难降解有毒有害物质，对污水处理厂的正常运行构成威胁，因此必须加强对工业企业污染源的就地处理或工业小区废水的联合预处理，达到污水处理厂的接管标准。

2. 面源污染控制

（1）农村面源污染控制 农村面源种类繁多，布局分散，难以采取集中控制措施消除污染。农村面源污染的控制首要任务是控源，具体措施如下。

① 合理利用农药 积极推广害虫的综合治理（IPM）制度，以最大限度减少农药施用量，该模式包括各种物理技术、栽培技术和生物技术。例如使用无草、无病抗虫品种，实行不同作物的间作轮作，利用昆虫抑制害虫，选用低毒、高效、低残留的多效抗虫新农药，合理施用农药。

② 截留农业污水 恢复多水塘、生态沟、天然湿地和前置库等，以拦截和储存农村污染径流，实现农村径流的再利用，并在到达当地水道之前，对其进行拦截、沉淀、去除悬浮固体和有机物质。

③ 畜禽粪便处理 现代畜禽饲养常常会产生大量高浓缩废物，因此需对畜禽养殖业进行合理布局，有序发展，同时加强畜禽粪尿的综合处理及利用，鼓励科学的有机肥还田。此外，应严格控制高密度水产养殖业发展，防止水环境质量恶化。

④ 乡镇企业废水及村镇生活污水处理 对乡镇企业的建设应统筹规划，合理布局，积极推行清洁生产，对高能耗、高污染、低效益的乡镇企业实施严格管理。在乡镇企业集中的地区，以及居民区集中的地区，逐步建设一些简易的污水处理设施。对于一些较为分散的农户，可采用户用污水处理设施进行简单处理，以大幅度降低污染物含量。

（2）城市径流控制 在城市地区，大部分土地为屋顶、道路、广场所覆盖，地面渗透性很差。雨水降落并流过铺砌的地面，常夹带有大量的城市污染物，这些污染物质是加剧水体污染的一种重要原因。延缓雨水径流的措施如下。

① 充分收集利用雨水 通过设立雨水收集桶、收集池等装置，将雨水收集用于城市的道路浇洒或绿化，这既有利于减轻城市供水系统的压力，而且由于雨水不含有自来水中常有的氯，也有利于植物生长。

② 减少城市硬质地面 大面积的铺筑地面会加剧城市径流，用多孔表面（如砾石、方砖或其他更复杂的多孔构筑）取代某些水泥和沥青地面，则有利于雨水的自然下渗，减少径流量。据研究，多孔铺筑地面能去除暴雨中 $80\%\sim100\%$ 的悬浮固体，$20\%\sim70\%$ 的营养物和 $15\%\sim80\%$ 的重金属。但多孔表面没有传统铺筑地面耐久，因此从经济角度看，多孔表面更适合于交通流量少的道路、停车场和人行道。

③ 增加城市绿地 一般来说，城市中绿地越多，径流就越少。目前国外很多城市通过暴雨滞洪或湿地建设，以延缓城市径流并去除污染，这些系统可去除约 75% 的悬浮物及某些有机物质和重金属。这些地区往往建设成为城市公园，还可为某些野生动植物提供生境。

（四）开展流域性水污染防治

流域水污染给工业、农业、渔业和人体健康造成重大损失，严重影响人民生活，已经成为制约国民经济、社会发展的重要因素之一。但由于流域的河流、湖泊是以跨诸多行政区为地理特征的，一旦发生污染，跨地区污染破坏和污染纠纷成为普遍存在的突出问题，以致造成地区间、群众间的矛盾，影响了社会的稳定。

对于流域的水环境实行统一规划和综合管理，已成为世界各国环境管理的主要趋势。通过流域性水污染防治，可以提高全流域的规划、监督和协调能力，避免只照顾本行政区的利益而牺牲下游地区水环境质量为代价的地方保护主义，解决跨行政区水污染纠纷的原则方法，达到控制流域水污染的目的。我国已经开展了以"三河三湖"（即淮河、海河、辽河和太湖、巢湖和滇池）

为重点的流域水污染治理，除淮河和太湖水质有所改善，其他流域或湖区水质依然较差，如巢湖、太湖和滇池的平均水质仍然为V类或劣V类，流域水污染治理依然任重而道远。

（五）发展适宜的污水治理技术

根据我国现有工业废水和城镇生活污水排放量大，但污水处理厂建设资金不足的现实，应鼓励发展处理流程简单、基建费用合理且运行费用低、处理效率较高、及将污水处理和综合利用相结合的污水治理技术。同时，针对不同地区的经济发展水平和水资源分布特点，采取差别化的污水治理技术。例如，我国南方地区可根据水环境容量相对充沛的特点，应科学利用大江和海洋的自然净化能力，通过论证，在初级处理基础上，发展污水排海、排江工程；我国北方和中部地区，水资源相对缺乏，应以污水资源化为重点，发展污水资源化的二次利用、多次利用和重复利用技术，污水处理厂应采用二级生物处理为主的处理工艺；西部干旱和半干旱地区，应发展污水资源化及污水土地生态处理技术。

（六）加强水环境污染管理

水环境污染防治不是单纯的技术问题，加强管理也是水环境污染防治的重要手段。所谓水环境污染管理，就是各级环境管理部门依照国家颁布的政策、法规、标准，对一切影响水环境质量的行为进行规划、协调和督促监察活动。只有搞好管理，减少排污，才能有效改善水环境质量。加强水环境污染管理，可从以下几个方面着手。

1. 严格执行环境影响评价

控制水污染"增量"，将总量削减指标作为建设项目环评审批的前置条件，坚持"以新带老"，新上建设项目不允许突破总量控制指标。实行区域、行业限批，对未按期完成减排任务、超过总量指标的地方、企业集团，暂停该地区或集团新增污染物项目的环评审批。同时严把项目验收关，加强"三同时"管理，对不履行"三同时"的，责令停止生产；对不正常运行的，要停止试生产，责令限期改正。

2. 加强水环境监测和监督

水环境监测是贯彻水环境法规的基本任务，也是进行水环境评价、规划、开发利用和水环境污染防治的重要前提。因此要选取合适的时间、地点和必要的监测项目，定期对辖区各类水体的水质进行监测，并及时对外公布监测结果，充分发挥水环境监测和监督在水污染防治过程中的促进和推动作用。

3. 完善相关法律法规

法律制度是水环境污染管理的重要依据。在重新修订的《水污染防治法》基础上，抓紧研究制定《排污许可证管理条例》和全国水环境污染防治计划，完善废水排放标准、排污交易、中水回用、产品资源税及公众参与等方面法规条例，为实现水环境污染防治目标提供有力保障。

二、水污染防治技术

水污染防治技术，也称水污染控制技术、水污染处理技术，就是利用多种方法将污水中所含有的污染物分离出来，或转化为稳定、无害的物质，使污水得到净化，满足我国污水排放标准，从而保护和改善水环境质量。

（一）污水处理方法

污水处理相当复杂，具体处理方法的选择取决于污水中污染物的性质、组成、状态及对水质的要求。根据污水处理原理，污水处理方法可分为物理处理法、化学处理法、物理化学和生物处理法 4 类（见表 3-8）。根据污水处理程度，污水处理方法可分为一级处理、二级处理和三级处理 3 类（见表 3-9）。

表 3-8　污水处理基本方法

分类	单元处理法	主要设备	主要处理对象
物理法	调节	调节池	水质、水量
	格栅、筛网	格栅、筛网	大的悬浮物
	自然沉淀	沉淀池	悬浮物
	自然上浮	浮选池	悬浮物、胶体物
	过滤	过滤池	悬浮物
	蒸发	蒸发器、供热设备	溶解物
	结晶	结晶器、热交换器	溶解物
	反渗透	反渗透器	溶解物
	超滤	超滤器	溶解物
化学法	中和	反应池、沉淀池	酸、碱等
	氧化还原	反应池	溶解物
	凝聚	混凝池、沉淀池、浮选池	悬浮物、胶状物
	电解、电凝聚	电解、电凝聚器	溶解物
物化法	吸附	吸附塔	溶解物、胶状物
	凝聚	交换器	溶解物
	电解、电凝聚	电渗析器	溶解物
		萃取塔	溶解物
生物法	好氧生物膜法	生物滤池、生物转盘	有机物
	好氧活性污泥法	塔滤池、生物流化床	有机物
	厌氧消化法	曝气池、沉淀池	有机物
		消化池、供热设备	有机物

注：引自田禹等，水污染控制工程，2011。

表 3-9　污水处理的程度分类

处理级别	处理对象	作　用	采用技术
一级处理	悬浮固体和漂浮物质	中和、均衡、调节水质，达不到排放标准，必须进行再处理	筛滤、沉淀等物质处理技术
二级处理	在一级处理基础上，处理呈胶体和溶解状态的有机污染物质	处理水达到排放标准	各种生物及絮凝处理技术
三级处理	在一级、二级处理的基础上，对难降解的有机物、磷、氮等营养物质进一步处理	处理水直接排放地表水或回用	混凝、过滤、离子交换、反渗透、超滤、消毒等

注：引自王光辉等，环境工程导论，2006。

1. 污水处理方法分类

（1）按照污水处理原理划分

① 物理处理法　物理处理法就是利用物理作用分离污水中呈悬浮状态的固体污染物质，去除较大颗粒物、油类和不溶于水的固体物质，在处理过程中污染物的性质不发生变化。该方法操作简单、经济，常采用重力分离法、截留法和离心分离法等。

② 化学处理法　化学处理法是指利用某种化学反应使污水中污染物质的性质或形态发生改变，从而从水中除去的方法。该方法的主要处理对象是水中溶解性污染物质或胶体物质，多用于工业废水处理。常采用的化学处理方法有混凝、中和、氧化还原、电解等。

③ 物理化学法　物理化学法是指利用物理化学反应的作用分离回收污水中的污染物，该方法主要用于工业废水处理。常采用的物理化学处理方法有吸附、萃取、离子交换、膜分离等。

④ 生物处理法　生物处理法是指利用微生物的代谢作用，使污水中溶解性、胶体的和

细微悬浮状态的有机污染物转化为稳定的无害物质。生物法主要包括利用好氧微生物作用的好氧法（好氧氧化法）和利用厌氧微生物的厌氧法（厌氧还原法）两大类。前者广泛用于处理城市污水及有机性生产污水，常用的方法有活性污泥法和生物膜法；后者多用于处理高浓度有机污水与污水处理过程中产生的污泥，现在也开始用于处理城市污水与低浓度有机污水。

（2）按照污水处理程度划分

① 一级处理　一级处理包括筛滤、重力沉淀、浮选等物理方法，主要去除污水中的漂浮物、悬浮物和其他固体。一般经过一级处理后，悬浮固体去除率为 $70\%\sim80\%$，而 BOD_5 的去除率为 $25\%\sim40\%$ 左右。一级处理一般达不到排放标准。对于二级处理来说，一级处理就是预处理。

② 二级处理　二级处理常用生物法（如活性污泥、厌氧好氧等）去除污水中的有机污染物等溶解性污染物质。一般通过二级处理后，污水中的 BOD_5 和 SS 的去除率分别达 90% 和 88% 以上。污水经二级处理后一般可达到《城镇污水处理厂污染物排放标准》（GB 19818—2002）一级 B 标准。但还有部分微生物、不能降解的有机物、氮、磷、病原体及一些无机盐等尚不能去除。

③ 三级处理　三级处理又称深度处理。三级处理的对象是细微的悬浮物、氮、磷、难以生物降解的有机物、矿物质和病原体等。处理方法主要有絮凝沉淀、砂滤、活性炭吸附、离子交换、反渗透和电渗析等。污水经三级处理后可以回收重复利用于生活或生产，既可充分利用水资源，又可提高环境质量。但三级处理厂的基建投资及运行费用较为昂贵，使其发展和推广应用受到一定限制。

2. 常见污水处理方法简介

（1）常见物理处理方法

① 格栅或筛网分离法　格栅或筛网一般作为污水处理厂的第一个处理工序，其主要目的是去除污水中粗大的部分，以保证处理设施或管道等不产生堵塞或淤积。

格栅是由一组（或多组）相平行的金属栅条组成，斜置在污水流经的渠道上，或泵站集水池的进水口，或取水口进口端部，用以截阻水中较粗大的悬浮物和漂浮物杂质，以免堵塞水泵及沉淀池的排泥管。格栅所能截留污染物的数量随所选用的栅条间距和水的性质有很大区别。一般以不堵塞水泵或处理设备为原则。有些处理系统设置粗细两道格栅，效果较好。栅条间距一般采用 $16\sim25\text{mm}$，最大不超过 40mm。格栅的清渣方法有人工清除和机械清除两种。

筛网多用于纺织、造纸、化纤等工业废水的处理。这些工业废水含有的细小纤维不能被格栅截留，也难于通过沉降去除，它们缠住水泵叶轮，堵塞过滤填料；若排入水体，既污染环境，又危害水生生物（堵塞鱼鳃黏膜，使鱼类窒息致死）。对于水中不同类型和尺寸的悬浮物，如纤维、纸浆和藻类等，可选择不同材质的金属丝网（不锈钢丝网、铜网）和不同尺寸的筛网孔眼来回收，因此筛网过滤可作为预处理，也可作为水重复利用的深度处理。有的造纸厂利用筛网分离回收废水中的短纤维纸浆，进行综合利用。

② 重力沉降法　固体颗粒在液相中的重力沉降是净化污水和从污水或固-液悬浮液中回收有用组分的重要方法之一。其基本原理是固体颗粒或颗粒聚集体在其重力作用下自液相中自由沉降，达到固相从液相分离的目的。沉降处理工艺是一个完整处理过程中的一个工序，也可以作为唯一的处理方法。根据固液分离目的的不同，重力沉降又可分为沉淀、浓缩和澄清

等不同应用途径。重力沉降一般只适用
去除 $20\sim100\mu m$ 以上的颗粒。胶体不能
用沉淀法去除，需经混凝处理后，使颗
粒尺寸变大，才具有下沉速度。

　　沉降处理的设备主要有沉砂池和沉
淀池。沉砂池的作用是去除污水中相对
密度较大的无机颗粒，如泥沙、煤渣等
密度较大的无机颗粒物，一般设在沉淀
池之前，可使沉淀池的污泥具有较好的
流动性，并不致磨损污泥处置设备。沉
淀池的作用是依靠重力使悬浮杂质与水
分离。根据沉淀池内水流方向不同，可

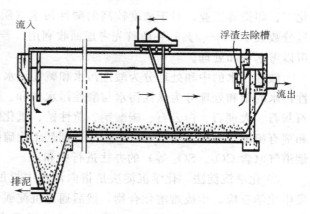

图 3-6　平流式沉淀池

将沉淀池分为五种，即平流式沉淀池、竖流式沉淀池、辐流式沉淀池、斜管式沉淀池和斜板
式沉淀池。图 3-6 是较为常用的平流式沉淀池。

　　③ 过滤法　　过滤是使污水流过一定空隙率的过滤介质以截留污水中悬浮物质，从而使
污水得到净化的处理方法，是从液体介质中分离固体颗粒物的有效方法之一。其基本原理是
通过不同过滤介质、在不同物理条件下截留固体颗粒，从而达到固-液分离的目的。

　　深层过滤是较为特殊的过滤方法，是利用深层粒状介质（通常为沙粒或焦炭粒）进
行的澄清过滤。其主要原理是利用粒状物过滤介质形成的孔隙或孔道截留悬浮液中固体
悬浮物或污染物，而液体可靠自重穿过过滤介质自下部排出。深层过滤主要用于处理固
相含量相当低（质量分数＜1％）的悬浮液、颗粒的粒径小于过滤介质孔隙尺寸的废水或
污水的澄清，以便于回收利用。通常情况下，深层过滤可以得到悬浮物量不大于 5mg/L
的澄清液，若与凝聚过程相结合，经沉降可得到澄清度更高的滤液。图 3-7 是深层重力过
滤池的剖面示意图。

　　④ 气浮法　　水体中的部分污染物，如乳状油和密度近于 $1.0g/cm^3$ 的微细悬浮颗粒等，
是难以用自然沉淀或上浮的方法从污水中分离出来的，对这类污染物可用气浮法进行处理。

　　气浮法就是将空气通入污水中，并使其以微小气泡的形式从水中析出成为载体，使污水
中的上述污染物质黏附在气泡上，并随气泡浮升到水面，形成泡沫浮渣（气、水、颗粒三相
混合体），从而使污染物从污水中分离出去。按照水中气泡产生的方法不同，气浮法可分为
散气气浮、溶气气浮和电气浮。

（2）常见化学处理方法

　　① 中和法　　中和法是利用碱性或酸性
药剂将酸性污水或碱性污水调整至近中性的
处理方法，被处理的酸和碱主要是无机的。
该方法是一种预处理方法，不能去除污染
物，不是单独采用的，一般和其他方法配合
使用。

　　在工业生产中，酸性污水主要来源于化
工、冶金、化纤、炼油、金属酸洗和电镀等
工业行业，碱性污水主要来自造纸、皮革、

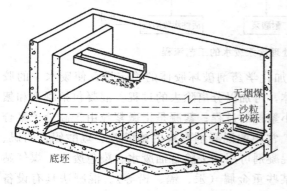

图 3-7　深层重力过滤池剖面示意图

化工、印染等工业。对于浓度较高的酸性污水（质量分数大于 4%～5%）和碱性污水（质量分数大于 2%～3%）一般首先考虑回收利用。若酸碱浓度过低，回收利用经济价值不大，可以考虑中和处理。

酸性污水的中和处理分为酸性污水和碱性污水相互中和、药剂中和以及过滤中和等；碱性污水的中和处理分为碱性污水与酸性污水中和、药剂中和等。酸性污水的中和剂有石灰、石灰石、大理石、白云石、碳酸钠、苛性钠、氧化镁等，其中石灰应用最广。碱性污水的中和剂有硫酸、盐酸、硝酸等，常用的药剂是工业硫酸。有条件时也可采取向碱性污水中通入烟道气（含 CO_2、SO_2 等）的办法进行中和。

② 化学沉淀法　化学沉淀法是指向污水中投加某些化学药剂，使之与水中溶解性物质发生化学反应，生成难溶化合物，然后通过沉淀或气浮加以分离的方法。这种方法主要用于给水处理中去除钙、镁硬度，废水处理中去除重金属（如 Hg、Zn、Cd、Cr、Pb、Cu 等）和某些非金属（如 As、F 等）。化学沉淀法根据使用的化学药剂的不同，可分为氢氧化物沉淀法、硫化物沉淀法、钡盐沉淀法及铁氧体沉淀法等，该方法的优点是经济简便、药剂来源广，在处理重金属废水时应用最广，但存在劳动条件差，管道易结垢、堵塞、腐蚀，沉淀体积大和脱水困难等问题。

③ 氧化还原法　氧化还原法是指利用溶解于污水中的有毒有害物质能在氧化还原反应中被还原或被氧化的性质，将其转化为无毒无害新物质的处理方法。根据污染物在氧化还原反应中能被氧化或被还原的不同，污水中的氧化还原处理分为氧化法和还原法两大类。

氧化法主要用于处理污水中的氰化物、硫化物以及造成色度、臭、味、BOD 及 COD 的有机物，也可氧化某些金属离子。常用的氧化剂包括空气、氧气、臭氧、氯、次氯酸钠、二氧化氯、漂白粉和过氧化氢等，在实际处理过程中，还可根据污染物特征，选择其他合适的氧化剂。

还原法主要用于处理含有六价铬和汞化合物的废水。废水中的六价铬可用硫酸亚铁、二氧化硫、亚硫酸钠、亚硫酸氢钠等还原为三价铬，生成的三价铬可以投加石灰或其他碱性物质使其生成 $Cr(OH)_3$ 沉淀进行分离，对含有汞的废水，可用硼氢化钠、甲醛、铁屑、锌粉等还原，反应生成的金属汞从水中析出，用沉淀法或过滤法予以回收。图 3-8 是采用还原-吸附法处理含汞污水的工艺流程。

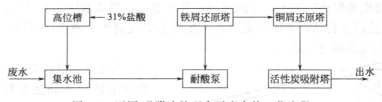

图 3-8　还原-吸附法处理含汞废水的工艺流程

④ 混凝法　混凝法是指向污水中预先投加化学药剂破坏胶体的稳定性，使废水中的胶体和细小悬浮物聚集成具有可分离性的絮凝体，再加以分离除去的过程。混凝包括凝聚和絮凝两种过程，凝聚是指胶体脱稳并聚集为微小絮粒的过程；絮凝是指微絮粒由于高分子聚合物的吸附架桥作用聚结成大颗粒絮体的过程。常用的混凝剂有聚丙烯酰胺、硫酸铝、明矾、聚合氧化铝、硫酸亚铁、三氯化铁等。这些混凝剂可用于去除含油废水、染色废水、煤气站废水、洗毛废水中的高分子物质、有机物和某些重金属（汞、镉、铅等）。混凝法具有设备简单，易于实施、推广与维护等优点，但存在运行费用高、沉渣量大等不足。

（3）常见物理化学处理方法

① 吸附法 吸附法是指利用多孔固体吸附剂表面的物理和化学吸附性能，去除废水中多种污染物的方法。常采用的吸附剂有活性炭、磺化煤、高岭土、硅藻土、硅胶、焦炭、炉渣活性氧化铝等，其中粒状活性炭应用最广。因其巨大的比表面和发达的微孔及众多的官能团，从而具有很强的吸附性能和很大的吸附容量。该方法可处理生化法难于降解的有机物或用一般氧化法无法氧化分解的溶解性有机物，主要用于去除废水中的微量有害污染物，包括生物难降解的杀虫剂、洗涤剂及汞、铬等重金属离子，也常用于脱色和去除水中的异味。

利用吸附法进行废水处理，具有适应范围广、处理效果好、可回收有用物料、吸附剂可重复使用等优点，但对进水预处理要求较高，运转费用较高，系统庞大，操作较麻烦。

② 离子交换法 离子交换法是借助于离子交换剂上的离子和水中的离子进行交换反应而去除水中有害离子的方法。该方法多用于工业给水处理中的水质软化和除盐，主要去除金属离子和一些非金属离子，如去除废水中的钙、镁、钾、钠离子以及氯离子、硫酸根离子等。

离子交换剂是一种多孔性结构的物质，它带有电荷，并与反离子相吸引。按照材质不同，离子交换剂可分为无机和有机两大类。无机离子交换剂包括天然沸石、合成沸石和天然海绿沙等硅质的阳离子交换剂，其成本低，但不能在酸性条件下使用。有机离子交换剂包括磺化煤和各种交换树脂，其中离子交换树脂的交换容量大、水流阻力小、交换速度快、机械强度和化学稳定性好，但成本高。

离子交换法具有去除率高、可浓缩回收有用物质，设备较简单和操作简便等特点，但目前还受到离子交换品种、性能和成本的限制。

③ 电渗析法 电渗析是在离子交换膜的基础上发展起来的新技术，是指在直流电场作用下，利用阴、阳离子交换膜对溶液中阴、阳离子的选择性透过性，即阳膜只允许阳离子通过，阴膜只允许阴离子通过，使污水中的阴、阳离子得以分离而浓缩，从而达到净化目的的物理化学过程。

图 3-9 是电渗析法基本原理示意图。在容器两端水中插入电极，把阴、阳两种离子交换膜一片隔一片交替装在两极之间，使阳极与阴极之间分隔成许多小室，互不相通。这种设备称为电渗析器。被处理的污水通入电渗析器内，在直流电压作用下，阴离子向阳极迁移，阴离子能通过阴离子交换膜，而通过阳离子交换膜时被阻挡；阳离子向阴极方向迁移，阳离子能通过阳离子交换膜，而通过阴离子交换膜时被阻挡，水分子则不能通过离子交换膜。这样在一部分小室（浓室）里，水中离子的浓度比被处理水浓，而在另一部分小室里，水中离子的浓度比被处理水稀，这就达到了净化目的。

电渗析法只能将电解质从溶液中分离出去（脱盐），水中不解离及解离度小的物质难以用此方法分离去除，因此电渗析法不能去除有机物、胶体物质、微生物和细菌等。该方法多用于海水淡化制取饮用水和工业用水、海水浓缩制取食盐，以及其他单元技术组合制取高纯水。例如，生活污水和某些工业废水经三级处理后，再用电渗析法除盐制取再生水；对电镀等工业废水采用电渗析法，可实现闭路循环的目的；从碱法造纸废水中可回收烧碱和木质素，回收率可达 70%。

（4）常见生物处理方法

① 活性污泥法 活性污泥法是当前应用最为广泛的一种生物处理技术，是指在废水中有足够的溶解氧时，将空气连续注入曝气池的污水中，经过一段时间后，水中即形成繁殖有

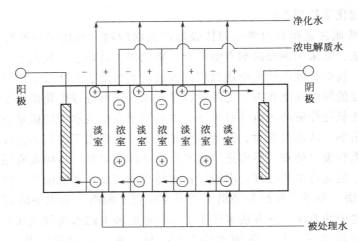

图 3-9　电渗析法基本原理示意图

大量好氧微生物的黄褐色的絮凝体——活性污泥，活性污泥具有很强的吸附和氧化分解有机物的能力，能够吸附水中的有机物，生活在活性污泥上的微生物以有机物为食料，获得能量并不断生长繁殖，有机物被去除，污水得以净化。该方法主要用来处理低浓度的有机废水，且净化效率较高。

采用活性污泥法的前提条件是废水中要有足够的溶解氧，因此需要往水中打入空气或利用机械搅拌作用使大气中的氧溶于水，这个过程称为曝气。曝气除具有供氧作用外，还起搅拌作用，以利于活性污泥在混合液中悬浮，与废水充分接触。

活性污泥处理法的主要构筑物是曝气池和二次沉淀池。先将需要处理的废水与回流的活性污泥同时进入曝气池，成为混合液，沿曝气池注入压缩空气进行曝气，使微生物大量繁殖并分解有机物，然后混合液流入二次沉淀池，污泥和水分离后一部分再回流到曝气池，水被净化后排出（见图 3-10）。活性污泥法一般能除去 BOD_5 95％，SS 95％、细菌98％，重金属 30％～70％，N 25％～55％，P 10％～30％，但对难降解的有机物很难去除。

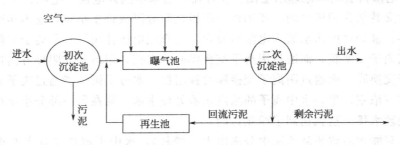

图 3-10　活性污泥法处理法示意图

活性污泥法经不断发展已有多种运行方式，如传统活性污泥法、阶段曝气法、生物吸附法、完全混合法、延时曝气法、纯氧曝气法、深井曝气法、二段曝气法（AB 法）、缺氧/好氧活性污泥法（A/O 法）等。活性污泥法现已成为城市生活污水处理的主要方法。

② 生物膜法　生物膜法是一种让微生物附着到其他物体表面形成一定厚度的膜，对流经其上的废水中的有机物进行生物氧化降解的处理方法。该方法对废水水质、水量的变化具有较强的适用性，不会发生污泥膨胀，运转管理方便；由于高营养级微生物的存在，有机物代谢多转化为能量，故剩余污泥量较小。

该方法的原理（见图 3-11）是废水流经生物膜时，有机物透过附着在膜表面的水层向膜内扩散。膜内的微生物在氧的参与下，对有机物进行分解并进行机体的新陈代谢，代谢产物沿着相反的方向，从生物膜传递返回水层和空气中。随着微生物的生长繁殖，生物膜厚度不断增加，废水中有机物的传递阻力逐渐加大，在膜表面仍能保持足够的营养和处于好氧状态。而在膜深处将会出现营养物或氧的不足，造成微生物内源代谢并出现厌氧层，与载体的附着力减小，容易在水力冲刷作用下脱落。老化的生物膜脱落后，载体表面又重复新一轮的

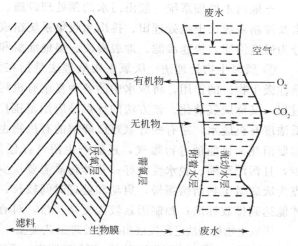

图 3-11 生物膜净化污水示意图

吸附、生长、膜增厚和脱落等过程，完成一个生长周期。

生物膜法有多种类型，如生物滤池、生物转盘、生物接触氧化法和生物流化床等。其中生物流化床法是一种较为新型的污水生物处理方法，多年研究和实践表明，该方法具有容积负荷率高，处理效果好，效率高，占地面积小及投资省等特点，是一种极具发展前途的污水生物处理技术。

③ 氧化塘法 氧化塘（稳定塘或生物塘）法是指污水在自然或经人工修造的池塘内缓慢流动、储存，通过微生物（细菌、真菌、藻类和原生动物）的代谢活动，降解污水中的有机污染物，从而使污水得到净化，其过程和自然水体的自净过程较为接近，一般不采取实质性的人工强化措施。生物塘按照功用和效能的不同，可分为好氧塘、厌氧塘、兼性塘、曝气塘、水生植物塘（如养鱼塘、养鸭塘和养鹅塘）等。

氧化塘法的优点是构造简单，基建费和运行费少，易于维护管理，工作稳定可靠，净化效果好，污水处理效率高（见表 3-10），并可与污水灌溉相结合，其中生态塘可以用来养鱼、养鸭、种植水生植物、灌溉农田等，既实现了污水资源化又具有可观的经济收益。缺点是占地面积大，单塘处理效果差；净化能力受气候影响大，尤其冬季低温时效果差；若管理不当还会使水体变臭，滋生蚊蝇；同时污泥中的重金属含量较高。

表 3-10 氧化塘处理污水效果（污染物去除百分率） 单位：%

COD	BOD	SS	TN	NH_4^+-N	有机磷
40～85	65～95	70～90	60～90	50～70	74.7～81

④ 土地处理法 土地处理法是指在人工可控条件下，将污水施于土地上，利用土壤-微生物-植物组成的生态系统，经土壤表层颗粒的吸附过滤及土壤中微生物的作用，使污水的水质得到净化和改善；并通过系统的营养物质和水分的循环利用，使绿色植物生长繁殖，从而实现废水的资源化、无害化和稳定化。该方法对有机物具有较强的降解能力和高去除效率；低投资、低运行费和低能耗，其投资和运行费仅为传统二级污水厂的 10%～50%；建设施工方便，处理构筑物和设备少，规模可大可小，就地利用；处理后的出水水质可达到 Ⅱ～Ⅴ 类水，尤其种植的植物还可以美化环境、改善地面景观。

土地污水处理系统一般由污水的预处理设施、污水的调节和储存设施、污水的输送、布水及控制系统、土地处理田、排出水收集系统组成。按照布水方式和系统中水的流动特点可分为慢速渗滤、快速渗滤、地表漫流、湿地灌溉和地下灌溉等。

⑤ 厌氧生物处理法　厌氧生物处理法是指在无分子氧条件下，通过厌氧微生物（包括兼性微生物）的作用，将废水中的各种复杂有机污染物降解转化为甲烷和二氧化碳等物质的过程，又称厌氧消化。该方法的优点是应用范围广，不仅适于污泥处理，还能处理高、中、低浓度有机废水，对有些好氧难以降解的有机物也能用厌氧法处理；能耗低，厌氧处理法不需要消耗大量能量进行曝气，还能产生沼气抵偿部分消耗的能量；污泥产率低，剩余污泥少，且污泥浓缩、脱水性能好；营养物质需要量少，有机负荷高，还有一定的杀菌作用。缺点为厌氧微生物增殖缓慢，启动和处理时间较长；处理后的水质较差，一般需要进一步处理才能达到排放标准；控制因素较为复杂严格，对有毒有害物质的影响较为敏感。

厌氧生物处理法已经发展出多种处理工艺类型，目前较为常见的有厌氧消化法、厌氧接触法、厌氧生物滤池、升流式厌氧污泥床、厌氧膨胀床、厌氧流化床、两段厌氧法和负荷厌氧法等。

（二）污水处理系统

污水中的污染物是多种多样的，因此不可能只用一种方法就可以将所有污染物都去除干净，往往需要几种单元处理操作联合成一个有机整体，并合理配置其主次关系和前后次序，才能达到预期净化效果与排放标准。这种由单元处理设备合理配置的整体，称为污水处理系统，也叫污水处理流程。

污水处理流程的组合，一般应遵循先易后难、先简后繁的规律，即首先去除大块垃圾和漂浮物，然后再依次去除悬浮固体、胶体物质及溶解性物质。也就是先使用物理法，然后再使用化学法和生物处理法。

对于某种污水，采取哪几种处理方法组成系统，要根据污水的水质、水量、回收其中有用物质的可能性、经济性、受纳水体的具体条件，并结合调查研究与经济技术比较后决定，必要时还需进行试验。图 3-12 是城市污水处理的典型流程图。

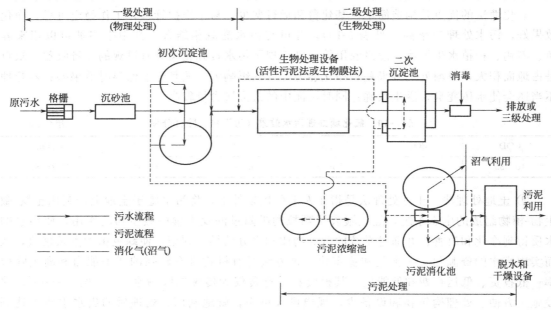

图 3-12　城市污水处理的典型流程图（据吴彩萍，2007）

【阅读材料】

日本的水俣病事件

日本的水俣病事件发生在 1953 年至 1956 年的日本熊本县水俣镇。该镇是日本九州南部的一个小镇，属熊本县管辖，全镇有 4 万人，周围村庄还住着 1 万多农民和渔民。由于西面就是产鱼的不知火海和水俣湾，小镇渔业很兴旺。

1925 年，日本氮肥公司在这里建厂，后又开设了合成醋酸厂。从 1932 开始，日本氮肥公司在氮肥生产中使用含汞催化剂；1949 年后，这个公司开始生产氯乙烯（C_2H_3Cl）；1956 年产量超过 6000t。与此同时，工厂把没有经过任何处理的废水排放到水俣湾中。

1956 年，水俣湾附近发现了一种奇怪的病。这种病症最初出现在猫身上，被称为"猫舞蹈症"，病猫步态不稳，抽搐、麻痹、跳海死去，被称为"自杀猫"。随后不久，此地也发现了患这种病症的人。患者轻者口齿不清、步履蹒跚、面部痴呆、手足麻痹、知觉出现障碍、手足变形，重者神经失常，直至死亡。

经日本熊本国立大学医学院研究证实，日本氮肥公司排放的废水中含有大量的汞，当汞离子在水中被鱼虾摄入体内后转化成甲基汞（CH_3Hg），这是一种主要侵犯神经系统的有毒物质。水俣湾里的鱼虾因为工业废水被污染，而这些被污染的鱼虾又被动物和人类食用。甲基汞进入人体后，会导致神经衰弱综合征，精神障碍、昏迷、瘫痪、震颤等，并可导致肾脏损害，重者可致急性肾功能衰竭，此外还可以致心脏、肝脏损害。据统计，有数十万人食用了水俣湾中被甲基汞污染的鱼虾。

水俣病事件使当地人的身体健康、家庭幸福和经济收入均遭受严重影响，有的甚至家破人亡。尤其受甲基汞污染，当地的鱼虾不能再捕捞食用，渔民的生活失去了依赖，很多家庭陷于贫困之中。截至 2006 年，先后有 2265 人被确诊患有水俣病，其中大部分已经病故，但还有 11540 人未获医学认定，其身体和精神依旧受水俣病的折磨。

日本水俣病是世界有名的环境公害事件之一，其发生于日本在经济飞速发展期间，由于没有采取相应的环境保护措施，导致工业污染和环境公害泛滥成灾，也使日本政府和企业付出了沉重代价。1995 年 12 月 25 日在日本政府的调解下，排污企业向受害人人均支付 260 万日元，此事件所造成的直接损害以及为消除损害所支付的总费用高达 3000 亿日元。

思 考 题

1. 水的自然循环和社会循环有哪些区别？
2. 何为水资源？它具有哪些特征？其利用方式有哪些？
3. 各类天然水的水质有何不同？
4. 水质指标有哪些？每一大类主要包括哪些具体指标？各自含义是什么？
5. 水环境质量标准主要解决什么问题？水环境质量标准主要有哪几类？
6. 我国生活饮用水常规指标有哪些？污水排放标准如何分级？
7. 何为水体污染？水体污染可分为哪些类型？
8. 污染水体中可能存在哪些污染物？这些污染物主要来源是什么？
9. 不同类型水体污染有何差异？水体污染的危害主要表现在哪些方面？
10. 什么是水体自净？水体自净是如何进行的？

11. 水环境污染防治的主要途径有哪些？

12. 污水处理的物理法、化学法、物理化学法和生物法的原理和处理对象有何不同？

13. 城市污水不同处理程度的目的和作用是什么？

14. 请列举出不同污水处理方式的常用方法。

15. 简述生物膜法污水处理的基本原理和方法特点。

16. 何为污水处理流程？城市污水处理的典型流程是怎样的？

参 考 文 献

[1]　刘克峰，张颖. 环境学导论. 北京：中国林业出版社，2012.

[2]　田禹，王树涛. 水污染控制工程. 北京：化学工业出版社，2011.

[3]　鞠美庭，邵超峰，李智. 环境学基础. 第 2 版. 北京：化学工业出版社，2010.

[4]　王玉梅等. 环境学基础. 北京：科学出版社，2010.

[5]　左玉辉. 环境学. 北京：高等教育出版社，2010.

[6]　刘培桐. 环境科学概论. 第 2 版. 北京：高等教育出版社，2010.

[7]　高廷耀，顾国维，周琪. 水污染控制工程. 北京：高等教育出版社，2008.

[8]　吴彩斌，雷恒毅，宁平. 环境学概论. 北京：中国环境科学出版社，2007.

[9]　王光辉，丁忠浩. 环境工程导论. 北京：机械工业出版社，2006.

[10]　魏振枢，杨永杰. 环境保护概论. 北京：机械工业出版社，2006.

[11]　朱鲁生. 环境科学概论. 北京：中国农业出版社，2005.

[12]　赵景联. 环境科学导论. 北京：机械工业出版社，2005.

[13]　孔昌俊，杨凤林. 环境科学与工程概论. 北京：科学出版社，2004.

[14]　程发良，常慧. 环境保护基础. 北京：清华大学出版社，2003.

[15]　陈英旭. 环境学. 北京：中国环境科学出版社，2001.

第四章 固体废物

固体废物与人类的生产生活密切相关。随着社会经济发展和人们生活水平的不断提高，固体废物的排放量逐年增加，日益增长的固体废物不仅占用大量土地，还对水、大气和土壤造成严重的二次污染，成为全社会普遍关注的热点环境问题。固体废物的处理、处置和资源化也成为环境科学研究和解决的重要课题。

本章首先介绍了固体废物的定义、分类、特点、污染途径和危害，其次对固体废物处理、处置方式及管理政策进行了分析，最后探讨了固体废物综合利用和资源化方式、途径和技术。

第一节 概 述

一、固体废物的定义

根据《中华人民共和国固体废物污染环境防治法》（2004 年修订通过，2005 年 4 月 1 日起实施），固体废物（solid waste）是指在生产、生活和其他活动中产生的丧失原有利用价值，或者虽未丧失利用价值但被抛弃或者放弃的固态、半固态和置于容器中的气态物品、物质，以及法律、行政法规规定纳入固体废物管理的物品、物质。另外，为了便于环境管理，我国将装在容器中的危险废液和废气也归入固体废物管理体系。

二、固体废物的分类

固体废物来源广泛，种类繁多，成分复杂，其分类方法也有很多种。1995 年我国颁布的《中华人民共和国固体废物污染环境法》将固体废物分为城市生活垃圾、工业固体垃圾和危险废弃物三大类，没有将农业废弃物纳入其中。我国是一个农业大国，农业废弃物的产生量已经超过工业固体废物，并对环境造成的污染越来越严重。因此，本书将农业固体废物也纳入分类体系，将固体废物划分为城市生活垃圾、工业固体垃圾、危险废弃物和农业固体垃圾四大类，各类固体废物的来源和物质组成详见表 4-1。

表 4-1 固体废物的分类、来源和主要组成物质

分类	来源	主要组成物质
城市生活垃圾	居民生活	指日常生活中产生的废物,如食品垃圾、纸屑、衣物、庭院修剪物、金属、玻璃、塑料、陶瓷、炉渣、碎砖瓦、废器具、粪便、杂品、废旧电器等
	商业、机关	指商业、机关日常工作过程中产生的废物。如废纸、食物、管道、碎砌体、沥青及其他建筑材料、废汽车、废电器、废器具,含有易爆、易燃、腐蚀性、放射性的废物,以及类似居民生活栏内的各类废物
	市政维护与管理	指市政设施维护和管理过程中产生的废物,如碎砖瓦、树叶、死禽死畜、金属、锅炉灰渣、污泥、脏土等
工业固体垃圾	冶金工业	指各种金属冶炼和加工过程中产生的废弃物,如高炉渣、钢渣、铜铅铬汞渣、赤泥、废矿石、烟尘、各种废旧建筑物材料等
	矿业	指各类矿物开发、利用加工过程中产生的废物,如废矿石、煤矸石、粉煤灰、烟道灰、炉渣等
	石油与化学工业	指石油炼制及其产品加工、化学品制造过程中产生的固体废物,如废油、浮渣、含油污泥、炉渣、碱渣、塑料、橡胶、陶瓷、纤维、沥青、油毡、石棉、涂料、化学药剂、废催化剂和农药等

分类	来源	主要组成物质
工业固体垃圾	轻工业	指食品工业、造纸工业、纺织服装、木材加工等轻工部门产生的废弃物。如各类食品糟渣、废纸、金属、皮革、塑料、橡胶、布头、线、纤维、染料、刨花、锯末、碎木、化学药剂、金属填料、塑料填料等
	机械电子工业	指机械加工、电器制造及其使用过程中产生的废弃物。如金属碎料、铁屑、炉渣、模具、砂芯、润滑剂、酸洗剂、导线、玻璃、木材、橡胶、塑料、化学药剂、研磨料、陶瓷、绝缘材料以及废旧汽车、冰箱、微波炉、电视、电扇等
	建筑工业	指建筑施工、建材生产和使用过程中产生的废弃物。如钢筋、水泥、黏土、陶瓷、石膏、砂石、砖瓦、纤维板等
	电力工业	指电力生产和使用过程中产生的废弃物,如煤渣、粉煤灰、烟道灰等
危险废物	核工业、化学工业、医疗单位、科研单位等	主要来自核工业、核电站、化学工业、医疗单位、制药业、科研单位等生产的废弃物,如放射性废渣、粉尘、污泥等,医院使用过的器械和产生的废物、化学药剂、制药厂废渣、废弃农药、炸药、废油等
农业固体垃圾	种植业	指作物种植生产过程中产生的废弃物,如稻草、麦秸、玉米秸、根茎、落叶、烂菜、废农膜、农用塑料、农药等
	养殖业	指动物养殖生产过程中产生的废弃物,如畜禽粪便、死禽死畜、死鱼死虾、脱落的羽毛等
	农副产品加工业	指农副产品加工过程中产生的废弃物,如畜禽内脏物,鱼虾内脏物,未被利用的菜叶、菜梗和菜根,秕糠,稻壳,瓜皮,果皮,果壳,贝壳,羽毛和皮毛等

(一) 城市生活垃圾

城市生活垃圾,也称城市固体废物,是指城市居民日常生活或为日常生活提供服务的活动中产生的固体废物以及法律、法规规定视为生活垃圾的固体废物。如厨余物、废纸、废塑料、废织物、废金属、废玻璃陶瓷碎片、粪便、废旧电器、庭院废物等。

城市生活垃圾主要来自家庭、城市商业、餐饮业、旅馆业、旅游业、服务业、市政环卫业、交通运输业、文教卫生业和行政事业单位、工业企业单位以及水处理污泥等。

城市生活垃圾具有种类繁多、组成复杂、有机物含量高、产量不均匀等特点。随着我国经济持续稳定发展以及城市化进程加快和人民生活水平的提高,城市生活垃圾产生量和增长率呈现逐年增长趋势。自 1979 年以来,我国城市生活垃圾年均增长 9%。2008 年,全国655 座城市生活垃圾清运量达到 1.54 亿吨。

(二) 工业固体垃圾

工业固体垃圾是指在工业、交通等生产中产生的固体废物。工业固体废物主要来自于冶金工业、石油与化工工业、轻工业、机械电子工业、建筑业和其他工业行业。典型的工业固体废物有炉渣、金属、塑料、橡胶、化学药剂、陶瓷和沥青等。2012 年,全国工业固体废物产生量为 32.9 亿吨,综合利用量 (含利用往年贮存量) 为 20.2 亿吨,综合利用率为 60.9%。

(三) 危险废弃物

根据新颁布的《中华人民共和国固体废物污染环境防治法》(2005 年 4 月 1 日起实施),危险废物是指列入国家危险废物名录或者根据国家规定的危险废物鉴别标准和鉴别方法认定的具有危险特征的固体废物。危险废物通常具有腐蚀性、急性毒性、浸出毒性、反应性、传染性、放射性等一种及一种以上危害特性的废物。2011 年,我国危险废物生产量 3431.22万吨、综合利用量 1773.05 万吨、贮存量 823.73 万吨,处置量 916.48 万吨。

(四) 农业固体垃圾

农业固体垃圾是指在农业生产及产品加工过程中产生的固体废物,农业固体废物主要来自于植物种植业、动物饲养业和农副产品加工业。常见的农业固体废物有稻草、麦秸、玉米秸、稻壳、落叶、果核、畜禽粪便、羽毛、皮毛等。据统计，我国每年农业固体废物的产生量高达几十亿吨。

三、固体废物的特点

（一）资源和废物的相对性

固体废物具有明显的时间和空间特征，是在错误时间放在错误地点的资源。从时间方面讲，固体废物仅仅是在目前的科学技术和经济条件下无法加以利用，但随着时间的推移，科学技术的发展，以及人们的要求变化，今天的废物可能成为明天的资源。从空间角度看，固体废物仅仅是相对于某过程或某方面没有使用价值，而并非在一切工程或一切方面都没有使用价值，一种过程的废物，往往成为另一种过程的原料。例如，高炉矿渣、煤矸石等过去都是作为冶金废物，现在却成为重要的建筑材料，用来制砖；人畜粪便，从古到今一直作为肥料的主要来源。

（二）富集终态和污染源头的双重作用

固体废物往往是许多污染成分的终极状态。例如，一些有害气体或飘尘，通过治理最终富集成为固体废物；一些有害溶质和悬浮物，通过治理最终被分离出来成为污泥或残渣；一些含重金属的可燃固体废物，通过焚烧处理，有害金属浓集于灰烬中。但是这些"终态"物质中的有害成分，在长期自然因素作用下，又会转入大气、水体和土壤，故成为大气、水体和土壤环境的污染"源头"。

（三）危害具有潜在性、长期性和灾难性

固体废物对环境的影响主要是通过水、气和土壤进行的，其中污染成分的迁移转化，如浸出液在土壤中的迁移，是一个比较缓慢的过程，其危害可能在数年以至数十年后才能被发现。从某种意义上说，固体废物，特别是有害废物对环境造成的危害可能要比水、气造成的危害严重得多。

四、固体废物的污染途径和危害

（一）固体废物的污染途径

固体废物露天存放或置于处置场，其中有害成分可通过环境介质——大气、土壤地表或地下水等间接传至人体，造成健康危害。通常，工业固体废物所含化学成分能形成化学物质型污染；人畜粪便和生活垃圾源是各种病原微生物的滋生地和繁殖场，能形成病原体型污染。固体废物的污染途径有多种，详见图 4-1。

（二）固体废物的污染危害

1. 侵占土地

固体废物的露天堆放和填埋处置需要占用大量的土地。据统计，每堆积 1 万吨固体废物需要占用 $0.067hm^2$ 的土地。我国固体废物历年累积量超过 65 亿吨，占土地面积 $5.60\times10^6hm^2$。我国已有 2/3 的大中城市陷入垃圾的包围之中，且有 1/4 的城市没有合适的场所堆放垃圾了。随着经济社会发展和人们生活水平提高，固体废物的产生量会越来越大，占用土地的现象将日益突出，使我国人多地少的矛盾进一步加剧。

2. 污染土壤

固体废物的长期露天堆放，其中有害成分经过风化、雨淋、地表径流的侵蚀很容易渗入土壤中，不仅会使土壤中的微生物死亡，破坏土壤生态平衡，而且有害物质通过在土壤中过

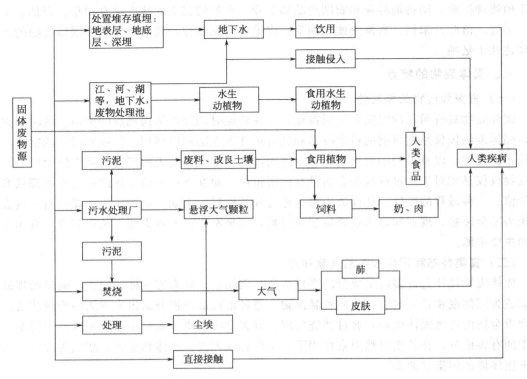

图 4-1　固体废物的主要污染途径（据朱能武等，2006）

量积累，使土壤发生酸化、碱化、硬化等质量退化现象，甚至使土壤出现严重的有机物和重金属型污染，对农作物的生长造成毁灭性影响。例如，一般在有色金属冶炼厂附近的土壤中，铅含量为正常值的 10～49 倍，铜含量为 5～200 倍，锌含量为 5～50 倍。这些污染还可通过植物进入食物链，对人体生命健康构成严重威胁。另外，受污染的土壤，由于一般不具有天然的自净能力，也很难通过稀释扩散的办法减轻其污染程度，其污染治理和修复的难度很大。

3. 污染水体

固体废物随天然降水、地表径流或风进入河流、湖泊，可使地表水受到污染；固体废物中的有害物质随水渗透到土壤中，进入地下水，使地下水被污染；固体废物直接排入河流、湖泊或海洋，可造成更大的水体污染。

无害的固体废物排入河流、湖泊，会造成河床淤塞，水面减少，水体污染，甚至导致水利工程设施的效益减少或废弃。我国沿河流、湖泊、海岸建设的许多企业，每年向附近水域排放大量的灰渣。仅燃煤电厂每年向长江、黄河等水系排放的灰渣达 5000 万吨以上。灰渣大量淤积在下游河道，对水利工程安全造成潜在威胁。

4. 污染大气

固体废物在适宜的温度下，由于本身的蒸发、升华及发生化学反应而释放出有害气体。例如，煤矸石自燃会散发大量的二氧化硫。辽宁、山东、江苏三省的 112 座煤矸石堆中，自燃起火的有 42 座，比例达到 37.5%。陕西铜川市由于煤矸石自燃产生的二氧化硫量达37t/d。大量垃圾露天堆放的场区，臭气冲天，老鼠成灾，蚊蝇滋生，有大量氨、硫化物等致癌、致畸的污染物向大气中释放。

目前，垃圾焚烧是固体废物处理较为常见的方式。但焚烧会产生大量有害气体和粉尘，尤其是二噁英。在焚烧废物的运输、破碎、分选、压实等过程也会产生大量的有害气体和粉尘。

另外，以细颗粒存在的废渣和垃圾，在大风吹动下会随风飘逸，扩散到远处。固体废物的卫生填埋可产生温室气体污染。

5. 影响环境卫生

我国工业固体废物综合利用率较低，城市垃圾的清运能力也不高，相当部分未经处理的工业废渣、垃圾长期露天堆放在厂区、城市街区角落等地，既影响市容、妨碍景观，又容易影响环境卫生。尤其"白色污染"对市容环境影响更为明显，如水中漂浮的和树枝上悬挂的塑料袋形成了严重的"视觉污染"，对城市景观造成不良效果。随着城市人口的迅速增加，城市生活垃圾每年以 6%～7% 的速度增加，固体废物将面临无处安置的困难局面。

6. 引发安全事故

由于城市垃圾中有机质含量较高且露天集中堆放，加之采用简单覆盖，使垃圾在厌氧环境下产生的沼气不断聚积，当其在空气中的体积分数达到 5%～15% 时，垃圾堆遇到火种极易发生爆炸或火灾。1994 年 8 月 1 日 7 时 40 分左右，湖南省一座约 $2 \times 10^4 \, m^3$ 的垃圾堆突然爆炸，产生的冲击波竟将 1.5 万吨垃圾抛向高空，摧毁了垃圾场外 20～40m 外一座泵房和两旁的污水大坝。

除了爆炸和火灾事故外，垃圾场还会引发其他重大事故。例如，2002 年 6 月，某地一座垃圾场内 $5 \times 10^4 \, m^3$ 的垃圾山在暴雨后产生崩塌，发生滑坡，附近的碎石场和一家小化工厂被埋在垃圾和泥石流下，工厂宿舍被下滑的垃圾山推出 10 余米远，造成 10 人失踪。

第二节 固体废物处理、处置与管理

一、固体废物的处理

（一）固体废物处理的定义

固体废物处理是指通过物理、化学、生物、物化及生化方法把固体废物转化为适于运输、贮存、利用或处置的过程，其目标是最大限度地对固体废物进行资源化。目前常采用的方法主要有收运等预处理、焚烧等热处理、生物处理和固化处理等。

（二）固体废物处理的主要方法

1. 预处理

固体废物种类多种多样，其形状、大小、结构及性质各异。为了便于处理、利用和处置，常需要对其进行预处理。通过预处理可使固体废物转变为便于运输、贮存、回收利用和处置的形态。预处理的方法很多，有收运、压实、破碎、分选和脱水等。

（1）收运 将分散的固体废物收集运输到处理场所是固体废物处理的第一道工序，也是一项困难复杂的工作。对于工业固体废物的收运，按照"谁污染，谁治理"的原则，产生较多废物的企业自建有堆场，收集运输工作由企业自己负责。零星、分散的固体废物（如工业下脚料及居民废弃的日常生活用品）由相关废旧物资系统负责收集。收集的品种有黑色金属、有色金属、橡胶、塑料、纸张、破布、玻璃、机电五金、化工下脚料、废油脂等 15 大类、1000 多个品种。

城市固体废物的收运通常包括三个阶段：第一阶段是城市固体废物的收集、搬运和贮存，即由垃圾产生者或环卫系统从城市垃圾产生源头将其送至贮存容器或集装点的过程，是城市垃圾由产生源到垃圾桶的过程。第二阶段是城市固体废物的收集和清运，指用清运车按照一定路线收集清除贮存器（垃圾桶）中的垃圾并运转至堆场或中转站的过程，一般运输路线较短，也称为近距离运输。第三阶段是城市固体废物的运转过程，也称远途运输，指垃圾大型运输车自中转站运输至最终的处置场（填埋场）过程。这三个阶段构成城市固体废物的收运系统。该系统是城市固体废物处理的第一环节，耗资大、操作复杂。

（2）压实　为了减少固体废物的运输和处置体积，进而减少相应费用的产生，必须对固体废物进行压实处理。压实又称压缩，是用机械方法增加固体废物聚集程度、增大容重和减少固体表观体积，提高运输和管理效率的一种操作技术。压实一般采用压实器进行，压缩比控制为3～5。

适于压实减少体积处理的固体废物有垃圾、松散废物、纸袋、纸箱及某些纤维制品等。对于那些可能使压实设备损坏的废物不宜采用压实处理。某些可能引起操作问题的废物，如焦油、污泥或液体物料，一般不宜作压实处理。

（3）破碎　破碎是指利用外力把大块固体废物分裂成小块的过程。破碎的目的在于缩小固体废物颗粒尺寸，减少固体废物的容积，便于运输；增加固体废物的比表面积，提高焚烧、热分解等作业的稳定性和热效率；防止粗大、锋利的固体废物对处理设备的破坏等。经过破碎后的固体废物直接进行填埋处理时，压实密度高而均匀，加快填埋处置场的早期稳定化。

固体废物破碎的方法主要有物理和机械方法。物理方法有低温冷冻破碎和超声波粉碎法两种。前者已用于废塑料及其制品、废橡胶及其制品、废电线等的破碎，后者目前还处在实验室或半工业性试验阶段。机械方法有挤压、劈裂、弯曲、冲击、磨剥和剪切破碎等。

（4）分选　分选就是利用人工或机械的方法把固体废物中各种有用资源或不利于后续处理工艺要求的废物组分分离出来的预处理方法。固体废物的分选可提高回收物质的纯度和价值，是实现固体废物资源化、减量化的重要手段。

固体废物分选的方法很多，可简单分为手工拣选法和机械分选法。手工拣选法是最早采用的方法，适用于废物产源地、收集站、处理中心、转运站或处置场。特别对危险性或有毒有害物品，必须通过手工分选。机械分选大多在废物分选前进行预处理，如破碎处理等，一般根据废物组成中各物质的性质差别，如粒度、密度、磁性、电性、光电性、摩擦性和表面湿润性的差异而进行。例如，利用磁性可把工业固体废物和城市垃圾中的铁等金属类分离出来。

（5）脱水　含水率超过90%的固体废物，必须先脱水减容，以便于包装、运输与资源化利用。固体废物的脱水方法很多，主要有浓缩脱水、机械脱水和干燥。不同的脱水方法、脱水装置，脱水效果均有所不同，表4-2所示是固体废物常用的脱水方法及效果。

表 4-2　固体废物常用的脱水方法及效果

脱水方法		脱水装置	脱水后含水率/%	脱水后状态
浓缩脱水		重力浓缩、气浮浓缩、离心浓缩	95～97	近似糊状
自然干化法		自然干化场、晒沙场	70～80	泥饼状
过滤	真空过滤	真空转鼓、真空转盘	60～80	泥饼状
	压力过滤	板框压滤机	45～80	泥饼状
	滚压过滤	滚压带式压滤机	78～86	泥饼状
	离心过滤	离心机	80～85	泥饼状
干燥法		各种干燥设备	10～40	粉状、粒状

注：引自王玉梅等，环境学概论，2010。

2. 热处理

热处理是指将固体废物放在一定的介质内加热、保温、冷却，通过改变其表面或内部的组织结构来控制固体废物性能的一种综合方法。热处理方法主要包括焚烧处理、热解处理等。

（1）焚烧处理　焚烧处理是将固体废物进行高温分解和深度氧化的综合处理过程，即在900～1100℃焚烧炉膛内，固体废物中的有机或部分无机成分被充分氧化，留下无机灰分等组分成为炉渣排出，从而使固体废物减容并稳定。

焚烧处理具有显著的优点。首先，这种固体废物的处理方式占地面积少、全天候操作、废物稳定效果好，成为当前固体废物处理的主要方法之一。其次，焚烧处理适用性广，几乎适用于所有的有机固体废物，对于可燃性的无机固体废物（如煤矸石）也可采用，对于无机-有机混合性固体废物，如果有机物是有毒有害的物质，焚烧处理是最好的方式。某些特定的有机性固体废物也只适合于用焚烧处理，如医院带菌废物、石油工厂和塑料厂的含毒性中间副产物和焦状废渣等。第三，焚烧处理产生的热量，可供热、发电或热电联供。

焚烧处理也有缺点。只有固体废物的热值大于3350kJ/kg时，焚烧处理才无需添加辅助燃料，否则必须添加助燃剂，使该处理方式运行费用提高。在焚烧过程中，由于焚烧炉的操作条件、温度、停留时间等因素影响，焚烧处理产生的烟气和残渣会造成二次污染，尤其容易产生二噁英等致癌物质。另外，焚烧处理容易导致设备锈蚀严重。

（2）热解处理　热解处理是利用有机物的热不稳定性，在无氧或缺氧条件下，使有机物受热裂解，产生可燃混合气体、液态燃料油，最后余下固定碳和灰分的处理方法。热解处理产生的燃料气体有氢、甲烷、一氧化碳等，液体燃料油有焦油、乙酸、丙酮和甲醇等。热解处理的主要优点是将有机物转化为便于贮存和运输的有用燃料，且尾气排放和残渣量较少，是低污染、具有较好应用前景的固体废物处理方法。该方法主要适用于城市垃圾、污泥、塑料、树脂、橡胶、废油及油泥、农业废料等含有机物较多的固体废料的处理。

3. 生物处理

生物处理是指直接或间接利用生物有机体的机能，对固体废物的某些组分进行转化，以降低或消除污染物产生。该处理方法采用生物处理技术，利用微生物（细菌、真菌、放线菌）、动物（蚯蚓等）或植物的新陈代谢作用，将固体废物转化为肥料、沼气等有用的物质和能源，以实现固体废物的减量化、资源化和无害化。应用较广的生物处理方法有堆肥化、沼气化、废纤维素糖化和生物浸出等。

（1）堆肥化处理　堆肥化处理是利用自然界广泛分布的细菌、放线菌和真菌等微生物，人为可控地促进固体废物中的可生物降解有机物向稳定的腐殖质转化的生物化学过程。堆肥化的产物是一种土壤改良肥料，具有改良土壤结构、增大土壤溶水性、提高化学肥料的肥效等多种功效。堆肥化可用于降解农作物秸秆、农林废物、粪便、厨余垃圾和有机污泥等固体废物。

按照堆肥过程中微生物对氧气的不同需求，可将堆肥化处理分为好氧堆肥和厌氧堆肥两类。好氧堆肥以好氧菌（主要为嗜温菌和嗜热菌）为主对废物进行氧化、分解和吸收。具有温度高、杀灭病虫卵和细菌效果好、分解比较彻底、堆置周期短、异味小、可大规模采用机械处理等特点，是我国城市垃圾主要处理方法之一。厌氧堆肥利用厌氧微生物完成分解反应，空气与堆肥相隔绝，温度低，产品中氮保存量较多，但周期太长，异味浓烈，分解不充分，实际应用较少。

（2）沼气化处理　沼气化处理又称沼气发酵或厌氧消化，是在无氧条件下利用多种厌氧菌将有机垃圾、植物秸秆、人畜粪便和活性污泥等有机物分解，转化成以 CH_4 和 CO_2 等为主的沼气，并合成自身细胞物质的生物学过程。该处理方式产生的沼气是一种可燃气体，沼液和沼渣是优良的有机肥料。据统计，我国每年农作物秸秆产量达 5 亿多吨，若取其中一半制取沼气，每年可产生沼气 500 亿～600 亿立方米，除满足 8 亿农民生活燃料之外，还剩余 60 亿～100 亿立方米。因此，沼气化处理对于我国农业固体废物处理具有广阔的应用前景。

4. 固化处理

固化处理也称稳定化处理，是指利用物理-化学方法将有害固体废物固定或包容在惰性固体基材中的无害化处理过程。固化处理是对危险固体废物进行最终处置前的最后处理，目的在于减少危险固体废物的流动性，降低废物的渗透性，从而实现稳定化、无害化和减量化。固化处理适用于放射性废物及电镀污泥、汞渣、铬渣等多种无机有毒有害废物。根据固化处理时采用的固化剂不同，可将固化处理分为水泥固化、塑料固化、水玻璃固化和沥青固化等种类。

（1）水泥固化处理　水泥固化处理是指将普通水泥与水按一定比例掺入危险废物中，拌成泥状混合物，制成一种固态物体，以便改变原废物的物理性质，并降低渗出率。水泥固化处理具有费用低、操作简单、固化体强度高、长期稳定性好、对受热和风化的抵抗力强等特点，特别适用于固化含有有害物质的污泥。

水泥固化处理也有缺点，即水泥固化体的浸出率较高，通常为 $10^{-5}～10^{-4}\,g/(cm^2 \cdot d)$，主要是空隙率较高，因此需要涂覆处理。由于污泥中含有一些妨碍水泥水化学反应的物质，如油类、有机酸类、金属氧化物等，为保证固化质量，必须加大水泥的配比量，使固化体的增容比较高。另外，有的废物固化时还需适宜的添加剂，导致处理费用提高。

（2）塑料固化处理　塑料固化处理是指以塑料为固化剂与有害固体废物按一定配比，并加入适量的催化剂和填料（骨料）进行搅拌混合，使其聚合固化并将有害固体废物包容，形成具有一定强度和稳定性的固化体。

塑料固化处理的优点是可常温操作，增容比小，固化密度也较小，且不自燃，既能处理干废渣，也能处理污泥浆。其缺点在于塑料固体耐老化性能差，固化体一旦破裂，污染物浸出会污染环境，因此处置前必须有容器包装，使费用增加。

（3）水玻璃固化处理　水玻璃固化处理是指以水玻璃为固化剂，无机酸类（如硫酸、硝酸、盐酸和磷酸等）为辅助剂，利用水玻璃的硬化、结合、包容及其吸附性能，与一定配比的有害污泥混合进行中和与缩合脱水反应，形成凝胶体，经凝结硬化逐步形成水玻璃固化体。

水玻璃固化处理具有工艺操作简便、原料价廉易得、处理费用低、固化体耐酸性强、抗透水性好、重金属浸出率等特点。我国已有企业将混合的固体废物经高温高压水解处理和烘干粉碎后，采用水玻璃固化生产地面砖。

（4）石灰固化处理　石灰固化处理是指以石灰为固化剂，以粉煤灰、水泥窑灰为填料，专用于固化含有硫酸盐或亚硫酸盐类废渣的一种固化处理方法。其原理是粉煤灰、水泥窑灰中含有活性氧化铝和二氧化硅，能与石灰和含有硫酸、亚硫酸废渣中的水反应，经凝结、硬化后形成具有一定强度的固化体。

石灰固化处理的优点是使用的填料来源丰富、价廉易得；操作简单，不需要特殊设备；处理费用低；被固化的废渣不要求脱水和干燥；可在常温下操作等。缺点表现为石灰固化增容比大，固化体易受酸性介质浸蚀，需对固化体表面进行涂覆，使费用增加。

二、固体废物的最终处置

固体废物的最终处置是固体废物污染控制的末端环节，是解决固体废物的归宿问题。无论经过哪种方法对固体废物进行处理，最终还会有部分难以资源化利用的残渣遗留下来，这些残渣大多是有毒有害物质。为了控制这些残渣对环境的二次污染，必须进行最终处置，使其尽可能与生态圈隔离开来，最大限度地控制其对环境的影响和危害。一般来说，固体废物的最终处置可分为海洋处置和陆地处置两大类。

（一）海洋处置

海洋处置是利用海洋巨大的环境容量，在海洋上选择适宜的洋面作为固体废物处置场所的处理方法，主要包括海洋倾倒和远洋焚烧。

1. 海洋倾倒

海洋倾倒是将固体废物直接投入海洋的一种处置方法。进行海洋倾倒时，首先要根据有关法律规定，选择处置场地，然后根据处置区的海洋学特性、海洋保护水质标准，处置废物的种类及倾倒方式进行技术可行性研究和经济分析，最后按照设计的倾倒方案进行投弃。

2. 远洋焚烧

远洋焚烧是利用焚烧船将固体废物进行船上焚烧的处置方法。废物焚烧后产生的废气通过净化装置和冷凝器，冷凝液排入海中，气体排入大气，残渣倾入海洋。这种方法适用于处置易燃性废物，如含氯的有机废物等。

海洋处置对海洋环境的影响具有很大不确定性，很多国家已经禁止海洋处置。我国政府已同意接受《关于海上处置放射性废物的决议》等三项国际性决议。从 1994 年 2 月 20 日起禁止在其管辖海域处置一切放射性废物和其他放射性物质，在海上处置工业废物以及在海上焚烧废物等活动。

（二）陆地处置

陆地处置是基于土地对固体废物进行处置。根据废物种类及其处置的地层位置（地上、地表、地下和深地层），陆地处置可分为土地耕作、土地填埋及深井灌注等。土地填埋具有工艺简单、成本较低、适于处理多种类型固体废物的特点，成为目前固体废物最终处置的主要方法之一。另外，土地填埋可进一步分为卫生土地填埋和安全土地填埋。

1. 土地耕作

土地耕作处置是利用地表耕作土将固体废物分散其中，在耕作过程中由生物降解、植物吸收及风化作用等使固体废物污染指数逐渐达到背景值程度。此处置方法工艺简单、操作方便、投资少，对环境影响小，还可改善土壤结构并增加肥力。主要适用于含盐量低、不含毒物、可生物降解的有机固体废物。

2. 卫生土地填埋

卫生土地填埋是处理一般固体废物使之不会对公众健康及安全造成危害的处置方法，主要用来处置城市垃圾。通常把运到卫生填埋场的废物在限定区域内铺撒成 40～75cm 的薄层，然后压实以减少废物体积，每层操作之后用 15～30cm 厚的土壤覆盖并压实。压实的废物和土壤覆盖层共同构成一个单元，具有同样高度的一系列衔接的单元构成一个升层。完整的卫生填埋场由一个或多个升层组成。为了防止地下水污染，目前的卫生填埋已从过去的依靠土壤过滤自净的扩散型结构发展为密封结构。这种密封结构在填埋场底部设置人工合成衬里，衬里的材料有高强度聚乙烯膜、橡胶、沥青和黏土等，以防止浸出液的渗漏。

3. 安全土地填埋

安全土地填埋是卫生土地填埋的进一步改进，对场地建造要求更严格，主要用来处置危险废物。安全土地填埋的填埋场必须设置人造或天然衬里；最下层的填埋场要位于地下水位之上，要采取适当的措施控制和引出地表水；要配备渗滤液收集、处理及监测系统，采用覆盖材料或衬里控制可能产生的气体，防止气体释出；要记录所处置废物的来源、性质、数量，且对不相容的废物分开处置。

4. 深井灌注

深井灌注主要用来处置那些难于破坏、难以转化，不能采用其他方法处置或采用其他方法费用昂贵的废物，如高放射性废物。深井灌注是将固体废物液化，形成真溶液或乳浊液，用强制性措施注入地下与饮用水和矿脉层隔开的可渗透性岩石中，达到安全处置。深井灌注适宜的岩层主要有石灰岩层、白云岩层和砂岩层。这种处置方式一旦遭遇岩层断裂产生裂隙，可导致蓄水层污染。

三、我国固体废物管理

我国固体废物的管理工作始于 20 世纪 80 年代初期。1982 年制定了第一个专门性的固体废物管理标准《农用污泥中污染控制标准》，1995 年正式颁布了《中华人民共和国固体废物污染环境防治法》，鼓励、支持开展清洁生产，减少固体废物的产生量，充分合理利用固体废物和无害化处理处置固体废物。20 世纪 90 年代以后，我国已经把回收利用再生资源作为重要的发展战略。

(一) 我国固体废物管理原则

1. "三化" 原则

"三化" 原则是指 "减量化、资源化、无害化"。固体废物的 "减量化" 指通过适当的技术减少固体废物的生产量和排放量。"减量化" 不只是减少固体废物的数量，还包括尽可能减少其种类，降低危险废物有害成分的浓度，减轻或消除其危险特征等。"减量化" 原则要求对固体废物从 "源头" 上进行治理，是防止固体废物污染环境的优先措施。

固体废物的 "资源化" 指采取管理及技术措施从固体废物中回收有用的物质和能源。通过 "资源化"，可回收有用的物质和能源，创造经济价值和节约资源，并可减少固体废物的产生量。固体废物资源化包括三个方面，其一是物质回收，即从废物中回收二次物质，如纸张、玻璃、金属等；其二是物质转换，即利用废物制取新形态的物质，如利用炉渣生产水泥和建筑材料等；其三是能量转换，及从废物处理中回收能量，作为热能和电能，如通过有机废物的焚烧处理回收热量，进而发电等。

固体废物的 "无害化" 指已生产又无法或暂时不能综合利用的固体废物，经过物理、化学或生物的方法，进行对环境无害或低危害的安全处理、处置，达到废物的消毒、消解或稳定化。无害化处理目的是将固体废物通过工程处理，使其不损害人体健康，不污染自然环境。

2. "全过程" 原则

"全过程" 原则是指从固体废物的产生开始，到收集、运输、综合利用、处理、贮存及最后处置的每个环节实行全过程管理，每个环节都将其作为污染源进行严格控制，确保固体废物最终得到安全处置。

(二) 我国固体废物管理制度

我国固体废物的管理是以环境保护主管部门为主，结合有关工业主管部门以及城市建设主管部门，共同对固体废物实行全过程管理。我国固体废物管理包括以下几个方面。

1. 分类管理制度

对城市生活垃圾、工业固体废物和危险废物分别管理，禁止混合收集、贮存、运输、处置性质不相容的未经安全性处理的危险废物，禁止将危险废物混入非危险废物中贮存。

2. 申报登记制度

工业固体废物和危险废物须申报登记，包括废物种类、产生量、流向以及对环境的影响。

3. 排污收费制度

对无专用贮存或处置设施和专用贮存或处置设施达不到环境保护标准（即无防渗漏、防扬散、防流失设施）排放的工业固体废物一次性征收固体废物排污费。

4. 进口废物审批制度

禁止中国境外的固体废物进境倾倒、堆放、处置，禁止经中华人民共和国过境转移危险废物，禁止进口不能用作原料的固体废物，限制进口可以作为原料的固体废物。

5. 危险废物行政代执行制度

产生危险废物的单位，必须按照国家有关规定处置危险废物；不处置的，由所在地县以上地方人民政府环境保护行政主管部门责令限期改正；逾期不处置或处置不符合国家有关规定的，由所在地县以上地方人民政府环境保护行政主管部门指定单位按照国家有关规定代为处置，处置费用由产生危险废物的单位承担。

6. 危险废物经营单位许可证制度

从事收集、贮存、处置危险废物经营活动的单位，必须向县以上地方人民政府环境保护行政主管部门申请领取经营许可证。并非任何单位和个人都能从事危险废物的收集、贮存和处置活动。

7. 危险废物转移报告单制度

环境保护部规定了统一的转移报告单形式、传递方式，并制定了危险废物转移管理办法。该制度的建立，是为了保证危险废物的运输安全，防止危险废物的非法转移和非法处置。《危险废物转移联单》共五联，由废物产生单位、废物运输单位、废物接收单位填写。

8. 其他

建立危险废物泄漏事故应急设施，发展安全填埋技术，严格执行限期治理制度、"三同时"制度、环境影响评价制度等，防止固体废物污染环境。

第三节　固体废物资源化

一、概述

随着固体废物产生量的急剧增长，人们已投入了大量人力、物力和财力，但一直未得到根本解决。实际上，废物中含有许多可利用的资源，如能将其分离出来并充分利用，实现固体废物的资源化，才是解决固体废物资源化的根本途径。

固体废物资源化是指对固体废物中有用的能源和资源进行分离回收，使之成为可利用的二次资源的过程。不少国家都通过经济杠杆和行政强制性政策鼓励和支持固体废物资源化技术的开发和应用，从消极的污染治理转为回收利用，向废物索取资源，使之成为固体废物处理的替代技术措施。在许多国家固体废物管理法规中，固体废物的资源化已被作为保护环境、促进自然资源持续利用的重要技术手段和政策。

二、固体废物资源化途径

固体废物的资源化途径很多，主要有提取有价值的金属、生产建筑材料、生产农肥、回收能源和用作工业原料等。

（一）提取有价值的金属

利用工业固体废物可以提取多种有用的金属。如从硫铁矿渣中可提取金、银等贵重金属，从含汞的废水中可回收汞，利用煤矸石可生产聚合铝等，有些稀有贵金属的价值甚至超过主金属的价值。

（二）生产建筑材料

利用工业固体废物生产建筑材料，是一条较为广阔的资源化途径，可有效解决建筑材料资源短缺。例如，利用高炉渣、钢渣、铁合金渣等可生产碎石，用作混凝土集料、道路材料和铁路道砟等；利用粉煤灰、经水淬的高炉渣和钢渣等可生产水泥；利用高炉渣、煤矸石、粉煤灰生产矿渣棉和轻质集料等。由于建筑材料需求量大，可消纳大量的固体废物，加之使用期长，不会产生二次污染。

（三）生产农肥

利用固体废物可生产或替代农肥。例如，城市垃圾和农业固体废物等经堆肥可制成有机肥料；粉煤灰、高炉渣、钢渣和铁合金渣等可作为硅钙肥直接用于农田；钢渣含磷较高可作为生产钙镁磷肥的原料。

（四）回收能源

许多固体废物含有可燃成分，可作为能源加以利用。利用途径一般有两种，其一是把固体废物直接作为燃料燃烧利用；其二是利用固体废物燃烧产生的热能间接利用，例如，利用垃圾焚烧发电；其三是利用有机垃圾、植物秸秆和人畜粪便等农业固废，通过厌氧消化生成沼气，解决农村固体废物污染和能源问题。

（五）用作工业原料

某些工业固废经一定加工处理后可代替某种工业原料，以节省资源，如煤矸石替代焦炭生产磷肥；高炉渣代替砂、石作滤料处理废水，还可作吸收剂；粉煤灰可作塑料制品的填充剂，还可作过滤介质，用作过滤造纸废水，不仅效果好，还可从纸浆废液中回收木质素。

三、工业固体废物资源化

（一）煤矿业固体废物的资源化

目前，在我国一次能源消费中，煤炭所占比例达到76%。在煤炭开采和燃烧使用过程中，会排出以煤矸石、煤渣和粉煤灰为主的大量煤炭系固体废物，这些固体废物的排放量占工业固体废物排放总量的20%～30%。煤炭系固体废物的综合利用和资源化日益引起广泛重视。

1. 煤矸石资源化

煤矸石是在成煤过程中与煤层伴生的一种含碳量低、比较坚硬的黑色岩石，在煤炭生产过程中成为废物。由于煤的品种和产地不同，各地煤矸石的排出率也各异，平均约为煤产量的20%。煤矸石的资源化途径主要有用作建筑材料、作为燃料和生产化工产品等。

（1）制作建筑材料　制作建筑材料是煤矸石资源化的重要途径，主要有制砖瓦、生产水泥、混凝土空心砌砖、加气混凝土、轻骨料等。煤矸石制成的建材重量轻、强度高、吸水率小、化学稳定性好。

（2）用作燃料　煤矸石中可燃物含量少，灰分含量高，是一种低热值燃料，主要用于沸腾炉燃料。该炉是近 20 年发展起来的新型锅炉，可强化燃料的燃烧，热效率高，能有效实现煤矸石的稳定燃烧。另外，煤矸石还可用于制取煤气，回收一定量的碳和其他可燃物。

（3）生产化工产品　煤矸石所含的元素种类较多，以 SiO_2 和 Al_2O_3 含量最高，利用不同的方法提取煤矸石中的一种元素或生产硅铝材料。对于含铝较高的煤矸石，主要用于结晶氯化铝、聚合氯化铝、硫酸铝等化工产品的生产开发。

2. 粉煤灰资源化

粉煤灰主要来自于以煤粉为燃料的发电厂和城市集中供热锅炉的除尘器。粉煤灰外观类似水泥，呈粉状，颜色从乳白色到灰黑色，一般为银灰色和灰色，主要成分包括玻璃微珠、石英、氧化铁、碳粒等。目前我国累计堆放粉煤灰 6 亿多吨。占地超过 20 万亩。我国已开展了粉煤灰资源化技术及应用研究，已被应用于建材、化工、农业和环保等领域。

（1）生产建筑材料　粉煤灰作为混凝土的掺合料，用于制砖、各种大型砌块和板材。在常温下，粉煤灰的主要成分 SiO_2 和 Al_2O_3 在水作用下与碱土金属发生“凝硬反应”。因此粉煤灰是一种优良的水泥和混凝土的掺合料。以粉煤灰为主要原料，掺入黏土或适量生石灰、石膏，经搅拌成型、干燥、焙烧或压制成型后在常压或高压蒸汽下养护，可分别制成粉煤灰烧结砖和蒸养砖。此类砖不仅成本低，而且抗冻性能强。另外，以粉煤灰为主要原料，掺入一定量的石灰、水泥，加入少量铝粉等发泡材料，可制出多孔轻质的加气混凝土，用于制作砌块、屋面板、墙板等，广泛用于工业和民用建筑。

（2）制造农业肥料　粉煤灰的机械组成相当于砂质土且含有一定量的氮、钾、磷、钙及铁、硼等元素。将其直接施于农田，可以改善黏质土壤的结构，使之疏松通气，同时供给作物所必需的部分营养元素，特别是各种微量元素和稀土元素可促进作物的生长发育，增强对病虫害的抵抗力。另外，粉煤灰也可加工成高效肥料。将粉煤灰加适量磷矿粉并利用白云石作助燃剂，可生产钙镁磷肥；将粉煤灰用含钙高的煤高温燃烧后，可大大提高硅的有效性，作为农田硅钙肥使用，对于南方缺钙土壤的水稻生产具有明显增产作用。

（3）制备化工产品　利用粉煤灰、纯碱和氢氧化铝为原料可制备 4A 分子筛，作为化学气体和液体的分离净化剂和催化剂载体。利用粉煤灰密度小、硬度和热稳定性高、流动性好、易分散均匀等特点，可作为填料用于橡胶和塑料工业中。

（4）用于污水治理　粉煤灰多孔、比表面积大，具有一定的活性基团。利用粉煤灰可吸收污水中的悬浮物、脱除有色物质、降低色度、吸附并除去污水中的耗氧物质。粉煤灰还有一定的除臭能力。

（二）冶金工业废渣的资源化

冶金工业废渣是指从金属冶炼到加工制造所生产的冶金渣、粉尘、污泥和废屑等。其中排放量较大且综合利用率较高的主要是冶金渣，包括高炉渣、钢渣、有色金属渣和铁合金渣等。

1. 高炉渣资源化

高炉渣也称矿渣，是高炉炼铁所排出的固体废物。根据对高炉排出熔渣处理方式不同，可得到三种性能不同的炉渣：炉渣在大量冷却水急剧冷却作用下形成的炉渣叫水淬渣，炉渣经慢冷却处理形成的类石料矿渣叫重矿渣或块渣，采用适量冷却水的半急作用形成的多孔轻质矿渣叫膨胀矿渣。

　　（1）水淬渣资源化　　水淬渣具有很高的活性，已用于生产矿渣硅酸盐水泥、矿渣砖和配置矿渣混凝土。将水淬渣作为混合材料生产水泥已有40年历史，技术成熟，效果明显，目前全国每年用于水泥混合材的水淬渣已超过2000万吨，利用率达80％。将水淬渣与适量石灰、石膏破碎后混合并压制成型，再经蒸汽养护所制成的矿渣砖适用于地下和水工工程，是大批利用水淬渣的有效途径之一。将水淬渣与部分激发剂（水泥、石膏、石灰）在轮碾机中加水磨制成砂浆，再与粗骨料拌合可制成与普通混凝土相似的矿渣混凝土，具有良好的抗水渗透性和耐热性能。

　　（2）重矿渣资源化　　重矿渣由于未经淬水，其物理性能与天然岩石相近，其稳定性、坚固性、耐磨性及韧性均满足基建工程的要求。在我国，重矿渣一般用于公路、机场、基地工程、铁路道砟、混凝土骨料和沥青路面等。利用重矿渣铺设的公路路面，既可减小路面光的反射强度，又能增强防滑性能，是理想的铺路材料。

　　（3）膨胀渣资源化　　膨胀渣主要作为粗、细骨料，用于混凝土砌块和轻质混凝土中。这类混凝土具有容重小（为普通混凝土的3/4）、保温性能好、成本低等优点，可用于制作墙板和楼板等。

　　2. 钢渣资源化

　　钢渣是炼钢过程中所排出的固体废物，按冶炼方法可分为平炉钢渣、转炉钢渣和电炉钢渣，主要成分有CaO、SiO_2、Al_2O_3、FeO、MgO、MnO、P_2O_5等。钢渣的资源化方式主要有以下几种。

　　（1）生产水泥　　将钢渣破碎后与高炉水淬渣、少量水泥熟料、石膏一起混合磨细后即可制得钢渣水泥，这是钢渣的主要资源化方式。钢渣水泥具有微膨胀性、抗渗性好等特点。其早期强度低，但后期强度高，耐磨性、抗冻性能好，具有较好的抗腐蚀性。钢渣水泥可用于浇灌大坝等大体积混凝土，也适用于海港工程。

　　（2）作骨料和路材　　钢渣容重大、强度高、表面粗糙、耐蚀且与沥青结合牢固，特别适于在铁路、公路、工程回填、修筑堤坝、填海造地等方面替代天然碎石使用。由于钢渣中可能含有游离氧化钙，其分解会造成钢渣碎石体积膨胀，出现碎裂和粉化，因此不能作为混凝土骨料使用。作路材时须对其安全性进行检验并采取适当措施，如将钢渣堆放半年至一年，可有效降低游离氧化钙的含量。

　　（3）制免烧砖　　以钢渣为主要原料，掺入部分高炉水淬渣和激发剂（石灰和石膏），并加水搅拌，经轮碾，压制成型，然后蒸汽养护半个月，即制成免烧砖，其与普通黏土砖一样，可广泛应用于工业和民用建筑中。钢渣免烧砖生产工艺简单，成本低，质量可达或超过普通黏土砖的标准。

　　（4）用作农肥　　含磷生铁炼钢时产生的钢渣含有一定的磷、钠、镁、硅等元素，可直接加工成钢渣磷肥。我国马鞍山钢铁公司的钢渣含磷可达4％～20％（以P_2O_5计），生产出的磷肥含P_2O_5最高可达16％以上。钢渣磷肥特别适用于酸性土壤和缺磷的碱性土壤，具有一定的增产效果。

　　（5）用于钢铁生产　　钢渣中含有10％～30％的Fe，40％～60％的CaO、2％左右的Mn，将钢渣作为烧结矿配料和高炉溶剂，不仅利用了钢渣中的有用成分、降低了生产成本，而且显著提高了钢铁生产的质量和产量。

　　（三）化工废渣的资源化

　　化工废渣是化学工业及其工业部门在生产各种化学产品时所排出的固体或半固体废物。

化工废渣具有产生量大，危险废物种类多，有毒物质含量高，再生资源化潜力大等特点。

1. 铬渣资源化

铬渣是冶金和化工部门在生产金属铬盐时所排出的废渣，主要由 CaO、MgO、Al_2O_3、Fe_2O_3、SiO_2 及少量六价铬的化合物组成。由于铬渣中所含的六价铬毒性较大，若长期堆放不加处理会污染水源和土壤，对人类和其他生物造成严重损害。

在一定温度和条件下，在铬渣中加入还原剂，可将有毒的六价铬还原成无毒的三价铬，经过处理后可用作玻璃着色剂、制造钙镁磷肥，或者替代白云石、石灰石作为生铁冶炼过程的添加剂。

2. 化学石膏的资源化

化学石膏是生产某些化工产品时所排出的以硫酸钙为主要成分的固体废物，包括磷石膏、氯石膏、盐石膏等。我国以磷石膏为主，每生产 1t 磷酸要产生 5t 的废磷石膏，因此废磷石膏生产量非常大。废磷石膏可代替天然石膏制轻质建筑板材，生产普通硅酸盐水泥，与碳混合加热生成二氧化硫，生产硫酸。

3. 硫铁矿烧渣的资源化

硫铁矿烧渣是以硫铁矿为原料生产硫酸时所排出的废渣。每生产 1t 硫酸约排出硫铁矿烧渣 0.7～1.0t，全国每年可产生 600 万吨的烧渣，占用了大量土地并污染环境。

硫铁矿烧渣中含有 30%～45% 的铁，可作为炼铁的原料使用，但由于铁的品味低且含有硫、砷和锌等杂质，须先进行预处理。硫铁矿烧渣除含有大量的氧化铁外，还含有一定量的有色金属如 Cu、Pb、Au、Ag 等，可用氯化焙烧法回收这些有色金属。另外，将硫铁矿烧渣和石灰混合，石灰能和烧渣中的活性氧化硅、氧化铝反应生成硬性胶凝物质，因此以石灰为胶结剂，将硫铁矿烧渣压制成渣砖，所得渣砖不仅具有较高的抗压、抗折强度，在耐水性、耐腐蚀性等方面均可满足一般墙体材料的要求。

四、城市固体废物资源化

（一）建筑垃圾资源化

建筑垃圾是指建设单位、施工单位新建、改建、扩建和拆除各类建筑物、构筑物、管网等以及居民装饰装修房屋过程中所产生的弃土、弃料及其他废物。目前，我国建筑垃圾数量占城市固体废物总量的比例达 30%～40%。建筑垃圾的资源化途径主要包括回收再利用、制作混凝土等建筑材料等。

1. 回收再利用

对于建筑垃圾中的废钢筋和废电线，可重新回炉，再加工制造成各种规格的钢材；废竹木料和废旧板材用于制造人造木材，也可作为热电厂发电原料；拆除的废砖，如果块型比较完整，且黏附砂浆可以剥离，通常作为砖块回收利用。

2. 制作混凝土等建筑材料

建筑垃圾中的石、砂、不成型的砖块、混凝土等以前被视为没有利用价值的建筑废料。现在，利用废混凝土粒作粗骨料，废混凝土砂或普通砂作细骨料，用水泥胶结可制成粗骨混凝土。该混凝土具有较好的抗震性能和较低的坍落度，用于道路工程基础下垫层、道路路面及钢筋混凝土结构工程等。另外，对于不成型的废砖块、石块等，经破碎较细后与石灰粉混合可制作蒸养砖或制作砌块、铺道砖和花格砖等建材制品。

（二）废塑料资源化

塑料是由石油化工衍生的原料制成，其产量和体积已经超过金属材料。除少数塑料管和板材外，90％左右的塑料制品使用寿命只有1～2年，造成了废塑料数量的急剧增加。目前对废塑料的资源化途径主要有直接再生利用、改性利用、生产建材产品及热解制油等。

1. 废塑料的再生利用

废塑料的再生利用是将废旧塑料经除去异物和分选等前处理后、在一定温度下熔融混炼和成型加工，最后制成再生塑料制品。再生加工所得的塑料制品保留了原有塑料的特性，如耐久性、耐腐蚀和强韧性等，但膨胀系数大，负载大时可能发生弯曲。废塑料的再生利用是目前废塑料综合利用的主要方式，相关技术较为成熟。

2. 废塑料的改性利用

利用某些填料对废塑料进行改性以增大其应用范围是近年来废塑料资源化进展最快的一种方式。常用的填料有无机和有机填料两种。无机填料主要包括碳酸钙、滑石粉、硅灰泥、粉煤灰等，有机填料主要选择废料木粉、锯屑、稻壳、玉米秸和麦秆等。改性后的废塑料具有较好的稳定性和填充性，且密度小、强度高、耐腐蚀，在建筑、家具和包装等方面具有广泛应用。

3. 废塑料生产建材制品

废塑料可用来生产软质拼装型地板、人造地板、木质塑料地板、混塑包装板材、塑料砖等地板和包装材料，废塑料还可用于生产防水涂料、胶黏剂、防腐涂料等涂料和黏结剂。

4. 废塑料热解制油

聚烯烃类废塑料可通过加热或加入一定的催化剂使大分子的塑料聚合物发生分子链断裂，生成相对分子质量较小的混合烃，经蒸馏分离成石油类产品（柴油、汽油、燃料气等）。这种资源化方式目前已取得较大进展。

（三）废橡胶资源化

废橡胶主要来源于废橡胶制品，即废的轮胎、胶管、胶带、胶鞋和工业杂品等，另一部分来自橡胶制品生产过程中的边角余料和废品。废橡胶的资源化途径主要有整体利用、再生利用和热分解利用等。

1. 整体利用

废橡胶的整体利用包括轮胎翻修，将旧轮胎直接整体用作码头轮船的护舷，以及公路、游乐场和幼儿园等场所的护栏，也可直接用于构筑人工礁或水下保护的防护堤等。

2. 再生利用

废橡胶的再生利用是指将废旧和磨损的橡胶制品及生产中的废料进行处理再生，所获的再生胶通过适当配方硫化，可加工制成多种橡胶制品，主要用于橡胶管、橡胶板、橡胶带和防水卷材、涂料、油毡等建材产品的生产。

3. 热利用

将废橡胶在高温下热分解，可产生煤气等燃料气体、燃料油和炭黑等；还可将废橡胶直接燃烧，作为水泥窑、锅炉和金属冶炼厂的特殊燃料。

（四）废玻璃资源化

废玻璃主要来源于各种玻璃制品，包括啤酒瓶、白酒瓶、葡萄酒瓶、饮料瓶等玻璃包装物，约占城市固体废物总量的2％。废玻璃资源化的主要途径包括制作建筑装饰材料、生产筑路填料等。

1. 制作建筑装饰材料

废玻璃可广泛用于泡沫玻璃、玻璃马赛克、微晶玻璃装饰板、黏土砖和混凝土等建筑及装饰材料的制作。

将废玻璃破碎，再与其他配料一起在球磨机中粉磨，然后将符合细度要求的配料装入金属模具中加热发泡，冷却脱模后可得泡沫玻璃。泡沫玻璃具有隔热性能好、强度高、不吸湿、抗冻、不燃及易加工等性能，被广泛用作建筑屋面材料。

玻璃马赛克被广泛用作建筑物内外饰面材料和艺术镶嵌材料。它是以20%～60%的碎玻璃与硅砂、长石、纯碱及着色剂等配制成配合料，经熔融均化成玻璃液流入压延机辊压成一定厚度的小块，再经退火、检验等工序加工而成。

微晶玻璃装饰板是近年来发展的新型建筑装饰材料，可替代大理石和花岗岩等材料用作内外墙板、地板、楼面、贴柱、大厅柜台面等建筑的装饰材料和结构材料。微晶玻璃装饰板是废玻璃粉和钢渣及一定量着色剂，通过熔制、晶化、退火、研磨抛光等工序加工而成。

废玻璃还可用于黏土砖的生产，替代部分黏土矿物组成助熔剂。以废玻璃为骨料应用于混凝土中，含35%废玻璃骨料的混凝土各项指标如抗压强度、吸水性、含水量等均达到或超过美国材料协会的最低标准。

2. 生产筑路填料

将60%的废玻璃配以30%的沥青，并与其他骨料混合，可作为沥青道路的填料，也称玻璃沥青。其优点是可与其他骨料混合，如石子、陶瓷废料混合使用，各种玻璃无需分拣，对颜色无要求。

（五）废电池的资源化

随着经济发展和人们生活水平的提高，电池的生产和使用量越来越大，目前我国每年大约销售60亿只电池。面对如此大量的电池生产和消费，我国回收废电池并使之无害化、资源化和减量化的工作远没有跟上，给人们造成了诸多潜在的环境危害。目前，对于废电池的回收及资源化途径主要有湿法和火法两种。

1. 湿法回收资源化

废电池的湿法回收资源化是基于锌、二氧化锰等可溶于酸的原理，利用酸将电池中的锌、锰等有价金属浸出后，经结晶、电解等提取回收金属或化工产品。该回收资源化方法所得产品纯度较高，但流程冗长，回收后的电解液含有汞、镉和锌等重金属，污染严重，能耗大，生产成本高。

2. 火法回收资源化

火法回收资源化是在高温下使废电池中的金属及其化合物氧化、还原、分解和挥发及冷凝，使电池各组分在不同温度下相互分离，实现综合利用。相比于湿法回收资源化，真空火法冶金回收具有流程短、能耗低、对环境污染小，废电池各有用成分综合利用率高等特点，具有较好的推广应用前景。

五、农业固体废物资源化

农业固体废物是农业生产过程中产生的固体废物，包括秸秆、树皮、树枝、稻壳、农畜家禽粪便等。我国是一个农业大国，每年排放出的农业固体废物数量巨大，对其进行综合利用和资源化具有重要的现实意义。

（一）植物纤维性废弃物资源化

植物纤维性废弃物是指农业固体废物中的农作物秸秆、谷壳、果壳及甘蔗渣等农产品加工废物等，其资源化利用途径主要有废物还田、加工饲料、制作燃料、制备复合材料等。

1. 废物还田

秸秆等植物性废弃物退还土壤后，可大量补充土壤有机质，提供丰富的 N、P、K 等营养元素，改善土壤理化特性。尤其农作秸秆中含有的木质素和纤维素腐化分解后，可使土壤腐殖质增加、孔隙度提高、通气透水性增强。

2. 加工饲料

利用青贮法、氨化法和热喷法等方法，通过提高秸秆等植物纤维性废弃物的营养价值、可消化性和适口性，制作加工家畜饲料，提高饲料供应的稳定性。

3. 制作燃料

植物纤维性废弃物由 C、H、O 等元素和灰分组成，在缺氧状态下加热反应，将生物质中的大部分能量转化到 CO、CH_4、H_2 等可燃气体中，这些可燃气体可作为能源使用。另外，利用固化和炭化技术，在适当温度（200～300℃）下，将植物纤维性废弃物原料压制成棒（块）状，放入炭化设备中炭化制成新型燃料。这种燃料的燃烧性能与中烟煤相近，燃烧时没有有害气体，生产工艺简单，使用方便。

4. 制备复合材料

利用农业植物纤维性废弃物可生产纸板、人造纤维板、轻质建材板等包装和建筑装饰复合材料。例如，以硅酸盐水泥为基体材料，玉米秆、麦秆等农业废弃物作为增强材料，再加入粉煤灰等填充料后，可制成植物纤维水泥复合板，产品成本低，保温、隔声性能好。以石膏为基体材料，农业植物纤维性废弃物为增强材料，可生产出植物纤维增强石膏板，产品具有吸声、隔热、透气等特征，是一种较好的装饰材料。另外，以秸秆、稻壳、甘蔗渣等农业植物纤维性废弃物为原料，通过粉碎，加入适量无毒成型剂、黏合剂、耐水剂和填充料等助剂，经搅拌混合后成型制成可降解快餐具，以替代一次性泡沫塑料餐具。

（二）畜禽粪便资源化

畜禽粪便在我国农业固体废物产量中占有相当比例。据测算，2004 年我国畜禽粪便生产量超过 30 亿吨，为同期工业固体废物生产量的 2.91 倍。随着我国畜禽养殖业的进一步发展，这个数字还会上升。畜禽粪便的资源化途径目前主要有肥料化、饲料化和燃料化等。

1. 肥料化

畜禽粪便肥料化主要有堆肥和制复合肥两种方式。堆肥是利用微生物在一定的温度、湿度和 pH 值条件下，使畜禽粪便和秸秆等农业有机废物发生生物化学降解，形成一种类似腐殖质的物质。根据微生物对 O_2 要求不同，堆肥可分为好氧堆肥和厌氧堆肥。复合肥的制取是将高温堆肥产品经杀灭病原菌、虫卵和杂草种子等无害化处理和稳定化处理后与粉碎后的 N、P、K 化肥混合，经筛分、干燥可制成颗粒化复合肥。

2. 饲料化

畜禽粪便含有丰富的营养成分。畜禽粪便经适当处理可杀死病原菌、改善适口性，提高蛋白质的消化率和代谢能。鸡粪中粗蛋白和氨基酸含量较高，其含量不低于玉米等谷物饲料，并含有丰富的微量元素和一些营养因子，因此鸡粪是畜禽饲料的重要来源。目前畜禽粪便饲料化方法主要有干燥法、青贮法和需氧发酵法等。

3. 燃料化

畜禽粪便的燃料化是以畜禽粪便、秸秆等农业废物为原料，经厌氧发酵生产以 CH_4 为主要成分的沼气，可作为燃料。

我国工业固体废物产生及处理利用现状

近年来，我国经济发展迅速，工业固体废物产生量和贮存量不断增加。由表 4-3 可见，2000 年工业固体废物产生量为 8.16 亿吨，2010 年达到 24.09 亿吨，10 年增长了 2.95 倍，年均增长 11.4%。工业固体废物的排放量和贮存量呈逐年下降趋势，分别由 2000 年的 3186.2 万吨和 28921 万吨下降到 2010 年的 498.2 万吨和 23918 万吨，年均下降幅度为 16.9% 和 1.9%。工业固体废物的利用量、处置量和综合利用率呈增长趋势，分别由 2000 年的 37451 万吨、9152 万吨和 45.9% 增长到 2010 年的 161772 万吨、57264 万吨和 66.7%，年均增长幅度为 15.8%、20.1% 和 3.8%。可以看到，我国基本实现了工业固体废物排放量的明显下降，利用总量逐年上升，但综合利用率增长缓慢，工业固体废物的利用潜力较大。

从我国一般工业固体废物的地区分布来看（见表 4-4），2011 年全国一般工业固体废物产生量和综合利用量分别为 32.3 亿吨和 19.5 亿吨，综合利用率为 60.4%，但各地区差别明显。工业固体废物产生量超过 1 亿吨的地区达 12 个，分别是河北省、山西省、内蒙古自治区、辽宁省、江苏省、安徽省、江西省、山东省、河南省、四川省、云南省和青海省，其中河北省一般工业固体废物产生量最高，达到 4.51 亿吨，辽宁省和山西省 2.83 亿吨、2.76 亿吨，分别位居第二和第三。一般工业固体废物综合利用量超过 1 亿吨的地区达 6 个，分布是河北省、山西省、内蒙古自治区、辽宁省、山东省和河南省，最高为河北省，为 1.9 亿吨，山东省以 1.8 亿吨位居第二。一般工业固体废物综合利用率超过 90% 的地区有 5 个，分别为天津市、上海市、江苏省、浙江省和山东省，其中天津市的一般工业固体废物综合利用率最高，达 99.8%。

表 4-3　我国工业固体废物产生及处理利用现状表

年份	产生量 /10^4t	排放量 /10^4t	利用量 /10^4t	贮存量 /10^4t	处置量 /10^4t	综合利用率 /%
2000	81608	3186.2	37451	28921	9152	45.9
2001	88840	2893.8	47290	30183	14491	52.1
2002	94509	2635.2	50061	30040	16618	51.9
2003	100428	1940.9	56040	27667	17751	54.8
2004	120030	1762.0	67796	26012	26635	55.7
2005	134449	1654.7	76993	27876	31259	56.1
2006	151541	1302.1	92601	22399	42883	60.2
2007	175632	1196.7	110311	24119	41350	62.1
2008	190127	781.8	123482	21883	48291	64.3
2009	203943	710.5	138186	20929	47488	67.0
2010	240944	498.2	161772	23918	57264	66.7

注：根据《中国环境统计年鉴—2012》数据整理。

表 4-4　2011 年我国各地区一般工业固体废物产生及处理利用现状表

地区	产生量 /10⁴t	综合利用量 /10⁴t	处置量 /10⁴t	贮存量 /10⁴t	倾倒丢弃量 /10⁴t
全国	322772	195215	70465	60424	433.31
北京	1126	749	349	28	
天津	1752	1749	9		
河北	45129	18821	6806	20184	0.40
山西	27556	15818	9187	2578	29.10
内蒙古	23584	13701	7429	2647	3.10
辽宁	28270	10748	13394	4335	8.18
吉林	5379	3171	920	1290	
黑龙江	6017	4139	643	1308	6.72
上海	2442	2358	75	11	0.47
江苏	10475	9997	335	220	
浙江	4446	4092	310	51	0.44
安徽	11473	9366	1761	1096	
福建	4415	3024	1304	98	0.87
江西	11372	6305	652	4420	15.44
山东	19533	18298	1106	350	0.00
河南	14574	10964	2602	1200	2.14
湖北	7596	6007	1424	268	16.64
湖南	8487	5679	2215	696	9.32
广东	5849	5119	810	75	3.41
广西	7438	4292	2050	1516	2.57
海南	421	201	182	42	0.05
重庆	3299	2585	518	199	24.15
四川	12684	6002	3988	2773	6.02
贵州	7598	4015	2033	1552	28.88
云南	17335	8728	4969	3687	168.70
西藏	301	8	16	284	0.02
陕西	7118	4266	1836	1008	9.15
甘肃	6524	3342	2041	1143	6.59
青海	12017	6785	14	5226	0.49
宁夏	3344	2048	865	435	1.72
新疆	5219	2838	621	1702	88.73

注：根据《中国环境统计年鉴—2012》数据整理。

思　考　题

1. 何为固体废物？固体废物有哪几类？固体废物具有哪些环境危害？
2. 如何对固体废物进行处理和处置？

3. 我国固体废物管理制度有哪些？

4. 如何对煤矿业、冶金业和化工固体废物进行资源化？

5. 城市固体废物资源化途径有哪些？

6. 针对农业固体废物中的植物纤维性废弃物和畜禽粪便，怎样进行资源化？

参 考 文 献

[1]　刘克峰，张颖. 环境学导论. 北京：中国林业出版社，2012.

[2]　何品晶. 固体废物处理与资源化技术. 北京：高等教育出版社，2011.

[3]　鞠美庭，邵超峰，李智. 环境学基础. 北京：化学工业出版社，2010.

[4]　王玉梅等. 环境学基础. 北京：科学出版社，2010.

[5]　左玉辉. 环境学. 北京：高等教育出版社，2010.

[6]　廖利，冯华，王松林. 固体废物处理与处置. 武汉：华中科技大学出版社，2010.

[7]　张小平. 固体废物污染控制工程. 北京：化学工业出版社，2010.

[8]　孙秀云，王连军，李健生等. 固体废物处置及资源化. 南京：南京大学出版社，2007.

[9]　朱能武. 固体废物处理与利用. 北京：北京大学出版社，2006.

第五章　物理环境

声、光、热、电、磁及射线是物理学研究范畴，也是人类环境的重要因素。当其发生改变并超过一定范围，会造成环境污染，如噪声污染、光污染、热污染、电磁辐射污染和放射性污染等。这些物理性污染均属于能量型污染，很少给周围环境留下具体的污染物，且无色无味，很隐蔽。该污染已成为影响现代人类尤其城市居民身体健康的主要公害。

本章主要介绍噪声污染、电磁辐射污染、光污染、热污染和放射性污染的基本概念、类型和特征，以及各种污染的危害及防治措施。

第一节　噪声污染

一、声音、噪声和噪声污染

（一）声音

声音是物体的振动以波的形式在弹性介质中进行传播的一种物理现象。平常所指的声音一般是通过空气传播作用于耳鼓膜而被感觉到的声音。人类生活在有声音的环境中，并且借助声音传递信息、交流思想感情。人们无法想象没有声音的世界。

但是有些声音并不是人们所需要的，如机器运转发出的声音、汽车的鸣笛声以及各种器物敲打和碰撞时发出的声音等。这种声音不能给人们带来益处，相反会损害人们的健康，影响人们的正常工作、学习和生活。

（二）噪声

噪声，从物理学观点来看，是指声波的频率和强弱变化毫无规律、杂乱无章的声音；从心理学上说，是指人们不需要的，使人厌烦并干扰人的正常生活、工作和休息的声音。因此，噪声不仅取决于声音的物理性质，还与人的生活状态、主观感受有关。即使相同的声音，有些人很喜欢且愿意听，而有些人可能感到厌恶。例如，美妙的音乐对于需要安静的人来说是不需要的声音，是噪声。

（三）噪声污染

当噪声超过了人们所能容忍的程度，就形成了噪声污染。在《中华人民共和国环境噪声污染防治法》中，把超过国家规定的环境噪声排放标准，干扰他人正常生活、工作和学习的现象称为环境噪声污染。环境噪声污染是当代社会的四大公害之一。它具有主观性，影响的不积累性和不持久性，传播距离的有限性，以及污染的无后效性等特征。

二、噪声的分类

（一）按噪声的产生机理划分

按照噪声的产生机理，噪声可分为3种：机械噪声、空气动力性噪声、电磁性噪声。

1. 机械噪声

指机械部件之间在摩擦力、撞击力和非平衡力的作用下振动而产生的噪声，如粉碎机、织布机、球磨机、车床等发出的噪声。机械噪声的强弱特征与受振部件的大小、形状、边界条件、激振力密切相关。

2. 空气动力性噪声

指高速、不稳定气流，以及由于气流与物体相互作用产生的噪声，如锅炉排气、气流流经阀门、飞机螺旋桨转动、压缩机等进排气时产生的噪声。其特征与气流的压力、流速等因素有关。

3. 电磁性噪声

指电磁场的交替变化引起某些机械部件或空间容积振动产生的噪声，如电动机、发电机、变压器和日光灯镇流器等发出的噪声。其特征主要取决于交变磁场强弱、被激发振动部件和空间的大小形状等。

（二）按噪声的来源划分

按照噪声来源的不同，噪声可分为交通运输噪声、工业生产噪声、建筑施工噪声和社会生活噪声。

1. 交通运输噪声

交通运输噪声是指汽车、飞机、火车、轮船、拖拉机、摩托车等交通运输工具在启动、运行和停止过程中发出的喇叭声、汽笛声、刹车声、排气声等各种噪声。此类噪声源由于具有流动性，其影响范围广、受害人数多，是我国城市的主要噪声源。有资料表明，城市环境噪声的70％来自于交通运输噪声。表5-1是典型机动车所造成的噪声污染情况表。

表 5-1 典型机动车辆噪声级范围

车辆类型	加速时噪声级/dB（A）	匀速时噪声级/dB（A）
重型货车	89～93	84～89
中型货车	85～91	79～85
轻型货车	82～90	76～84
公共汽车	82～89	80～85
中型汽车	83～86	73～77
小轿车	78～84	69～74
摩托车	81～90	75～83
拖拉机	83～90	79～88

注：引自魏振枢等，环境保护概论，2007。

2. 工业生产噪声

工业生产噪声是指工业生产过程中机器高速运转、摩擦及振动产生的噪声，包括通风机、鼓风机、空气压缩机等空气振动产生的噪声，车床、电锯、碎石机、球磨机等固体振动产生的机械噪声，以及发动机、变压器等电磁力作用产生的噪声。工业噪声一般声级高（见表5-2），连续时间长，对生产工人和周围居民造成较大影响，成为职业性耳聋的主要原因。但是工业噪声源比较固定，污染范围比交通噪声要小得多，防治措施相对也容易些。

表 5-2 典型工业设备产生的噪声级范围

设备名称	噪声级/dB(A)	设备名称	噪声级/dB(A)
轧钢机	92～107	柴油机	110～125
切管机	100～105	汽油机	95～110
气锤	95～105	球磨机	100～120
鼓风机	95～115	织布机	100～105
空压机	85～95	纺纱机	90～100
车床	82～87	印刷机	80～95
电锯	100～105	蒸汽机	75～80
电刨	100～120	超声波清洗机	90～100

注：引自王光辉，环境工程导论，2006。

3. 建筑施工噪声

建筑施工噪声是指建筑施工现场的打桩机、搅拌机、升降机、推土机、挖掘机，以及运输材料和构件等产生的噪声。此类噪声虽然具有暂时性，但随着我国城市化进程加快，维修和兴建工程数量范围不断扩大，建筑施工噪声的影响越来越大。表5-3是建筑施工机械的噪声级范围。

表 5-3 建筑施工机械的噪声级范围

机械名称	距声源15m处的噪声级/dB(A)	机械名称	距声源15m处的噪声级/dB(A)
打桩机	95～105	推土机	80～95
挖土机	70～95	铺路机	80～90
混凝土搅拌机	75～90	凿岩机	80～100
固定式起重机	80～90	风镐	80～100

注：引自吴彩斌，环境学概论，2007。

4. 社会生活噪声

社会生活噪声是指娱乐场所、商业活动中心、运动场所等各种社会活动产生的喧闹声，以及影碟机、电视机、洗衣机等家庭生活过程中使用的各种家电产生的嘈杂声。这类噪声一般在80dB以下（见表5-4），虽然对人体没有直接危害，但却能干扰人们正常的工作、学习和休息。

表 5-4 部分家庭常用设备的噪声级范围

家庭常用设备	噪声级/dB(A)	家庭常用设备	噪声级/dB(A)
洗衣机、缝纫机	50～80	电冰箱	30～58
电视机、除尘器及抽水马桶	60～84	电风扇	30～68
钢琴	62～96	食物搅拌器	65～80
通风机、吹风机	50～75		

注：引自左玉辉，环境学，2010。

三、噪声的危害

噪声的危害主要取决于频率和声压级的高低，同样强度下，中高频声危害更大。噪声不仅影响人体生理，还会对人的心理、生产生活、孕妇和胎儿、动物及物质结构等造成损伤。

（一）对人体的生理影响

噪声对人体生理的影响主要表现为听力损伤、干扰睡眠、影响交谈和思考、诱发各种疾病、影响儿童智力等。

1. 听力损伤

听力损伤是指人耳暴露在噪声环境前后听觉灵敏度的变化，是噪声对人体危害的最直接表现。听力损伤既可能是暂时的，也可能是永久性。当人初进入噪声环境中，常会感到烦恼、难受、耳鸣，甚至出现听觉器官的敏感性下降，听不清一般说话声，但这种情况持续时间并不长，到安静环境时，较短的时间即可恢复，这种现象称为听觉适应。如果长年无防护地在较强的噪声环境中工作，在离开噪声环境后听觉敏感性的恢复就会延长，且症状随接触次数增加及时间延长而加重，这种可以恢复的听力损失称为听觉疲劳。如果上述情况反复出现，进而发生听力丧失而成为噪声性耳聋。

一般来说，听力损失在 10dB 之内，尚认为是正常的；听力损失在 30dB 以内，称为轻度性耳聋；听力损失在 60dB 以上者，称为重度噪声性耳聋。当听力损失在 80dB 时，就是在耳边大喊大叫也听不到了。据调查，在高噪声车间里，噪声性耳聋的发病率有时可达 50%～60%，甚至高达 90%。目前大多数国家听力保护标准定为 90dB（A），但在此噪声标准下工作 40 年后，噪声性耳聋发病率仍在 20% 左右。因此噪声的危害关键在于它的长期作用。表 5-5 是长期在不同噪声级下耳聋发病率统计情况表。

表 5-5　不同噪声级下长期工作时耳聋发病率统计

噪声级/dB(A)	国际统计/%	美国统计/%
80	0	0
85	10	8
90	21	18
95	29	28
100	41	40

注：引自王光辉，环境工程导论，2006。

2. 干扰睡眠

适当的睡眠是保证人体健康的重要因素，它能够调节人的新陈代谢，使人的大脑得到休息，从而消除疲劳、恢复体力。但是噪声会影响人的睡眠质量和数量，当睡眠受到干扰后，工作效率和身体健康都会受到影响，比如耳鸣多梦、疲劳无力、记忆力衰退等。试验表明，当人们在睡眠状态中，40～50dB（A）的噪声，就开始对人们的正常睡眠产生影响，40dB 的连续噪声级可使 10% 的人受影响，70dB 即可影响 50% 的人。突然响起的噪声，只要有 60dB（A），就能使 70% 的睡眠人惊醒。对睡眠和休息来说，噪声最大允许值为 50dB，理想值为 30dB。

3. 影响交谈和思考

噪声妨碍人们之间的交流和语言思维活动。这种妨碍，轻则降低人们的交流效率，重则损伤语言听力。研究表明，在 50～60dB（A）的较吵环境中，人们的脑力劳动受到影响，谈话也受到干扰。若噪声高于 65dB（A）时，谈话会进行得很困难，随着噪声的增加甚至出现听不清和不能对话现象。表 5-6 是噪声对交谈的干扰情况表。

表 5-6　噪声对谈话的干扰情况

噪声级/dB(A)	主观反应	保持正常讲话距离/m	通信质量
45	安静	10	很好
55	稍吵	3.5	好
65	吵	1.2	较困难
75	很吵	0.3	困难
85	太吵	0.1	不可能

注：引自王光辉，环境工程导论，2006。

4. 诱发各种疾病

噪声对人体健康的危害，除听觉外，还会对神经系统、心血管系统、消化系统、内分泌系统等有影响。噪声长期作用于人的中枢神经系统，会引起失眠、多梦、头疼、头晕、记忆力减退、全身疲乏无力等神经衰弱症状。噪声可使神经紧张，引起血管痉挛、心跳加快、心律不齐、血压升高等病症。有调查表明，长期在强噪声环境中工作的人比在安静环境中工作的人心血管系统发病率要高。噪声对消化系统的影响主要表现为胃肠蠕动缓慢、胃液分泌量降低，引发消化不良、食欲不振、胃溃疡等消化系统疾病。噪声也会对人的内分泌机能产生不良影响，导致女性的性机能紊乱、月经失调、孕妇流产率高等。

5. 影响儿童智力

噪声对儿童身心健康影响更大。由于儿童发育尚未成熟，各组织器官十分脆弱和娇嫩，更容易被噪声损伤听觉器官，使听力减退或丧失。长期暴露于噪声中的儿童比安静环境的儿童血压要高，智力发育略微迟缓。据调查测试，吵闹环境下的儿童智力发育比安静环境中的低20%。

（二）对人的心理影响

噪声引起的心理影响主要是使人烦恼、激动、易怒，甚至失去理智。在日本，曾有过因为受不了火车噪声的刺激而精神错乱，最后自杀的例子。一般来说，噪声越强，引起人们烦恼的可能性越大。短促强烈的噪声比连续噪声引起的烦恼要大，人为噪声（如机器声）比同样响的自然界声音（风声等）更令人生厌，夜间的噪声比白天更易引起烦恼。当然，由于不同人听觉适应性的差异性，其对于噪声的烦恼程度也有所不同。

（三）对孕妇和胎儿的影响

许多研究表明，强烈的噪声对孕妇和胎儿会产生诸多不良的后果。接触强烈噪声的妇女，其妊娠呕吐的发生频率和妊娠高血压综合征的发生率更高，对胎儿也会产生许多不良的影响。噪声使母体产生紧张反应，引起子宫血管收缩，导致供给胎儿发育所必需的养料和氧气受到影响，从而减轻胎儿体重，甚至发生畸形。对机场附近居民的初步研究发现，噪声与胎儿畸形、婴儿体重减轻具有密切关系。为了妇女及其子女的健康，妇女在怀孕期间应该避免接触超过卫生标准（85dB）的噪声。

（四）对生产生活的影响

在嘈杂的环境中，人的心情烦躁、容易疲劳、反应迟钝、注意力不集中、工作效率下降，工伤事故增加。另外，由于噪声的掩蔽效应（即一个声音为另一个声音所掩盖，一般如果大声源超过小声源10dB，小声源就被掩盖），使人听不到事故的前兆及各种报警信号，导致发生伤亡事故，影响安全生产。因此，我国制定并公布了《工业企业噪声卫生标准》，对生产车间和工作场所的噪声作了明确规定。

（五）对动物的影响

噪声可影响动物的听觉器官、内脏器官和中枢神经系统并使其发生病理性改变。根据测定，120～130dB（A）的噪声能引起听觉器官的病变，130～150dB（A）的噪声能引起动物听觉器官的损伤和其他器官的病变，150dB（A）以上的噪声能造成动物内脏器官发生损伤，甚至死亡。把实验兔放在非常吵的工业噪声环境下10周，发现其血胆固醇比同样饮食条件下安静环境中的兔子要高得多；在更强的噪声作用下，兔子的体温升高、心跳紊乱、耳朵全聋，眼睛也暂时失明，生殖和内分泌的规律也发生变化。

（六）对物质结构的影响

对于150dB（A）以上的噪声，由于声波的振动，可使金属结构产生裂纹和断裂现象，这种现象叫声疲劳。实验测试表明，一块0.6mm的铝板，在168dB（A）的无规律噪声作用下，只要15min就会断裂。建筑物在150dB（A）以上的强噪声作用下会发生墙体震裂、门窗破坏，甚至出现烟囱和老建筑坍塌。高精度的灵敏自控设备和遥控设备会因声疲劳而失灵，导致严重的航空或航天事故。

四、噪声的评价

噪声作为一种声音，具有一切声学的特征和规律。对于噪声的评价有两种方法，其一是把噪声看作物理波，用声波的物理量来反映其客观特征，即为噪声的客观量度；其二是根据人耳感觉到的强弱刺激程度来衡量，即为噪声的主观评价。

（一）噪声的客观量度

噪声的客观量度指标通常有声频、声压和声压级等。

1. 声频

声频也称声波的频率，是指声音在传播过程中媒介质点每秒振动的次数，单位为赫兹（Hz）。声波频率的高低反映声调的高低，频率高，声音尖锐；频率低，声调低沉。人耳听到的声波频率范围为20～20000Hz。20Hz以下的声波为次声波，20000Hz以上的声波为超声波。人耳最敏感的声波频率为1000～4000Hz，随着声波频率的降低，听觉逐渐迟钝。

2. 声压

声压是指声波在空气中传播过程时，空气压力相对于大气压的差值，单位为帕斯卡（Pa）。声压反映了沿声波传播方向空气密度的疏密变化，是声波扰动空气后大气压强的增量值。比起大气压强，声压要小得多，如高声讲话时，距声源1m处声压不过0.05～0.1Pa，不到大气压强的百万分之一。

3. 声压级

人耳刚能听到的声音的声压值为2×10^{-5}Pa（即听阈声压），最高能忍受的声压值为20Pa，两者相差100万倍。另一方面，人们对声音大小的感觉不是与声压值成正比，而与声压值的对数有关。由此引入了声压级（sound pressure level），用"L_p"表示，单位为分贝（dB）。

所谓声压级，是指待测声压有效值P_e与参考声压P_0的比值取常用对数再乘以20所得结果，其定义式如下：

$$L_p = 20 \lg \frac{P_e}{P_0} \tag{5-1}$$

式中，L_p为声压级，dB；P_e为声压的有效值，Pa；P_0为参考声压，即正常人耳对1000Hz声音刚能够察觉到的最低声压值，取值2×10^{-5}Pa。

（二）噪声的主观评价

噪声主观评价指标通常有 A 声级、等效连续 A 声级和统计 A 声级等。

1. A 声级

声压级只反映了人们随声音强度的感觉，不能反映人们对频率的感觉。为了同时表达声压级和频率对人们的影响，就提出了噪声级。噪声级可用噪声计测量。噪声计中设有 A、B、C 三种计权网络，由 A 网络测出的噪声级称为 A 声级，计作 dB(A)。A 网络可将声音的低频大部分滤掉，能较好地模拟人耳的听觉特征，较好地反映出人们对噪声吵闹的主观感觉。因此，A 声级被广泛采用衡量噪声的强弱。

2. 等效连续 A 声级

A 声级能较好反映人耳对噪声强度和频率的主观感受，对于一个连续稳定的噪声，A 声级是较好的评价指标，但对于一个起伏或不连续的噪声，该指标就不合适了。因此，为了较准确评价噪声的强弱，1971 年国际标准化组织公布了等效连续 A 声级，其可用下式计算：

$$L_{eq} = 10 \lg \left(\frac{1}{n} \sum_{i=1}^{n} 10^{\frac{L_i}{10}} \right) \tag{5-2}$$

式中，L_{eq} 为等效连续 A 声级；L_i 为等间隔时间 t 所测得噪声级；n 为测得噪声级为 L_i 的总个数。

3. 统计 A 声级

统计 A 声级（用 L_N）主要表达噪声的时间分布特征。常见的有：L_{10} 为 10% 的时间内所超过的噪声级，L_{50} 为 50% 的时间内所超过的噪声级，L_{90} 为 90% 的时间内所超过的噪声级。例如，$L_{10}=70$ dB，表示一天（或测量噪声的时段）内有 10% 的时间噪声超过 70dB(A)，90% 的时间，噪声都低于 70dB(A)。

五、噪声污染控制

（一）噪声标准

噪声标准是噪声控制的基本依据。目前，我国已经制定了声环境质量标准、工业企业噪声标准、交通运输噪声限制标准、建筑施工场界环境噪声排放标准和社会环境噪声排放标准等噪声标准。

1. 声环境质量标准

《声环境质量标准》（GB 3096—2008）按照区域使用功能特点和环境质量要求，对于 5 种不同类型的声环境功能区，确定了环境噪声限制要求（见表 5-7）。

表 5-7 《声环境质量标准》（GB 3096—2008）中环境噪声限值 单位：dB(A)

声环境功能区类别		昼间	夜间	适用区域
0 类		50	40	康复疗养区等特别需要安静的区域
1 类		55	45	居民住宅、医疗卫生、文化教育、科研设计、行政办公为主要功能，需要保持安静的区域
2 类		60	50	以商业金融、集市贸易为主要功能，或者居住、商业、工业混杂，需要保护住宅安静的区域
3 类		65	55	以工业生产、仓储物流为主要功能，需要防止工业噪声对周围环境产生严重影响的区域
4 类	4a 类	70	55	高速公路、一级公路、二级公路、城市快速路、城市主干路、城市次干路、城市轨道交通（地面段）、内河航道两侧区域
	4b 类	70	60	铁路干线两侧区域

2. 工业企业噪声标准

工业企业噪声标准包括《工业企业厂界环境噪声排放标准》(GB 12348—2008) 和《工业企业设计卫生标准》(GB Z1—2010)。其中《工业企业厂界环境噪声排放标准》适用于工业企业噪声排放的管理、评价和控制,规定了工业企业和固定设备厂界环境噪声排放限值和测量方法 (见表 5-8)。《工业企业设计卫生标准》适用于新建、扩建、改建项目和技术改造、技术引进项目的职业卫生设计评价。该标准对工作场所噪声职业接触限值和非噪声工作地点噪声声级限制进行了明确要求 (见表 5-9 和表 5-10)。

表 5-8 工业企业厂界环境噪声排放限值 单位:dB(A)

厂边界外声环境功能区类别	昼间	夜间	适用区域
0 类	50	40	康复疗养区等特别需要安静的区域
1 类	55	45	居民住宅、医疗卫生、文化教育、科研设计、行政办公为主要功能,需要保持安静的区域
2 类	60	50	以商业金融、集市贸易为主要功能,或者居住、商业、工业混杂,需要保护住宅安静的区域
3 类	65	55	以工业生产、仓储物流为主要功能,需要防止工业噪声对周围环境产生严重影响的区域
4 类	70	55	交通干线两侧一定距离之内,需要防止交通噪声对周围环境产生严重影响的区域

表 5-9 工作场所噪声职业接触限值 单位:dB(A)

接触时间	接触限值	备注
5d/w,＝8h/d	85	非稳态噪声计算 8h 等效声级
5d/w,≠8h/d	85	计算 8h 等效声级
≠5d/w	85	计算 40h 等效声级

表 5-10 非噪声工作地点噪声限值 单位:dB(A)

地点名称	噪声声级	工效限值
噪声车间观察(值班)室	≤75	≤55
非噪声车间办公室、会议室	≤60	
主控室、精密加工室	≤70	

3. 交通运输噪声标准

城市噪声的 70% 来源于交通运输噪声。目前,我国已经制定并颁布的交通运输噪声限值标准有《汽车定置噪声标准》(GB 16170—1996)、《汽车加速行驶车外噪声限值及测量方法》(GB 1492—2002)、《摩托车和轻便摩托车噪声限值》(GB 16169—1996) 和《机动车辆允许噪声标准》(GB 1495—1979) 等。

4. 建筑施工场界环境噪声排放标准

《建筑施工场界环境噪声排放标准》(GB 12523—2011) 适用于城市建筑施工期间施工场地边界噪声排放控制,该标准规定昼间和夜间建筑施工场界环境噪声排放限值分别为 70dB(A) 和 55dB(A)。

5. 社会生活环境噪声排放标准

《社会生活环境噪声排放标准》(GB 22337—2008) 规定了营业性文化娱乐场所和商业经

营活动中可能产生环境噪声污染的设备、设施边界噪声排放限值和测量方法（见表 5-11），适用于对营业性文化娱乐场所、商业经营活动中使用的向环境排放噪声的设备、设施的管理、评价与控制。

表 5-11　社会生活噪声排放源边界噪声排放限值　　　　　单位：dB(A)

边界外声环境功能区类别	昼间	夜间	适用区域
0 类	50	40	康复疗养区等特别需要安静的区域
1 类	55	45	居民住宅、医疗卫生、文化教育、科研设计、行政办公为主要功能，需要保持安静的区域
2 类	60	50	以商业金融、集市贸易为主要功能，或者居住、商业、工业混杂，需要保护住宅安静的区域
3 类	65	55	以工业生产、仓储物流为主要功能，需要防止工业噪声对周围环境产生严重影响的区域
4 类	70	55	交通干线两侧一定距离之内，需要防止交通噪声对周围环境产生严重影响的区域

（二）噪声污染控制措施

噪声污染的发生必须具备三个要素，即噪声源、噪声传播途径和接收者，只有这三个要素同时存在，才会构成噪声污染。因此，噪声污染控制也只有从这三个方面综合考虑才能得到有效控制。

1. 控制噪声源

噪声源是噪声能量最集中地方，降低噪声源的噪声是控制和解决噪声污染的最根本方法。一般有两种方法，其一是通过选择低噪声的新材料、改进机械设计工艺和生产工艺、提高加工精度和配装精度或优化操作过程等途径降低噪声源的发生功率；其二是利用与所消除噪声的频谱完全相同，但相位完全相反的声音，通过叠加作用将噪声消除，也称有源消声，是噪声控制领域研究的新热点。

2. 控制噪声传播途径

控制噪声源虽是控制噪声污染的有效方法，但由于技术和条件的限制，实际难以实现。最常用的噪声污染控制措施是在传播途径上进行控制。主要包括合理布局强噪声分布区、利用自然屏障降低噪声、利用声源的指向性降低噪声和利用声学控制方法降低噪声等。

（1）合理布局强噪声分布区　通过城市规划将强噪声工厂或车间与居民区、文教区分隔开。在工厂内部把强噪声车间与生活区分开，将强噪声源尽量集中安排，便于集中治理。

（2）利用自然屏障降低噪声　利用天然地形、高大建筑物和绿化带等自然屏障阻断或屏蔽一部分噪声能量，以减轻噪声污染。例如，在噪声严重的工厂、施工现场或交通道路的两侧，设置足够高度的围墙或挡板、大量植树都可以使噪声强度衰减。一般几十米甚至上百米宽的林带可以降噪 10~20dB(A)，5m 左右宽的绿篱、乔灌木和草坪混合绿化带降噪效果可达 5dB（A）。

（3）利用声源的指向性降低噪声　高频噪声的指向性较强，可通过改变机器设备安装方位降低对周围的噪声污染。例如，把高压锅炉、压力容器的排气口朝向上空和朝向野外，避开生活区，可使噪声强度降低；把车间内高速排放管道引出室外上排，或把排气道引入地沟，都可以减轻噪声污染水平，改善车间声环境质量。

（4）利用声学控制方法降低噪声 通常利用局部声学控制降低噪声的方法有吸声、隔声和消声等。

① 吸声 吸声是控制室内噪声的常用方法，多用于办公室、会议室等室内空间。它主要利用多孔性吸声材料和共振吸声结构进行降噪。常用的多孔吸声材料有玻璃棉、矿渣棉、泡沫塑料等，当声波进入这些材料后，部分声能由于摩擦转化为热能消耗掉。多孔性吸声材料对于高频声具有较好的吸收效果。常用的共振吸声结构有穿孔薄板，对于低频声有较好的降噪效果。

② 隔声 隔声是采用隔声结构如隔声窗、隔声门、隔声室、隔声罩、隔声墙和轻质复合结构等把声能屏蔽，减少声辐射，从而降低噪声危害。在室内、室外均可采用，如轻轨、公路两侧、车间内部等。实际应用中，可将隔声结构与吸声材料、吸声结构结合，增强降噪效果。

③ 消声 消声是消除空气动力性噪声的方法，主要利用消声器实现噪声控制。消声器是一种允许气流通过，又能有效阻止或阻碍声能向外传播的装置。该装置一般安装在气流通过的管道中或进、排气口上，如在通风机、压缩机等设备的进出口管道中安装消声器，可降噪 20～40dB（A）。根据消声器原理可分为阻性消声器、抗性消声器和阻抗复合型消声器等。其中阻抗复合消声器既有吸声材料又有共振腔、扩张室等滤波元件，其消声量大、消声频率范围宽，已得到广泛应用。

3.噪声接收点防护

当采用噪声源和噪声传播途径控制方法依然存在噪声污染时，必须对处于噪声环境中的工作人员进行自身防护。可采用的方法包括佩戴个人防护用品如耳塞、耳罩、防声头盔、防声蜡面等，设置供专门作业用的隔声间或隔声罩，缩短在高噪声环境下的停留时间，减少作业者接受噪声的暴露量，实行噪声作业和非噪声作业轮换制，对作业人员进行定期听力检测等。

第二节 电磁辐射污染

自从 1831 年英国科学家法拉第发现了电磁感应现象以来，人类对电磁辐射的利用已经深入到了生产、科学研究和医疗卫生各个领域，并进入了人们的日常生活中。尤其 20 世纪末移动通信的普及，使人类进一步享受到电磁辐射所带来的便捷和活动空间的扩展。但是，随着电磁辐射的大规模应用，也带来了严重的电磁辐射污染。

一、电磁辐射污染定义

电磁辐射污染又称电磁波污染或射频辐射污染，是指以电磁波形式在空间传播的电磁辐射强度超过人体所能承受或仪器设备所容许的限度时，即产生了电磁辐射污染。由于电子技术的广泛应用，无线电广播、移动电话、电视以及微波技术发展，射频设备的功率提高及高压输电等，地面上空的电磁辐射大幅度增加。电磁辐射污染是一种无形污染，已成为人们非常关注的公害。

二、电磁辐射源

1.天然源

天然电磁辐射源是由自然现象引起的，包括雷电、宇宙射线、太阳辐射等（见表 5-

12）。其中以雷电辐射最为常见，雷电不但对仪器设备、飞机、轮船、建筑物等直接造成伤害外，还会在广大地区产生严重的电磁干扰。此外，地震、火山喷发和太阳黑子活动引起的磁暴等都会产生电磁干扰。天然的电磁辐射对于短波通信的干扰极为严重。

表 5-12　天然电磁辐射源

电磁分类	电磁辐射来源
宇宙电磁辐射源	宇宙间电子转移,银河系恒星爆炸等
太阳电磁辐射源	太阳黑子活动及黑体放射等
大气与空气电磁辐射源	自然界的火花放电、台风、雷电、火山喷发等

2. 人工源

人工电磁辐射源是由人工制造的电子设备与电气装置产生的（见表 5-13），主要包括以下 3 种。

表 5-13　人工电磁辐射源

分类		电磁辐射源设备名称	电磁辐射来源
放电所致的辐射源	电晕放电	电力线（送配电线）	由于高电压、大电流引起静电效应、电磁效应、大地漏泄电流所造成的
	辉光放电	放电管	白光灯、高压汞灯和其他放电管
	弧光放电	开关、电气铁路、放电管	点火系统、发电机、整流装置等
	火花放电	电器设备、发动机等	整流器、发电机、放电管和点火系统等
工频辐射场源		大功率输电线、电气设备、电气铁路等	高压电、大电流的电力线、电气设备等
射频辐射场源		无线电发射机、雷达	广播、电视与通信设备的发射与振荡系统
		高频加热设备、热合机、微波干燥机等	工业用射频设备的工作电路和振荡系统
		理疗机、治疗仪等	医学用射频利用设备工作电路和振荡系统
家用电器		微波炉、计算机、电磁炉、电热毯等	功率源为主
移动通信设备		手持式移动电话机、对讲机	天线为主
建筑物反射		高层楼群以及大的金属构件	墙壁、钢筋、吊车等

注：引自王玉梅等，环境学基础，2010。

（1）脉冲放电　指因电流强度短时间内波动较大，以致产生很强的电磁干扰，如切断大电流电路时产生的火花放电。它本质上与雷电相同，只是影响区域较小。

（2）工频辐射场源　指大功率输电线路所产生的电磁辐射，也包括其他放电型的电磁辐射源，其频率变化范围为数十至数百赫兹，如大功率变电器、发电机以及输电线等附近的电磁场。

（3）射频辐射场源　指射频设备或无线电设备工作过程中产生的电磁感应和电磁辐射，射频设备包括焊接、淬火、熔炼等，无线电设备有广播、电视、通信等。射频电磁辐射由于所涉频段宽，影响范围广，已成为电磁辐射污染的主要因素。重要的射频电磁辐射污染源如图 5-1 所示。

三、电磁辐射污染危害

（一）产生电磁干扰

射频设备、电源天线等向外辐射的电磁辐射可对一定范围内的各种电子设备正常工作造

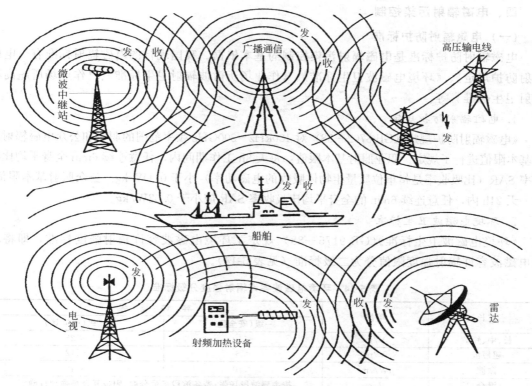

图 5-1 重要的射频电磁辐射源（据左玉辉，2010）

成干扰，使通信信息、信号失误或中断，引发严重后果。例如，在空中飞行的飞机，若通信和导航系统受到电磁干扰，就会同基地失去联系，可造成飞行事故；舰船上使用的通信、导航或遇险呼救频率受到电磁干扰，自动控制系统失灵，影响航海安全；在高压线网、电视发射台、转播台等附近家庭，电视机会被严重干扰，引起电视机屏幕上出现活动波纹、斜线，甚至图像消失；装有心脏起搏器的病人处于高电磁辐射的环境中，心脏起搏器的正常使用也会受到影响。

（二）引发爆炸等安全事故

在高频电磁辐射条件下，导弹制导系统会控制失灵、电爆管的效应反应异常，金属器件之间相互碰撞发生打火现象。因此，高场强电磁辐射会引发火花而导致可燃油类、气体和武器弹药燃烧、爆炸等安全事故。

（三）危害人体健康

电磁辐射可以穿透人体在内的多种物质。电磁辐射对人体健康的危害与设备功率、辐射频率、辐射时间、距离、作业人员的年龄及性别等密切相关。一般设备输出功率越大、辐射能的波长越短，离辐射源越近，连续辐射时间越长，对人体健康影响就越大；相对而言，脉冲波对人体的影响比连续波严重，儿童、女性和老人对射频辐射刺激敏感性更大。

电磁辐射是以热效应和非热效应方式作用于人体，使人体温度升高，导致身体发生机能性障碍、免疫力下降，造成神经系统、循环系统及代谢功能紊乱。主要表现为失眠、头痛、头晕、记忆力减退，食欲不振，心悸、心动过缓、心电图和脑电图异常，视觉疲劳、眼睛干涩、诱发白内障。此外，长期处于高电磁辐射环境中，会使血液、淋巴液和细胞原生质发生改变，严重的可诱发癌症，并加速癌细胞的增殖。

四、电磁辐射污染控制

(一) 电磁辐射防护标准

电磁辐射防护标准是电磁辐射污染控制的基本依据。我国现行的电磁辐射标准有《电磁辐射防护规定》、《环境电磁波卫生标准》、《作业场所微波辐射卫生标准》、《作业场所超高频辐射卫生标准》等。

1. 电磁辐射防护规定

《电磁辐射防护规定》(GB 8702—88) 对 100kHz～300GHz 频率范围的职业和公众电磁辐射防护基本限值进行了规定。职业照射基本限值：每天 8h 工作期间内，任意连续 6min 全身平均比吸收率 SAR（比吸收率是指单位质量生物体吸收的电磁功率）小于 0.1W/kg。公众照射基本限值：在一天 24h 内，任意连续 6min 的全身平均比吸收率 SAR 应小于 0.02W/kg。

2. 环境电磁波卫生标准

《环境电磁波卫生标准》(GB 9175—88) 规定了环境电磁波容许辐射强度标准，即将环境电磁波容许辐射强度限值分为二级标准（见表 5-14）。

表 5-14　环境电磁波容许辐射强度分级标准

波长	单位	容 许 场 强	
		一级（安全区）	二级（中间区）
长、中、短波	V/m	<10	<25
超短波	V/m	<6	<12
微波	μW/cm^2	<10	<40
混合	V/m	按主要波段场强；若各波段场强分散，则按复合场强加权确定	

一级标准为安全区，指在该环境电磁波强度下长期居住、工作、生活的一切人群（包括婴儿、孕妇和老弱病残者），均不会受到任何有害影响的区域；新建、改建或扩建电台、电视台和雷达站等发射天线，在其居民覆盖区内，必须符合"一级标准"的要求。

二级标准为中间区，指在该环境电磁波强度下长期居住、工作和生活的一切人群（包括婴儿、孕妇和老弱病残者）可能引起潜在性不良反应的区域；在此区内可建造工厂和机关，但不许建造居民住宅、学校、医院和疗养院等，已建造的必须采取适当的防护措施。

超过二级标准地区，对人体可带来有害影响，在此区内可作绿化或种植农作物，但禁止建造居民住宅及人群经常活动的一切公共设施，如机关、工厂、商店和影剧院等；如在此区内已有这些建筑，则应采取措施，或限制辐射时间。

3. 作业场所微波辐射卫生标准

《作业场所微波辐射卫生标准》(GB 10436—89) 规定了接触微波辐射的各类作业场所的卫生标准（见表 5-15），但不包括居民所受环境辐射及接受微波诊断或治疗的辐射。

表 5-15　作业场所微波辐射卫生标准

辐射条件	8 小时日容许功率密度 /(μW/cm^2)	日剂量限值 /(μW·h/cm^2)	<8 小时日容许功率密度 /(μW/cm^2)
连续波或脉冲波非固定辐射	50	400	400/t
脉冲波固定辐射	25	200	200/t
肢体局部辐射	500	4000	4000/t

注：1. t 为暴露时间，单位为小时。

2. 短时间最大暴露限值不得超过 5mW/cm^2。

3. 在超过 1mW/cm^2 条件下，除按日剂量容许暴露时间外，还需使用个人防护。

4. 作业场所超高频辐射卫生标准

《作业场所超高频辐射卫生标准》(GB 10437—89) 规定了作业场所超高频辐射的容许限值及测试方法，适用于接触超高频辐射的所有作业。其中连续波：一日内 8h 暴露时不得超过 0.05m W/cm^2(14V/m)；4h 暴露时不得超过 0.1m W/cm^2(19V/m)。脉冲波：一日内 8h 暴露时不得超过 0.025m W/cm^2(10V/m)；4h 暴露时不得超过 0.05m W/cm^2(14V/m)。

（二）电磁辐射污染控制措施

电磁辐射污染主要有两种传播途径，一是通过空间直接辐射，二是借助电磁耦合由线路传导。因此控制电磁辐射污染可从两个方面考虑，即将电磁辐射的强度减小到容许的强度和将有害影响限制在一定的空间范围。

1. 电磁屏蔽

在电磁辐射传播的途径中安装电磁屏蔽装置，使有害的电磁强度降低到容许范围内，从而达到防止电磁辐射污染的目的。当电磁辐射作用于屏蔽体时，受电磁感应，屏蔽体产生与场源电流方向相反的感应电流而生成反向磁力线，这种磁力线与场源磁力线相抵消，达到屏蔽效果。一般来说，频率越高，屏蔽体越厚，材料导电性能越好，屏蔽效果就越好。电磁屏蔽可分为有源场屏蔽和无源场屏蔽两类。前者是把电磁辐射污染用良好的接地屏蔽壳体包围起来，以防止它对壳体外部环境的影响；后者是用屏蔽壳体包围需要保护的区域，以防止外部的电磁辐射污染源对壳体内部环境产生干扰。常用的电磁屏蔽装置包括屏蔽罩、屏蔽室、屏蔽衣、屏蔽头盔和屏蔽眼罩等。

2. 电磁吸收

采用某种能对电磁辐射产生强烈吸收作用的材料布设于场源的外围，以防止大范围的电磁辐射污染。应用吸收材料对电磁辐射污染进行防护，大多在要求将电磁辐射能大幅度衰减的场合使用，如微波设备调试过程中。常用的吸收材料利用各种塑料、橡胶、胶木、陶瓷等加入铁粉、石墨、木材和水等物质制成。另外，还可用等效天线吸收电磁辐射能。

3. 远距离控制和自动作业

根据射频电磁场，特别是中、短波，其场强随距场源距离的增大而迅速衰减的原理，采取对射频设备远距离控制或自动化作业，可显著较少电磁辐射能对操作人员的损伤。

4. 线路滤波

为了减少或消除电源线可能传播的射频信号和电磁辐射能，可在电源线和设备交接处加装电源（低通）滤波器，保证低频信号畅通，将高频信号滤除，起到对高频传导去除的作用。

5. 合理规划电磁辐射分布区

严格按照《环境电磁波卫生标准》(GB 9175—88) 等相关电磁辐射防护标准，合理规划布局电磁辐射分布区。例如，对不同电视发射台进行合理规划布局，避免相互干扰；划出适宜的安全防护距离；在电视塔附近不规划建设高层建筑、居民区和学校。

6. 个人防护

正确使用移动电话，尽量减少每次通话时间。在电磁辐射环境中的工作人员应配备电磁辐射防护用品，如防护头盔、防护服、防护眼罩等。

第三节　光　污　染

一、光和光污染

（一）光

光的本质是电磁波。依据波长可将光分为红外光、可见光和紫外光三类。红外光是红光以外的不可视光波，其波长范围为 760～1000nm，红外光的热辐射占整个太阳光热能的50%。可见光是人们肉眼能够看到的光波，由红、橙、黄、绿、青、蓝、紫七种光波组成，波长范围为 390～760nm。紫外光是波长低于紫光的一组高频率光波，其波长范围为100～400nm，紫外光的波长短、能量大，造成的伤害就越严重。

（二）光污染

光是人类不可缺少的，但过强、过滥、变化无常的光，也会对人体、环境造成不良影响。所谓光污染，是指过量的光辐射对生活、生产环境和人体健康造成的不良影响。光污染主要来源于人类生存环境中的日光、灯光和各种反射、折射光源所造成的过量和不协调光辐射。

二、光污染分类

按照光线特征可将光污染划分为可见光污染、红外光污染和紫外光污染。其中可见光污染又可细分为眩光污染、灯光污染、视觉污染。

（一）可见光污染

1. 眩光污染

眩光是指视野中亮度分布或亮度范围不适宜，或存在极端的对比，以致引起不舒服感觉或降低观察细部或目标的能力的视觉现象。眩光污染是由于各种光源（包括自然光、人工直接照射或反射、透射而形成的新光源）的亮度过量或不恰当进入人眼，对人的心理、生理和生活环境造成不良影响的现象。例如，车站、机场、控制室、舞厅过多闪动的灯光，以及电视中为渲染气氛而快速切换画面，使人感觉不舒服，即属于眩光污染；汽车夜间行驶使用的远光灯，球场和厂房中布置不合理的照明设施也会造成眩光污染。

2. 灯光污染

灯光污染在城市较为常见。例如，城市夜间不加控制，使夜空亮度增加，影响天文观测；路灯控制不当或建筑工地安装的聚光灯，照进住宅，影响居民休息等。

3. 视觉污染

杂散光所形成的视觉污染是可见光污染的又一种形式。在现代城市，宾馆、饭店、歌舞厅和写字楼等建筑物使用钢化玻璃、釉面砖、铝合金、磨光大理石及高级涂面等来装饰外墙，在太阳光的强烈照射下，这些装饰材料的反射光比一般的绿地、森林和深色装饰材料大10 倍左右，大大超过了人眼所能承受的范围。

（二）红外光污染

近年来，随着红外光在军事、科研、工业、卫生等方面应用的日益广泛，由此产生了红外光污染。红外光通过高温灼伤人的皮肤，还可透过眼睛角膜对视网膜造成伤害，波长较长的红外光还能伤害人眼的角膜。

（三）紫外光污染

波长为 220～320nm 的紫外光对人具有伤害作用，轻者引起红斑反应，重者可导致弥漫性或急性角膜结膜炎、眼部灼烧、高度畏光、流泪和脸痉挛等症状。紫外光污染主要来源于电焊、紫外线杀菌消毒等。

三、光污染危害

（一）对视觉和皮肤的危害

眼睛和皮肤是首先接触光源的，成为光污染的第一受害者。研究发现，长时间在光污染环境下工作和生活的人，视网膜和虹膜都会受到不同程度的损害，视力急剧下降，甚至可失明，白内障发病率高达 45%。过量的紫外线和红外光照射，可使皮肤表面产生水泡和皮肤表面损伤，严重的可使皮下组织的血液和深层组织受损，形成类似一度或二度烧伤，皮肤癌的发病率也相应增加。

（二）对人体健康危害

光污染会使人正常的生物节律受到破坏，产生失眠、大脑疲劳和神经衰弱，致使精力不振；还可导致神经功能失调，扰乱体内的自然平衡，引起头晕目眩、食欲不振、困倦乏力和精神紧张等症状。最新研究表明，光污染还会影响人的心理健康。此外，在紫外光作用下，大气中的污染物 HC 和 NO_x 会发生光化学反应产生光化学烟雾，对人体健康造成间接危害。

（三）其他方面危害

夜间迎面驶来汽车远光灯所产生的强光，会使人眼受到强烈刺激，视物极度不清，很容易诱发车祸，造成交通安全事故。过度的城市夜景照明对天文观测造成严重影响，国际天文学联合会已将光污染列为影响天文学工作的四大现代污染之一。另外，光污染还会伤害鸟类和昆虫，强光可能破坏昆虫在夜间的正常繁殖过程。

四、光污染控制

（一）制定光污染控制标准

光污染控制标准是有效控制各种光污染的基础和依据。国际上对商业或混合居住区的建筑墙面照度一般规定为 50 勒克斯（lx），灯具的光强度为 2500 坎德拉（cd）；居住区的照度为 $10\sim20$lx，灯具的光强度为 $500\sim1000$cd。我国很多城市出台了关于光污染的规范和法规。例如，天津市于 1999 年颁布了我国第一个关于夜景照明的技术规范《城市夜景照明技术规范》，原建设部分别于 1996 年和 1997 年颁布了《幕墙工程技术规范》和《加强建筑幕墙工程管理的暂行规定》。另外，为了控制机动车灯光污染，我国出台了机动车配光标准，如 GB 5920—94、GB 4660—94、GB 4599—94 等。这些规范、规定和标准为控制我国光污染提供了重要依据。

（二）合理规划布局光污染源

利用城市规划合理布局光污染源，尤其对玻璃幕墙进行控制，要根据环境、气候和功能要求，尽量让玻璃幕墙建筑远离交通路口、繁华地段和住宅区，限制玻璃幕墙的广泛分布和过于集中，避免在并列和相对的建筑物上采用玻璃幕墙。

（三）科学使用建筑材料

要从降低光污染的角度选择建筑物装修材料，尽量选择反射系数低的材料，减少玻璃、大理石、铝合金等反射系数高的材料使用。

（四）加强安全防护

在紫外光和红外光污染的场所，采用必要的安全防护措施。例如采用屏蔽防护措施，缩短紫外光杀菌灯的使用时间，避免灼伤人的皮肤等。对于夜景照明光污染，可采用截光、遮光、增加遮光格栅、应用绿色照明光源等措施加强防护。对于个人防护，可戴防护眼镜和防护面罩。常用的光污染防护镜有反射型防护镜、吸收型防护镜、爆炸型防护镜、光化学反应型防护镜、光电型防护镜、变色微晶玻璃型防护镜等。

第四节　热　污　染

随着科技水平的提高和社会生产力的不断发展，能源消费量快速增长。在能源消费和转换过程中，不仅产生了直接危害人类的污染物，还产生了对人体无直接危害的 CO_2、水蒸气和热废水等。这些物质对环境产生增温作用，使全球气候趋于变暖，对人类和生态系统的影响日益显著。

一、热污染定义

热污染是指不断现代化的工农业生产和人类生活所排放的大量废热及 CO_2 等具有增温作用的化学物质，造成局部水体和大气温度异常上升，使原有环境物理条件改变的现象。

导致热污染的原因主要包括两个方面，其一是能源未能有效合理利用，如工业生产过程中的燃料燃烧和化学反应产生的热量，一部分转化为产品，另一部分以废热形式直接排入环境；而转化为产品形式的热量，最终也通过不同途径释放到环境中。其二是人类不科学的生产和生活行为，如温室气体排放，通过大气温室效应，引起大气增温；消耗臭氧层物质的排放，破坏大气臭氧层，导致太阳辐射增强；森林资源破坏，造成温室气体在自然界的动态平衡被打破，加剧温室效应；不合理规划布局造成"热岛效应"等。

二、热污染分类

热污染主要包括水体热污染和大气热污染两种类型。

（一）水体热污染

水体热污染是指火力发电厂、核电站、钢铁厂的循环冷却系统排出的热水，以及石油、化学、铸造、造纸等工业排出的含有大量废热的废水，排入地表水体后，导致受纳水体温度急剧升高的现象。以火力发电为例，在燃料燃烧的能量中，40％转化为电能，12％随烟气排放，48％随冷水进入到水体中。在核电站，能耗的33％转化为电能，其余67％均变为废热全部转入水中。据统计，排入水体的热量，大约80％来自发电厂。这些工业冷却水，如不循环使用，直接排入河流、湖泊等水体会产生严重危害。

（二）大气热污染

大气热污染是指大量燃料消费所产生的 CO_2 等温室气体排入大气，使温室效应加剧，导致大气平均温度升高的现象。大气热污染将改变大气环流，出现大范围天气异常，尤其旱涝等灾害天气增多。大气温度上升可导致全球气候变暖和极地冰层融化。

三、热污染危害

（一）水体热污染危害

1. 使水体溶解氧含量降低

水温升高可引起水中氧气逸出，降低水体中溶解氧含量；同时，水生生物的代谢和底泥中有机物的生物降解过程加快而加速氧耗，造成水中溶解氧缺乏，使水质恶化。

2. 加剧水体富营养化

水体增温对富营养化的影响表现在两个方面：其一是增温可增加水体中的氮、磷含量。研究表明，增温可以促进有机物的分解过程，使水体中无机盐浓度增高；同时增温又使水体中溶解氧下降，使底泥处于厌氧状态，而厌氧条件下又加快了底泥中氮磷的释放。其二是增温可改变浮游植物群落组成，使喜温的蓝藻、绿藻种类增加。这些种类是水体富营养化藻类的主要成分；同时，增温也使浮游植物繁殖加快，数量和生物量明显增加，进一步加剧水体的富营养化程度。

3. 影响水生生物生长

水体增温使水中的溶解氧减少，水体处于缺氧状态，同时又使水生生物代谢增高而需要更多溶解氧，造成一些水生生物在高温作用下发育受阻或死亡，引发鱼类等水生动植物死亡，破坏水体生态平衡，影响渔业生产。

4. 降低冷却效率，造成资源浪费

对于电厂来说，水温升高直接影响到电厂的热机效率和发电的煤耗和油耗。因此，含热废水引起水体增温，导致冷却效率下降，不仅影响了热机效率，还增加了对煤、油、水等资源的消耗，造成极大的资源浪费。

（二）大气热污染的危害

1. 全球气候变暖

大量 CO_2 等温室气体的排放，更多的热量通过温室效应保留在大气中，使地球大气的平均温度增加，全球气候变暖。大气温度的升高，不仅改变了大气环流，使大气正常的热量输送受到影响，导致旱涝等极端气候事件出现的可能性增加；同时，持续的升温，使南北两极的冰层大量融化，无数动物因此失去赖以生存的栖息地。

2. 影响农业生产

钢铁厂、化工厂和造纸厂等工业生产及居民生活向大气排放的大量废热气或热水，使地面、水面等下垫面增温，形成逆温，导致地面上升气流减弱，阻碍云雨形成，造成局部地区干旱少雨，影响农作物生长。

3. 产生城市"热岛"效应

城市的快速发展，越来越多的城市地表被建筑物、混凝土和柏油覆盖，绿地和水面减少，使蒸发减弱。同时，工厂、汽车、空调、家庭炉灶和饭店等排热机器释放出大量废热进入大气，造成了城市中心区的温度明显高于城市郊区。据统计，大城市市中心和郊区温差在5℃以上，中等城市在4~5℃，小城市约为3℃。尤其像我国南京、重庆、武汉等城市的市内外温差有时高达7~8℃。

4. 危害人体健康

热污染导致空气温度升高，为蚊子、苍蝇、跳蚤以及病原体、微生物等提供了较好的滋生条件及传播机制，也增强了致病病毒或细菌的耐热性，造成疟疾、登革热、血吸虫、流脑等传染病的流行，特别是以蚊虫为媒介的传染病激增。

四、热污染防治

随着现代工业的发展和人口不断增长，环境热污染日趋严重。但目前尚未有一个量值来规定其污染程度。因此，热污染防治的当务之急是尽快制定环境热污染的控制标准，同时采取切实可行的防治措施。

（一）制定热污染控制标准

对水体热污染的控制，通常采用控制受纳水体温度升高范围办法。例如，《地表水质量标准》（GB 3838—2002）规定：人为造成的环境水温变化应限制在，周平均最大温升≤1℃、周平均最大温降≤2℃。《海水水质标准》（GB 3097—1997）规定：人为造成的海水温升夏季不超过当时当地水温1℃，其他季节不超过当时当地水温2℃，最大不超过当时当地水温4℃。也有控制排放水水温的，如《污水排入城镇下水道水质标准》（CJ 343—2010）规定：超过40℃的水不允许直接排入下水道和附近地表水体。现急需制定《冷却水排放标准》。大气热污染控制标准和相关法律法规目前几乎处于空白。

（二）废热的综合利用

充分利用工业的余热，是减少热污染的最主要措施。生产过程中的余热有高温烟气余热、高温产品余热、冷却介质余热和废气废水余热等。这些余热都是可利用的二次能源。我国每年可利用的工业余热相当于 5000 万吨标准煤的发热量。在冶金、发电、化工、建材等行业，通过热交换器利用余热可预热空气、干燥产品、生产蒸汽、供应热水等。对于压力高、温度高的废气，可通过汽轮机等动力机械直接将热能转化为机械能。

（三）加强隔热保温，防止热损失

在工业生产中，要加强保温、隔热措施以降低热损失。例如，水泥窑筒体用硅酸铝毡、珍珠岩等高效保温材料，既减少热散失，又降低了水泥熟料的热耗。

（四）提高能源转换利用率

我国燃烧装置效率较低，使得大量能源以废热形式消耗并产生热污染。据统计，我国热能平均利用效率仅为 30%。如果把热能利用率提高 10%，则有 15% 的热污染得到控制。因此，改进现有能源利用技术，提高燃煤热力装置的热能利用率对于我国热污染控制具有十分重要的意义。

（五）开发清洁新能源

利用水能、风能、地热能、潮汐能和太阳能等新能源，既能解决污染物问题，又可防止和减少热污染。特别是在太阳能利用上，世界各国都开展了大量研究和开发应用工作，取得了明显效果。

第五节　放射性污染

某些物质的原子核发生衰变，放射出人类肉眼看不见也感觉不到，只能通过专门仪器才能探测到的射线。物质的这种性质称为放射性。20 世纪中叶以来，由于核武器的频繁试验、核工业的不断发展、供医疗诊断用的放射性辐射源增加等，放射性污染已成为世界各国关注的环境污染问题。

一、放射性物质

凡是有自发地放出射线特征的物质，即称为放射性物质。这些物质的原子核处于不稳定状态，易发生核衰变。在衰变过程中自发地放射出 α、β 或 λ 射线（也分别称为 α、β 或 λ 衰变），并辐射出能量，同时本身转变为另一种物质或成为较低能态的原来物质。其放出的射线对周围介质包括肌体产生电离作用，造成放射性污染和损伤。

在放射性物质衰变释放出的上述三种射线中，α 射线是高速运动的 α 粒子流，是氦原子核，其质量大，电离能力强，但穿透力较弱；β 射线是带负电荷的电子流，其粒子质量较小，穿透能力较 α 粒子强，但电离能力比 α 粒子小得多；λ 射线是波长在 10^{-8} cm 以下的电磁波，不带电荷，但具有很强的穿透力，对生物组织造成的损伤最大。

二、放射性污染

放射性污染是指由于人类活动造成的物料、人体、场所、环境介质表面或者内部等出现超过国家标准的放射性物质或者射线（如 λ 射线等），从而对环境或者人体及其他生物体造成危害。

放射性污染明显不同于一般环境污染。每一种放射性同位素都有一定的半衰期，在其自然衰变过程中会不断释放出具有一定能量的射线，持续产生危害；利用一般的物理、化学或生物方法无法消除放射性污染，只能通过自然衰变而减弱；放射性污染所造成的危害潜伏期较长，非人类的感觉器官感知，不容易被发现；放射性污染物可存在于水、气、土壤、食物和动植物等多种介质中，通过多种途径危害人体和其他生物；放射性核素具有蜕变能力，当形态变化时，可使污染范围扩散。

三、放射性污染源

（一）天然放射源

在自然界中存在天然放射性物质，主要来自于宇宙射线和自然界的矿石，如氚（^3H）、碳（^{14}C）、钾（^{40}K）、铀（^{235}U）、钍（^{232}Th）等。天然放射源所产生的总辐射水平称为天然放射性本底，是判断环境是否受到放射性污染的基准。对大多数人来说，天然放射源仍然是主要的放射性污染源。

（二）人工放射源

1. 核试验沉降物

核试验是全球放射性污染的主要来源。在大气层进行核试验时，带有放射性的颗粒沉降物最后沉降到地面，造成对大气、地面、海洋、动植物和人体的污染，这种污染通过大气环流扩散污染全球环境，最后沉降到地面。这些放射性物质主要是铀（U）、钚（Pu）的裂变产物，其中危害较大的有锶（^{90}Sr）、碘（^{131}I）和碳（^{14}C）等。自 1945 年美国在新墨西哥的洛斯阿拉莫斯进行了人类的首次核试验以来，全球已经进行了 1000 多次的核试验，这对全球大气环境和海洋环境的污染是难以估量的，对人类和动植物也会产生深远的负面影响。

2. 核工业的"三废"排放

核工业于第二次世界大战期间发展起来，刚开始为核军事工业。20 世纪 50 年代以后，核能开始应用于动力工业中。核动力的推广应用，加速了原子能工业的发展。原子能工业在核燃料的提炼、精制及核燃料元件的制造等过程中均会排放放射性废弃物。这些放射性"三废"会给周围环境造成一定程度的污染，其中主要是对水体的污染。由于原子能工业生产过程中的各项操作运行都采取了相应的安全防护措施，"三废"排放受到严格控制，一般情况下对环境的污染并不严重。但是，当原子能工厂发生意外事故，其污染是相当严重的。例如1986 年前苏联乌克兰境内的切尔诺贝利核电站泄漏爆炸事件等。

3. 医疗照射

由于辐射在医学上的广泛应用，医用射线源已成为主要的人工放射性污染源，辐射在医学上主要用于对癌症的诊断和治疗方面。在诊断过程中，患者局部所受的剂量大约是天然源所受年平均剂量的 50 倍；而在治疗过程中，个人所受剂量又比诊断时高出数千倍，而且通常是在几周内集中施加在人体的某部分。除诊断和治疗所用的外照射，内服带有放射性的药物则造成内照射。近年来，人们已经逐渐认识到医疗照射的潜在危险，已把更多注意力放在既能满足诊断要求，又使患者所受实际量最小，甚至免受辐射的方法上面，取得了一定进展。

4. 其他放射源

其他方面的放射性污染源主要来源两个方面。其一是工业、医疗、军队、核舰艇或研究用放射源，因运输事故、偷窃、误用、遗失及废物处理失控等造成对环境污染；其二是含有天然或人工放射性核素的一般居民消费用品，如放射性发光表盘、夜光表及彩色电视机所产生的照射，虽对环境造成的污染很低，但也很有必要关注和研究。

四、放射性污染危害

（一）放射性作用机理

放射性物质释放的射线被生物吸收后，主要使有机体分子产生电离和激发，破坏生物机体的正常机能。这种作用可以是直接的，即射线直接作用于机体的蛋白质、碳水化合物等而发生电离和激发，并使这些物质的原子结构发生变化，引起生命过程的改变，也可以是间接的，即射线与机体内的水分子起作用，产生强氧化剂和强还原剂，破坏有机体的正常物质代谢，引起机体系列反应。放射性作用过程有的是在瞬间完成，有的需要经物理、化学及生物的放大过程才能显示可见损伤，时间较久，甚至延迟若干年后才表现出来。前者为放射性作用的急性效应，后者为远期效应。

1. 急性效应

大剂量辐射造成的伤害表现为急性伤害。当核爆炸或反应堆发生意外事故，其产生的辐射生物效应立即呈现出来。1945 年 8 月 6 日和 9 日，美国在日本的广岛和长崎分别投了两颗原子弹，几十万日本人死亡。急性损伤的死亡率取决于辐照剂量。当辐照剂量在 6Gy 以上，通常在几小时或几天内死亡，死亡率达 100%，称为致死量。

2. 远期效应

放射性物质排入环境后，由于大气环流、流水输送使大气、水体和土壤受到污染，然后经过生物的富集作用可进入人体。进入人体的放射性物质直接作用于细胞内部，称为内照射。内照射难以早期察觉和清除，照射时间持久，即使小剂量，长年累月也会造成不良后果，远期可出现肿瘤、白血病和遗传障碍等疾病。

（二）放射性污染对人体危害

放射性物质可通过空气、饮用水和复杂的食物链等多种途径进入人体，还可以外照射方式危害人体健康。过量的放射性物质进入人体（即过量的内照射剂量）或受到过量的外照射（见表 5-16），放射线会破坏人体的免疫功能，损伤皮肤、骨骼、生殖腺等内脏细胞，引发恶性肿瘤、白血病等急性或慢性的放射病，造成基因突变和染色体畸变，使一代甚至几代人受害。

表 5-16　高辐照剂量对人体的影响

剂量/rem	影　响
100000	几分钟死亡
10000	几小时死亡
1000	几天内死亡
700	几个月内 90% 死亡，10% 幸免
200	几个月内 10% 死亡，90% 幸免
100	没有人在短期内死亡，但大大增加了患癌症和其他缩短寿命疾病的机会，女子永远不育，男子在 2～3 年内也不育

注：引自王玉梅，环境学基础，2010。

在小剂量慢性照射下，情况与表 5-16 所述很不一样，其辐射效应极其轻微，一般不易察觉出来，但对人体的影响应给予重视和研究。

五、放射性污染防护和控制

在放射性污染人工源中，医用射线及发射性同位素产生的射线主要是通过外照射危害人体，应进行防护。而在核工业生产过程中排出的放射性废物，会通过不同途径危害人体，应进行妥善处理和处置。

（一）放射性污染防护

1. 防护标准

我国 1988 年发布的《电磁辐射防护规定》(GB 8702—88) 是吸收了国际上有关研究成

果，在 GB J8—74 的基础上修订而成的。该规定中的剂量是不允许接受的剂量范围的下限，而不是允许接受剂量范围的上限，是最优化过程的约束条件，不能直接用于设计和工作安排（见表 5-17）。

表 5-17 我国《电磁辐射防护规定》中有关剂量规定

剂量当量限值分类	年有效剂量当量限值[①]/mSv	器官或组织年剂量当量限值/mSv
工作人员[②]	<50	眼晶体
一次事件的事先计划特殊照射	<100	<150
一生中的事先计划特殊照射	<250	其他单个器官组织
16～18 岁学生、学徒和孕妇	<15	<500
公众成员[③]（含 16 岁以下学生、学徒工）	<1	皮肤和眼晶体<50

① 不包括医疗照射和天然本底照射。

② 已接受异常照射（有效剂量当量>250mSv）的工作人员、育龄妇女，未满 16 岁的个人，不得接受事先计划的特殊照射。

③ 如按终生剂量平均不超过表内限值，则在某些年份里允许以每年 5mSv 作为剂量限值。

除此之外，该规定对辐射照射的控制措施、放射性物质的管理、放射性物质的安全运输、辐射监测、辐射防护评价和辐射工作人员的健康管理等均进行了详细规定。

2. **防护方法**

人体接受放射性辐射照射有两种方式，其一是外照射，即人体位于空间辐射场，如医疗透视 X 光照射等；其二是人体摄入放射性物质，对人体或某些器官或组织造成的照射，如铀矿工人吸入氡及其子体等。放射性污染防护方法因照射方式不同而有所差异。

（1）外照射防护　人体接受的外照射剂量与源强、受照射时间及与辐射源的距离密切相关。因此，放射性污染的外照射防护可采取时间防护、距离防护和屏蔽防护等方式。

① 时间防护　即缩短受辐射时间。因为人体外照射所接受的总剂量为剂量率按时间的积分，尽可能缩短受照射时间是一种最为简单和有效的外照射防护方法。

② 距离防护　即加大与辐射源的距离。在点源窄束情况下，空间辐射场中某点的剂量率与该点至源间距离之平方成反比。因此，距离源愈远则所受的照射剂量愈小。

③ 屏蔽防护　即对辐射源的射线加以屏蔽阻挡。若前两种防护方法受到限制，可采取此种方法。常用的屏蔽措施有两种，其一是对辐射源进行屏蔽，如将源置于特制屏蔽容器内，在其外部再套以混凝土、铸铁块、铅块等；其二是对受照者进行屏蔽，如佩戴橡胶或铅质手套、围裙和防护罩等。

（2）内照射防护　内照射防护的基本原则是切断其进入人体的通道或减少其进入量。通常可采用如下两种方法。

① 稀释、分散法　对气态或液态放射性污染物，可采用稀释、分散法降低其活度水平，从而减少其进入人体的剂量。例如，对操作场所的空气进行大容量的通风换气，对低放废液采取稀释排放；对含放射性的气体或气溶胶通过高烟囱排向高空等。

② 包容、集中法　即将分散的放射性物质存于备有工程防护设施的专门结构内，尽量减少其向外的释放。如将放射性物质存放在铅室或某种容器内；在通风橱、手套箱、温室或热室内进行放射性操作等。

（二）放射性废物的处理

放射性废物中的放射性物质，采用一般的物理、化学及生物化学的方法都不能将其破坏或消灭，只有通过放射性核素的自身衰变，才能使放射性衰减到一定水平，因此放射性废物与其他废物相比在处理上有许多不同之处。一般来说，对高放及中放、低放长寿命的放射性废物可采用浓缩、贮存和固化的方式进行处理；对中放、低放的短寿命废物则采用净化处理或滞留一段时间，待减弱到一定水平再排放；还可通过循环使用生产过程中的低度沾染水来减轻放射性污染。

1. 放射性废液的处理

根据《中华人民共和国放射性污染防治法》，禁止利用渗井、渗坑、天然裂隙、溶洞或者国家禁止的其他方式排放放射性废液。常用的放射性废液处理方法有稀释排放方法，放置衰变法，化学沉淀法，离子交换法，蒸发法，水泥、沥青固化法，玻璃固化法等。图 5-2 是放射性废液的处理过程。

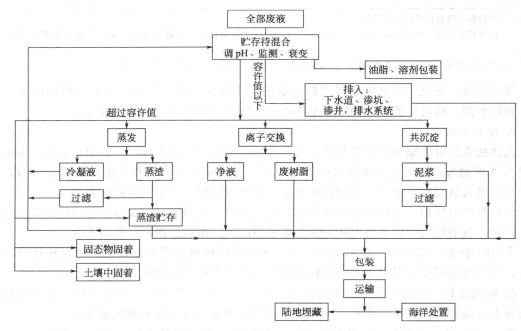

图 5-2　放射性废液的处理过程（据左玉辉，2010）

2. 放射性废气的处理

放射性废气中的物质成分主要包括：挥发性放射性物质（如钌、卤素等），含氚的氢气和水蒸气，惰性放射性气态物质（如氡、氙等），表面吸附有放射性物质的气溶胶和微粒等。在核设施正常运行时，任何泄漏的放射性废气均可纳入废液中，只是在发生重大事故及以后的一段时间里，才会有放射性气态物释出。通常情况下，采取的预防措施主要是将废气中的放射性物质截留。常选用的放射性废气处理方法有过滤法、吸附法和放置法等。

3. 放射性固体废物的处理

放射性固体废物是指铀矿石提取后的废矿渣，被放射性物质沾污而不能再利用的各种器物，以及前述的浓缩废液经固化处理后所形成的固体废物。对于铀矿渣，常用土地堆放或回填矿井的方法处理，但不能根本解决污染问题，目前尚无更为有效可行的方法。对于被沾污的器物，可根据受沾污的程度及废弃物的不同性质，采用不同的方法进行处理。例如，对于被放射性物质沾污的仪器、设备、器材及金属制品，可用适当的清洗剂进行擦拭、清洗，将大部分放射性物质清洗下来，对大表面的金属部件还可采用喷镀的方法去除污染。对于容量小的松散物品可采用压缩处理减小体积，便于运输、贮存和焚烧。对于可燃性固体废物可通过高温焚烧大幅度减容，同时使放射性物质集聚在灰烬中，该方法需要良好的废气净化系统，费用昂贵。对于无回收价值的金属制品，可在感应炉中熔化，使放射性物质被固封在金属块内。图 5-3 是放射性固体废物的处理过程。

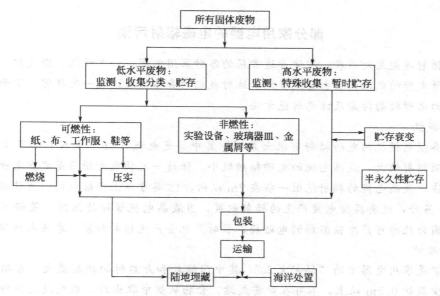

图 5-3　放射性固体废物的处理过程（据吴彩斌，2010）

（三）放射性废物的处置

放射性废物处置的总目标是确保废物中的有害物质对人类环境不产生危害。其基本方法是通过天然或人工屏障构成的多重屏蔽层以实现有害物质同生物圈的有效隔离。根据废物的种类、性质、放射性核素成分和比活度以及外形大小等可分为四种处置类型。

1. 扩散型处置法

此法适用于比活度低于法定限值的放射性废气或废水，在控制条件下向环境排入大气或水体。

2. 浅地层埋藏法

此法适用于不含铀元素的中、低放射性固体废物。将废物埋藏在距地表 50m 以内深度的土层中，其上填土及覆盖植被，以屏蔽来自废物的射线和防止天然降水渗入，同时作出标记牌。

3. 隔离性处置法

也称安全填埋法。适用于数量较少、比活度较高、含长寿命 α 核素的高放废物。废物必须置于深地质层或其他长期可与人类生物圈隔离的处所，以待其充分衰减。其工程设施要求严格，需特别防止核素的迁出。处置场的主要任务是保证这些放射性物质不会释放到周围环境中而对人类产生影响，直至其衰变到人类可接受的水平（300～500 年）。

4. 资源化处置法

适用于极低放射性水平的固体废物。经过前述的去污处理，在不需要任何安全防护条件下可加以重复或再生利用。

放射性废物的处置和利用是非常复杂的问题，特别是高放废物的最终处置，目前在世界范围内还处于探索和研究中，尚无妥善的解决办法。

 【阅读材料】

部分家用电器的电磁辐射污染

电磁辐射污染无处不在，即使身边常用的各种家用电器，如电视机、微波炉、手机、电脑等，其所发射的电磁辐射也会或多或少地对我们的身体健康造成一定损害。下面介绍部分家用电器的电磁辐射污染及注意防范方法。

1. 电视机

不同类型电视机的电磁辐射有很大差别，其中普通电视（CRT 电视）和等离子电视所产生的电磁辐射较大，液晶电视的电磁辐射较小。保持一定的观看距离是减少电视电磁辐射的有效方法，液晶电视的辐射范围一般在 2m 以内，42 英寸以上平板电视的最佳观看距离在 3m 以上。另外，还要提防电视产生的辐射积累，当液晶电视暂停使用时，最好不要处于待机状态，因为此时可产生较微弱的电磁场，长时间也会产生辐射积累，危及人体健康。

2. 微波炉

微波炉是家用电器中的"辐射大王"，其中门缝处和开启时的辐射最大。在微波炉工作时，人至少离炉 0.5m 以上，不可在炉前久站。食物从炉中取出后，应先放几分钟再吃。另外，还应经常检测有无微波泄漏，其简单的方法是：将收音机打开放在炉边，打开微波炉后若收音机受到干扰，则表示有微波泄漏，应及时请技术人员检修。

3. 手机

随着手机作为移动通信工具的迅速普及，其辐射问题也越来越引发人们的关注。据测定，手机初起寻呼时的辐射场强最大，一般持续 1～3s，最长为 4s。当手机寻呼网络接通后，其辐射场强明显降低。长时间使用手机可诱发脑肿瘤等脑疾病、损害神经系统、影响心血管系统功能。因此，最好给手机装上合格的防辐射机套；手机接通最初 7 s 最好不要马上贴耳接听；每次通话时间都不宜过长，若确需要较长时间，可分成两三次通话；使用分离耳机和分离话筒，能用座机时尽可能不用手机；最好在信号不好的地方不使用手机；手机充电时不应置于有人处或卧室中。

4. 电脑

电脑的电磁辐射主要来源于电脑屏幕、主机、无线鼠标和键盘等，尤其开机瞬间电脑屏幕的电磁辐射最大。在使用电脑时，应至少保持 50cm 以上的距离；尽量别让屏幕的背面朝着有人的地方；要调整好屏幕的亮度，一般来说，屏幕亮度越大，电磁辐射越强，反之越小；电脑使用后，脸上会吸附不少电磁辐射的颗粒，要及时用清水洗脸，这样将使所受辐射减轻 70% 以上；另外，放置电脑的房间要注意通风，尽量使用新款电脑等。

5. 台灯

台灯一般以日光灯为光源。研究表明，两只 20W 日光灯并列在一起时，10cm 外磁场强度为 100mG，而 25cm 以外磁场强度为 6.5mG。另外，为了提高光源稳定性，台灯大多采用高频振荡器。因此，长期使用台灯可造成失眠、多梦、食欲不振、记忆力减退和注意力下降等症状。

思 考 题

1. 声音和噪声有何区别？解释声频、声压、声压级、A声级等概念。
2. 噪声污染具有哪些危害？宿舍区里有哪些噪声源影响着你的日常生活？如何控制这些噪声源？
3. 电磁辐射源有哪些？如何进行防护？
4. 光污染可分为哪些类型？其危害是什么？
5. 热污染的原因是什么？热污染具有哪些危害？如何进行防治？
6. 简述放射性污染的来源和处理处置措施。
7. 实地调查周围环境排放的光污染、热污染、电磁污染、放射性污染的状况，依据国家防治标准给出具体的污染级别，并提出具体的防治建议。

参 考 文 献

[1]　鞠美庭，邵超峰，李智．环境学基础．北京：化学工业出版社，2010.
[2]　王玉梅等．环境学基础．北京：科学出版社，2010.
[3]　左玉辉．环境学．北京：高等教育出版社，2010.
[4]　吴彩斌，雷恒毅，宁平．环境学概论．北京：中国环境科学出版社，2007.
[5]　黄儒钦．环境科学基础．成都：西南交通大学出版社，2007.
[6]　刘静玲，贾峰等．环境科学案例研究．北京：北京师范大学出版社，2006.
[7]　赵景联．环境科学导论．北京：机械出版社，2005.
[8]　王淑莹，高春娣．环境导论．北京：中国建筑工业出版社，2004.
[9]　程发良，常慧．环境保护基础．北京：清华大学出版社，2003.
[10]　刘天齐，黄小林．环境保护．北京：化学工业出版社，2000.
[11]　林肇信，刘天齐，刘逸农．环境保护概论．北京：高等教育出版社，1998.
[12]　魏振枢，杨永杰．环境保护概论．北京：机械工业出版社，2006.
[13]　王光辉，丁忠浩．环境工程导论．北京：机械工业出版社，2006.

第六章 土壤环境

　　土壤不仅是重要的环境要素，也是人类生存和农业生产的基础条件。没有土壤就没有农业，就没有人们赖以生存的衣、食等基本原料。随着快速的工业化和城镇化进程，土壤发育环境受到严重影响，引发了土壤流失、土地沙化和土壤退化等一系列生态环境问题，造成了大量农药、杀虫剂等使用和"三废"排放所导致的土壤污染，土壤环境问题日益受到普遍关注。

　　本章在介绍土壤的物质组成和理化性质基础上，详细阐述土壤环境污染的概念、类型和特点，土壤污染源和污染物，土壤污染危害和重金属污染等典型的土壤污染类型，最后探讨了土壤污染防治措施和土壤污染修复的主要技术方法。

第一节　土壤的物质组成和理化性质

一、土壤的概念

　　不同学科对于土壤的认识具有明显差别。生态学家从生物地球化学观点出发，认为土壤是地表系统中生物多样性最丰富、能量交换和物质循环最活跃的层面；农业学家强调土壤是植物生长的介质，含有植物生长所必需的营养元素和水分等条件，认为土壤是地球陆地表面能生长绿色植物的疏松层，具有不断且同时为植物生长提供、协调营养条件和环境条件的能力；环境学家认为土壤是重要的环境要素，是具有吸附、分散、中和、降解环境污染物功能的缓冲带和过滤器。

　　随着学科的发展，对土壤的认识和理解不断深化和扩展，更接近对土壤本质的反映。一般认为土壤是历史自然体，是位于地球陆地表层和水域底部的具有为植物生长提供营养和水分等必要条件，与大气、水和岩石具有密切的相互作用，能够降解环境污染物的疏松且不均匀聚积层。

二、土壤的物质组成

　　土壤由固相（包括矿物质、有机质及一些活的微生物）、液相（土壤水分或溶液）和气相（土壤空气）三相物质组成。按照容积计，典型土壤中的固相物质约占总容积的50%，其中矿物质约占38%～45%，有机质约占5%～12%；液相和气相共同存在于固相物质之间的形状和大小不一的空隙中，各占土壤总容积的20%～30%，总和约占50%，但气相和液相物质处于彼此消长状态，消长幅度在15%～35%。按质量计，矿物质占固相物质的90%～95%，有机质约占1%～10%（见图6-1）。

（一）土壤矿物质

　　土壤矿物质是土壤的主要组成物质，构成了土壤的"骨骼"。土壤矿物质基本来自基岩（母岩）和成

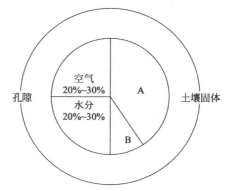

图 6-1　土壤组成

A—矿物质；B—有机质

土母质，按成因分为原生矿物和次生矿物两类。

（1）原生矿物 指岩石受不同程度的物理风化，未经化学风化的碎屑物。其原有的化学组成和结晶构造均未改变。土壤中的原生矿物种类主要有硅酸盐矿物、铝硅酸盐矿物、氧化物类矿物、硫化物和磷酸盐类矿物。它们是土壤中各种化学元素的最初来源（见表6-1）。

表6-1 土壤中主要原生矿物组成

原生矿物	分子式	稳定性	常量元素	微量元素
橄榄石	$(Mg,Fe)_2SiO_4$	易风化	Mg,Fe,Si	Ni,Co,Mn,Li,Zn,Cu,Mo
角闪石	$Ca_2Na(Mg,Fe)_2(Al,Fe^{3+})$ $(Si,Al)_4O_{11}(OH)_2$	↑	Mg,Fe,Ca,Al,Si	Ni,Co,Mn,Li,Se,V,Zn, Cu,Ga
辉石	$Ca(Mg,Fe,Al)(Si,Al)_2O_6$		Ca,Mg,Fe,Al,Si	Ni,Co,Mn,Li,Se,V,Pb, Cu,Ga
黑云母	$K(Mg,Fe)(Al,Si_3O_{10})(OH)_2$		K,Mg,Fe,Al,Si	Rb,Ba,Ni,Co,Se,Li,Mn, V,Zn,Cu
斜长石	$CaAl_2Si_2O_8$		Ca,Al,Si	Sr,Cu,Ga,Mo
钠长石	$NaAlSi_3O_8$		Na,Al,Si	Cu,Ga
石榴子石	$MgAl_2(SiO_4)_3$	较稳定	Cu,Mg,Fe,Al,Si	Mn,Cr,Ga
正长石	$KAlSi_3O_8$		K,Al,Si	Ra,Ba,Sr,Cu,Ga
白云母	$KAl_2(AlSi_3O_{10})(OH)_2$		K,Al,Si	F,Rb,Sr,Cr,Ga
钛铁矿	$FeTiO_3$		Fe,Ti	Ni,Co,Cr,V
磁铁矿	Fe_4O_3		Fe	Zn,Co,Ni,Cr,V
电气石	$NaR_3Al_6[Si_6O_{18}](BO_3)_3(OH)_4$	↓	Cu,Mg,Fe,Al,Si	Li,Ga
锆英石	SiO_2		Si	Zn,Hg
石英	SiO_2	极稳定	Si	

注：引自黄昌勇，土壤学，2010。

（2）次生矿物 指由原生矿物经风化后重新形成的新矿物，其化学组成和构造都经改变而不同于原生矿物。次生矿物是土壤物质中最细小的部分，粒径$<0.001mm$，如高岭石类、蒙脱石类和伊利石类，因具有胶体特性，所以又称之为黏土矿物，可影响土壤的物理、化学性质，如土壤的吸收性、膨胀收缩性、黏着性等，是土壤颗粒中最活跃的部分。土壤次生矿物分为简单盐类、次生氧化物类和次生铝硅酸盐类三类。

（二）土壤有机质

土壤有机质是泛指以不同形态存在于土壤中的各种含碳有机化合物，是土壤肥力的物质基础，它源于植物、动物及微生物等生命物质死亡残体，经分解转化而逐渐形成，它与矿物质一起共同构成了土壤的固相部分。土壤有机质包括两大类，第一类为非特殊性有机质，主要为动植物残体及其分解的中间产物，占有机质总量的10%～15%；第二类为土壤腐殖质，是土壤有机质中的特殊有机质，占土壤有机质的85%～90%。

1. 土壤有机质的化学组成

包括糖类（碳水化合物）、有机酸、醛、醇、酮类，纤维素、半纤维素、木质素，树脂、脂肪、蜡质、单宁、有机磷及各种含氮化合物。

2. 土壤有机质的转化

（1）矿质化过程 指进入土壤中的动植物残体在土壤微生物参与下，把复杂的有机物质分解为简单的化合物的过程。在通气良好的条件下可生成CO_2、H_2O、NO_2、N_2、NH_3和其他矿质养分，分解速度快、彻底，放出大量热能，不产生有毒物质。在通风不良条件下，分解速度慢、不彻底，释放能量少，除产生物质营养物质外，还生产有毒物质如 H_2S 等。

① 碳水化合物的转化。土壤中的碳水化合物在微生物分解有机物过程中，首先向外界环境分泌水解酶，使不溶性有机物转化成可溶性简单物质，如葡萄糖分解中首先形成有机酸、醇及酮类，再经微生物作用分解成 CO_2、H_2O 和无机盐类，并释放出能量。在好氧条件下，葡萄糖彻底分解成 CO_2、H_2O 和无机盐类，并放出能量；在厌氧条件下，有机物分解得不彻底，形成有机酸中间产物，并产生还原性物质如 CH_4 和 H_2 等，放出的能量较少。

② 含氮有机化合物的转化。土壤中的含氮有机化合物在微生物分解转化下，经水解作用、氨化作用、硝化作用和反硝化作用下，生成简单无机态氮，来满足植物生长的需要。

③ 含硫有机化合物的转化。土壤中含硫有机物在厌氧条件下发生反硫化作用，生成 H_2S，导致土壤中 H_2S 的累积，从而对植物产生危害。在好氧条件下，H_2S 在硫细菌的作用下氧化成硫酸，并与土壤中盐基结合生成硫酸盐，不仅消除 H_2S 对植物的毒害，而且为植物提供硫的养料。

（2）**腐殖质化过程**　指进入土壤的动植物残体在土壤微生物作用下分解后再缩合和聚合成一系列黑褐色高分子有机化合物的过程。这种有机化合物即为腐殖质，主要由富里酸和胡敏酸组成。

（三）土壤水分

土壤水分是土壤的重要组成成分和肥力因素。它不仅是植物生活必需的生态因子，也是土壤生态系统中物质和能量的流动介质，土壤水分存在于土壤空隙中。

1. 土壤水分的来源与损耗

土壤水分主要来源于大气降水、地下水和灌溉用水，水汽的凝结也会增加极少量的土壤水分。土壤水分的损耗主要包括土壤蒸发、植物吸收利用和蒸腾、水分的渗漏和径流（见图 6-2）。

2. 土壤水分类型

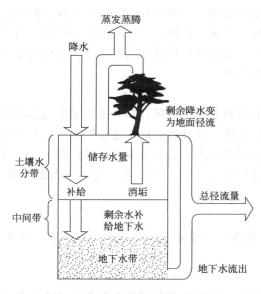

图 6-2　土壤水分类型及相互联系
（据伍光和，2009）

土壤水分主要为吸湿水、毛管水和重力水等类型。

（1）**吸湿水**　吸湿水是土壤颗粒表面张力所吸附的水汽分子，是土壤颗粒将气态水分子紧紧吸附在其表面的非液态水，其没有自由水的性质，不能迁移和运输营养物质。

（2）**毛管水**　毛管水是土壤毛管空隙中毛管力所吸附的水分。毛管水是自由液态水，可移动。土壤对毛管水的吸力范围是 10 ～ 3100kPa，是土壤中植物利用的有效水分。

（3）**重力水**　重力水是土壤水分含量超过田间持水量时沿土壤非毛管空隙向下移动的多余水分。重力水向下移动未受到不透水层阻隔，一直渗透到地下水中的水分为自由重力水；受不透水层阻隔而在其上集聚的水分，称为重力支持水或上层滞水。

（四）土壤空气

土壤空气是指土壤空隙中存在的各种气体混合物。土壤空气来源于大气，其组成成分和大气基本相似，以 N_2、O_2、CO_2 及水汽为主要成分，但在质和量上与大气成分有所不同。由于土壤生物生命活动影响，CO_2 在土壤空气中的含量为 $0.15\% \sim 0.65\%$，大气中只有 0.033%，两者相差十至数十倍。O_2 在土壤空气中的含量为 $10.36\% \sim 20.73\%$，通气不良的土壤氧气中的氧气含量低于 10%，大气中含量为 20.96%。土壤空气中的水汽大于 70%，大气中小于 4%，两者相差甚远。氮气在大气中的含量为 78.1%，土壤空气中为 $78\% \sim 86\%$，由于土壤固氮微生物能固定一部分氮气，而土壤中进行的硝化作用和氨化作用使氮素转化为氮气和氨释放到大气中，大气和土壤空气中的氮基本保持平衡。

（五）土壤生物

土壤生物是指栖居在土壤（包括枯枝落叶层和枯草层）中的生物体的总称，主要包括土壤动物、土壤微生物和高等植物根系。土壤生物是土壤具有生命力的主要成分，在土壤形成、养分转化、物质迁移和转化等过程中发挥重要作用。

1. 土壤动物

土壤动物是指在土壤中度过全部或部分生活史的动物，按照系统分类，土壤生物包括脊椎动物、节肢动物、软体动物、环节动物、线形动物和原生动物。

（1）土壤脊椎动物 土壤脊椎动物是生活在土壤中的大型高等动物，包括土壤中的哺乳类（如鼠类等）、两栖类（如蛙类）、爬行类（如蛇）等。它们具掘土习性，对疏松和混合上、下层土壤有一定作用。

（2）土壤节肢动物 主要包括依赖土壤生活的某些昆虫（甲虫）或其幼虫、螨类、蚁类、蜘蛛类和蜈蚣类等，在土壤中的数量很大，主要以死的植物残体为食源。

（3）土壤环节（蠕虫）动物 土壤中的环节动物以蚯蚓类最为重要。其数量巨大，每公顷肥沃土壤中可达几十万至上百万条。蚯蚓可促进植物残枝落叶的降解、有机物质的分解和矿化，并具有混合土壤改善土壤结构，提高土壤透气、排水和深层持水能力的作用。

（4）土壤原生动物 土壤中的原生动物主要是鞭毛虫类，其次是变形虫类和纤毛虫类。土壤中的原生动物大多数分布在表土层中，每平方米表土（深 15cm）可有 $1 \times 10^9 \sim 1 \times 10^{10}$ 个。它们以土壤细菌和少数其他微生物为食料，可以促进有效养分的转化。

2. 土壤微生物

微生物是土壤中最为活跃的生物，1kg 土壤中可含 5×10^8 个细菌、1.0×10^{10} 个放线菌和 1×10^9 个真菌。土壤微生物主要包括土壤细菌、土壤放线菌、土壤真菌、土壤藻类和土壤原生物 5 大类群。

（1）土壤细菌 土壤细菌是土壤微生物中分布最广泛、数量最多的一种，占土壤微生物总数的 $70\% \sim 90\%$，其个体小、代谢强、繁殖快，与土壤接触的表面积大，是土壤中最活跃的因素。按照营养类型划分，土壤中的各种细菌生理群主要包括纤维分解菌、固氮菌、硝化菌、亚硝化菌、硫化菌等，在土壤 C、N、P、S 元素循环中担任重要角色。

（2）土壤放线菌 土壤放线菌数量仅次于土壤细菌，每克土壤中的放线菌孢子数量有几十万至几百万个。土壤放线菌大多为好氧性，适于中性至微碱性环境，常发育在有机质含量较高的耕作层土壤中，其数量随土壤深度增加而减少。土壤放线菌常在有机质腐解的后期出现，具有分解纤维素、木质素、淀粉、脂肪和蛋白质等有机质的能力，其代谢产物中常含有生物活性物质，有利于植物的生长。一半以上的土壤放线菌能产生抗生素。

（3）土壤真菌　真菌是常见的土壤微生物之一，数量仅次于细菌和放线菌，每克土壤中的真菌数量有几千至几十万个，多为好氧性，适宜于通气良好和酸性土壤中生长。土壤真菌全部为有机营养型，大部分营腐生生活，少部分寄生或兼性寄生，是许多农作物的病原菌。

（4）土壤藻类　土壤藻类为单细胞或多细胞的真核原生生物，主要有硅藻、绿藻和黄藻。土壤藻类主要分布在土壤表面及其以下几厘米的表层土壤中，大多含有叶绿素，能够进行光合作用，合成自身的有机物质。有些土壤藻类可以溶解某些岩石和矿物，向环境释放出其中的营养元素。藻类是土壤生物的先行者，对土壤的形成和熟化起重要作用，它们凭借光能自养的能力，成为土壤有机质的最先制造者。蓝藻中的某些种类能固定大气中的氮素，提高土壤肥力。

三、土壤的物理性质

土壤的物理性质主要表现为土壤剖面、土壤质地和土壤结构等。

（一）土壤剖面

土壤剖面是指从地表垂直向下的土壤纵剖面，即完整的垂直土层序列，其深度一般达到基岩或到地表沉积体的相当深度为止。

1. 自然土壤剖面划分及命名

1967 年国际土壤学会提出把自然土壤剖面划分为有机质层（O）、腐殖质层（A）、淋溶层（E）、淀积层（B）、母质层（C）和母岩层（R）六个主要发生层，我国近年也趋向采用这种层次划分方法（见图 6-3）。

（1）有机质层（O）　又称枯枝落叶层，位于土体最上部，主要由聚积在地面上的枯枝与落叶构成，森林土壤通常有这一层，草原土壤这层不明显或甚至没有。

（2）腐殖质层（A）　一般位于有机质层（O）之下，由全部分解的有机质经腐殖化作用形成，本层以深色的腐殖质为主。

（3）淋溶层（E）　又称洗出层，位于土体上部，本层由于淋溶作用使矿物质和有机质向下迁移，其中易溶物质会淋失，难溶物质如铁、铝及黏土等也会产生下移，最后留下最难移动且抗风化最强的矿物质如石英等，因此本层土壤颜色较浅，常为灰白色，颗粒较粗。

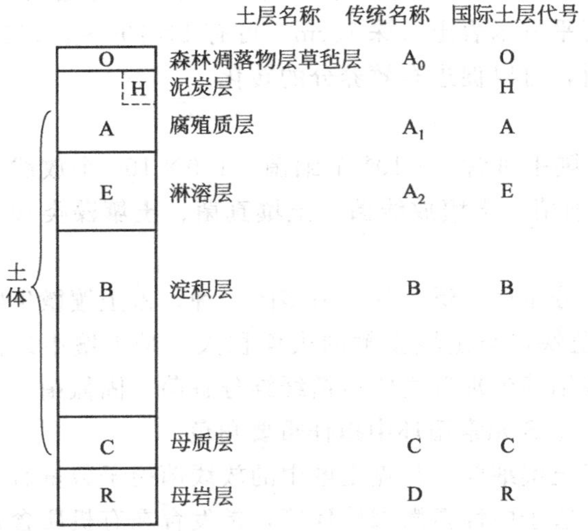

（4）淀积层（B）　又称洗入层，位于土体的中部或下部，是上层淋洗下来的物质淀积形成的，由于洗入的矿物质及黏土会填充在土壤空隙中，本层的土壤较为致密。本层是发育完全土壤剖面所必须具备的重要土层。

（5）母质层（C）　位于土壤剖面底部，是岩石风化后的残积物或运积物组成，未受成土作用的影响。

（6）母岩层（R）　又称基岩，是离地表最近且已受到不同程度风化的岩石圈层，尚未受成土过程的影响。

土层名称	传统名称	国际土层代号
O	森林凋落物层草毡层	A_0 O
H	泥炭层	H
A	腐殖质层	A_1 A
E	淋溶层	A_2 E
B	淀积层	B B
C	母质层	C C
R	母岩层	D R

图 6-3　自然土壤剖面构型一般图式
（据伍光和，2009）

2. 耕作土壤剖面划分及命名

耕作土壤是长期受人为耕作、施肥、灌溉、管理和稳定种植农作物的土壤，其剖面构造与自然土壤不同，基本划分为耕作层（A_{11}）、犁底层（A_{12}）、心土层（C_1）和底土层（C_2）。

（1）耕作层（A_{11}）　又称表土层，是受耕作影响形成的土壤层，厚度在 15～25cm 之间，其土性疏松，结构良好，有机质含量高、颜色较暗，土壤较为肥沃。

（2）犁底层（A_{12}）　又称亚表土层，在耕作层之下，厚度 10～20cm 之间，经长期耕作压实，土壤成片状结构，紧实，腐殖质含量比上层减少。

（3）心土层（C_1）　也称生土层，在犁底层下，受耕作影响小，淀积作用明显，颜色较浅。

（4）底土层（C_2）　几乎未受耕作影响，根系少，未发育土壤，仍保留母质特征。

（二）土壤质地

土壤是由大大小小的土粒按照不同比例组合而成的，不同粒级的土粒混合在一起表现出来的土壤粗细状况，称为土壤机械组成或土壤质地。

1. 土壤质地分类

土壤质地分类是依据土壤中各粒级含量的相对百分比作为标准。目前土壤质地的分类标准主要有国际制、前苏联制和美国制 3 种划分方式，其中国际制和美国制采用三级分类法，即按砂粒、粉粒、黏粒三种粒级的百分数划分砂土、壤土和黏土二类、十二级（见表 6-2）。前苏联采用双级分类法，即用物理性黏粒和物理性砂粒的含量百分数划分为砂土、壤土及黏土三类、九级（见表 6-3）。另外，我国土壤科学工作者在总结相关经验基础上，提出了我国土壤质地分类标准（见表 6-4）。

表 6-2　国际制和美国制土壤质地分类标准　　　　　单位：%

土壤质地		粗组百分数范围					
类别	名称	砂粒		粉粒		黏粒	
		国际制	美国制	国际制	美国制	国际制	美国制
砂土	砂土及壤砂土	85～100	80～100	0～15	0～20	0～15	0～20
	砂壤土	55～85	50～80	0～45	0～50	0～15	0～20
	壤土	40～55	30～50	35～45	30～50	0～15	0～20
	粉砂壤土	0～55	0～30	45～100	50～100	0～15	0～20
壤土	砂黏壤土	55～85	50～80	0～30	0～30	15～25	20～30
	壤黏土	30～55	20～50	20～45	20～50	15～25	20～30
	粉砂质黏壤土	0～40	0～30	45～85	50～80	15～25	20～30
黏土	砂黏土	55～75	50～70	0～20	0～20	25～45	30～50
	粉砂黏土	0～30	0～20	45～75	50～70	25～45	30～50
	壤黏土	10～55	0～50	0～45	0～50	25～45	30～50
	黏土	0～55	0～50	0～35	0～50	45～65	50～70
	重黏土	0～35	0～30	0～35	0～30	65～100	70～100

注：引自伍光和，自然地理学，2009。

表 6-3 前苏联土壤质地分类标准（简明方案）

| 土壤质地 | 名称 | 物理性黏粒（直径<0.01mm）含量/% | | | 物理性砂粒（直径>0.01mm）含量/% | | |
		灰化土类	草原土及红黄壤类	柱状碱土及强碱化土类	灰化土类	草原土及红黄壤类	柱状碱土及强碱化土类
砂土	松砂土	0～5	0～5	0～5	100～95	100～95	100～90
	紧砂土	5～10	5～10	5～10	95～90	95～90	95～90
壤土	砂壤土	10～2	10～2	10～15	90～80	90～80	90～85
	轻壤土	20～30	20～30	15～20	80～70	80～70	85～80
	中壤土	30～40	30～45	20～30	70～60	70～55	80～70
	重壤土	40～50	45～65	30～40	60～50	55～40	70～60
黏土	轻黏土	50～65	60～75	40～50	50～35	40～25	60～50
	中黏土	65～80	75～85	50～65	35～20	25～15	50～35
	重黏土	>80	>85	>65	<20	<15	<35

注：引自伍光和，自然地理学，2009。

表 6-4 中国土壤质地分类标准

| 质地组 | 质地名称 | 颗粒组成/%（粒径：mm） | | |
		砂粒（1～0.05）	粗粉粒（0.05～0.01）	细黏（<0.001）
砂土	极重砂土	>80		<30
	重砂土	70～80		
	中砂土	60～70		
	轻砂土	50～60		
壤土	砂粉土	≥20	≥40	
	粉土	<20		
	砂壤	≥20	<40	
	壤土	<20		
黏土	轻黏土			30～35
	中黏土			35～40
	重黏土			40～60
	极重黏土			>60

注：引自黄昌勇，土壤学，2010。

2. 不同质地土壤的特性

土壤质地在一定程度反映了土壤的矿物组成和化学组成，其对土壤水分、空气、热量的运动和养分的转化等具有很大影响。砂质土壤通气透水性能良好，作物根系易于深入和发展，土温增高和有机质矿质化也比较快，但保水供水性能差，易旱。黏质土通气透水差，作物根系不易伸展，土温上升慢，土壤中有机质矿化作用也慢，保水、保肥、供肥能力较强。壤质土既有大孔隙也有相当的毛管孔隙，通气透水性能良好，保水、保肥性强，土温比较稳定，土粒比表面积小，黏性不大，耕性良好，适耕期长，宜于多种作物生长。

（三）土壤结构

自然界中土壤固体颗粒很少完全呈单粒状况存在，在多数情况下，土粒会在内外因素综合作用下相互团聚成一定形状和大小且性质不同的团聚体，即土壤结构体。土壤结构是指土壤结构体的种类、数量、排列方式、空隙状况及稳定性等综合特征。

目前国际上尚无统一的土壤结构分类标准。最为常用的是根据形态和大小等外部性状来分类，主要有以下几类。

（1）块状结构与核状结构　土粒互相黏结为不规则的土块，内部紧实，轴长在 5cm 以下，而长、宽、高三者大致相似，称为块状结构；碎块小且边角明显的叫核状结构。

（2）棱柱状结构和柱状结构　土粒黏成柱状体，纵轴大于横轴，内部较紧实，直立于土体中，多现于土壤下层。边角明显称为棱柱状结构；棱柱体外常由铁质胶膜包着，边角不明显，则叫做柱状结构。

（3）片状结构（板状结构）　其横轴远大于纵轴发育，呈扁平状，多出现于耕地的犁底层，在表层发生结壳或板结的情况下，也会出现此类结构。

（4）团粒结构　包括团粒和微团粒。团粒为近似球形的较疏松的多孔小土团，直径约为 $0.25 \sim 10mm$，$0.25mm$ 以下为微团粒。这种土壤结构一般在土壤的表土中出现，具有水稳性（泡水后结构体不易分散）、力稳性（不易被机械力破坏）和多孔性等良好的物理性能，是农业土壤的最佳土壤结构。

四、土壤的化学性质

（一）土壤胶体及特性

土壤胶体是指土壤中颗粒直径小于 $2\mu m$，具有胶体性质的微粒。一般土壤中的黏土矿物和腐殖质都具有胶体性质。土壤胶体是土壤中颗粒最细小且理化性质活跃的微粒，土壤的许多重要性质如土粒的分散和凝聚、离子的吸附与交换、酸碱性、缓冲性、氧化-还原反应等，都与土壤胶体直接相关。

1. 土壤胶体的种类

按照成分和来源，土壤胶体可以分为无机胶体、有机胶体和有机-无机复合胶体。

（1）无机胶体　包括次生硅酸盐、简单的铁铝氧化物、二氧化硅等。

（2）有机胶体　以腐殖质为主，还包括少量的木质素、蛋白质、纤维素等大分子有机化合物。有机胶体不如无机胶体稳定，较易被微生物分解。

（3）有机-无机复合胶体　土壤中的有机胶体很少单独存在，大多通过多种方式与无机胶体相结合，形成有机-无机复合体，其中主要是由二、三价阳离子（如钙、镁、铁、铝等）或官能团（羧基、醇羟基等）与带负电荷的黏粒矿物和腐殖质的连接作用形成的。

2. 土壤胶体的性质

（1）巨大的表面积和表面能　胶体愈细小，单体数量愈多，比表面愈大，土壤胶体的比表面高达 $800 \sim 1000m^2/g$。表面分子由于受到不均衡的分子引力，具有一定的剩余能量——表面能，通常土壤腐殖质及黏粒越多，表面能越大。

（2）带电性　大部分土壤胶体带有电荷，少部分带正电荷或为两性胶体，如土壤无机胶体 $SiO_2 \cdot nH_2O$ 离解后带负电，腐殖质中的羟基及羟基离解 H^+ 后，胶体表面的 $R—COO^-$ 及 RO^- 表现负电性。

（3）分散和凝聚性　土壤胶体呈溶胶和凝胶两种形态存在，即土壤胶体分散在水中成为胶体溶液称为溶胶，土壤胶体互凝聚呈无定形的凝胶体称为凝胶。土壤胶体的这两种存在形态可以相互转化，由溶胶转为凝胶的称为凝聚作用，由凝胶转为溶胶的称为消散作用。试验结果表明，一价阳离子引起的凝聚是可逆的，二、三价阳离子引起的凝聚是不可逆的。土壤胶体凝聚和分散作用与土壤中物质的累积和淋移、土壤结构的形成与破坏等密切相关。

(4) 吸附性　土壤胶体表面能通过静电吸附的离子和溶液中的离子进行交换反应，也能通过共价键与溶液中的离子发生配位吸附。因此，土壤的吸附性是指土壤固相和液相界面上离子或分子的浓度大于整体溶液中该离子或分子浓度的现象，这时称为正吸附；在一定条件下出现与正吸附相反的现象，称为负吸附。土壤吸附性是重要的土壤化学性质之一，对于土壤中物质的形态、转化、迁移和有效性等方面具有重要影响。

(二) 土壤酸碱性

土壤酸碱性是土壤的另外一个重要化学性质，其与土壤微生物活动、有机物的分解、营养元素的释放和土壤中元素的迁移等均密切相关。

1. 土壤酸度

土壤酸度是指土壤酸性的程度，以 pH 表示。它是土壤溶液中 H^+ 浓度的表现，H^+ 浓度愈大，土壤酸性愈强。根据 H^+ 存在的形式，土壤酸度分为活性酸度和潜在酸度两种。

(1) 活性酸度　活性酸度是由土壤溶液游离 H^+ 所引起的，其酸度大小取决于溶液中的 $[H^+]$，也用 pH 表示。土壤溶液的 pH 随盐基度而变，盐基饱和度高，pH 值大，酸性弱；反之，盐基饱和度小，pH 值低，酸性就强。

(2) 潜在酸度　潜在酸度是由土壤胶体表面吸附的 H^+ 及 Al^{3+} 水解所引起的，这些致酸离子被其他阳离子交换转入土壤溶液后才显示其酸性。

活性酸度与潜在酸度是土壤胶体交换体系中两种不同的形式，可以互相转化，处于动态平衡中。土壤活性酸度是土壤酸度的根本起点，没有活性酸度就没有潜在酸度。潜在酸度决定着土壤的总酸度。一般土壤潜在酸度比活性酸度大 3～4 个数量级，是土壤酸度的容量指标。

2. 土壤碱度

土壤的碱性主要来源于土壤中交换性钠的水解所产生的 OH^- 以及弱酸强碱盐类（如 Na_2CO_3、$NaHCO_3$）的水解。除用平衡溶液的 pH 表示以外，还可用土壤中碱性盐类（特别是 Na_2CO_3 和 $NaHCO_3$）来衡量，也称土壤碱度。通常把土壤交换性 Na^+ 含量占土壤交换总量的百分数称为碱化度。根据碱化度可进行土壤碱性划分，其中碱化度 5%～10% 为弱碱化土，碱化度 10%～15% 为中碱化土，碱化度 15%～20% 为强碱化土，碱化度 >20% 为碱土。

土壤溶液的酸碱度影响植物生长和微生物发育，高等植物和农作物适宜的 pH 范围在 5.0～8.0，土壤微生物适宜微酸性及中性土壤。酸性溶液可使原生矿物彻底分解，而碱性溶液分解缓慢。

(三) 土壤氧化性和还原性

土壤具有氧化-还原性的原因在于土壤中共存多种氧化还原物质，其中土壤空气中的氧和高价金属离子都是氧化剂，而土壤有机物以及在厌氧条件下形成的分解产物和低价金属离子等为还原剂。由于土壤成分众多，各种反应可同时进行，其过程十分复杂。

1. 土壤中氧化-还原体系

土壤中无机体系中有氧体系、铁体系、锰体系、硫体系和氢体系，有机体系可包括不同分解程度的有机物、微生物及其代谢产物，根系分泌物，能起氧化-还原反应的有机酸、酚醛和糖类等。常见的土壤氧化-还原体系见表 6-5。

表 6-5　土壤中常见的氧化-还原体系

体系	氧化还原电位 E_h/V		$pE^0=\lg K$
	pH＝0	pH＝7	
氧体系 $1/4O_2+H^++e\Longleftrightarrow1/2H_2O$	1.23	0.84	20.8
锰体系 $1/2MnO_2+2H^++e\Longleftrightarrow1/2Mn^{2+}+H_2O$	1.23	0.40	20.8
铁体系 $Fe(OH)_3+3H^++e\Longleftrightarrow Fe^{2+}+3H_2O$	1.06	−0.16	17.9
氮体系 $1/2NO_3^-+H^++e\Longleftrightarrow1/2NO_2^-+1/2H_2O$	0.85	0.54	14.1
$NO_3^-+10H^++e\Longleftrightarrow NH_4^++3H_2O$	0.88	0.36	14.9
硫体系 $1/8SO_4^{2-}+5/4H^++e\Longleftrightarrow1/8H_2S+1/2H_2O$	0.3	−0.21	5.1
有机碳体系 $1/8CO_2+H^++e\Longleftrightarrow1/8CH_4+1/4H_2O$	0.17	−0.24	2.9
氢体系 $H^++e\Longleftrightarrow1/2H_2$	0	−0.41	0

注：引自陈怀满，环境土壤学，2005。

2. 土壤的氧化-还原电位

土壤氧化-还原性是用土壤氧化还原电位来表示的，它的含义是当一支能传递电子"惰性"的铂电极插入土壤中时，在土壤和电极之间建立一个电位差，称为氧化-还原电位（E_h），单位是 mV。土壤氧化-还原电位的产生，是由于土壤中存在氧化-还原性物质，这些物质参与土壤代谢，在不同的环境条件下，发生氧化-还原反应，形成新的氧化-还原性物质，反应前后物质价态的改变，致使土壤氧化-还原电位发生变化，如土壤有机质转化中 NO_2 和 NH_4 的可逆转化、金属离子 Fe^{3+} 和 Fe^{2+} 的可逆转化、Mn^{4+} 和 Mn^{2+} 的可逆转化，微生物厌氧分解有机物生成 CO_2+CH_4，微生物好氧分解有机物生成 CO_2+H_2O 等。旱地作物根际内耗氧多，E_h 值根际内比根际外低 $50\sim100$mV；水稻根系分泌氧；E_h 值根际内高于根际外。通常 $E_h>300$mV，氧体系起重要作用，$E_h<100$mV 时，主要是有机体系起作用。

3. 土壤氧化-还原作用影响因素

（1）土壤通气状况　通气良好，电位升高；通气不良，电位下降。受氧支配的体系其 E_h 值随 pH 而变化，pH 值越低，E_h 值越高。

（2）土壤有机质状况　土壤有机质在嫌气条件下分解，形成大量还原性物质，在浸水条件下 E_h 下降。

（3）土壤无机物状况　一般还原性无机物多，还原作用强；氧化性无机物多，氧化作用强。土壤中氧化铁和硝酸盐含量高，可减弱还原作用，缓冲 E_h 值的下降。

一般氧化性物质越多，pH 值越小，E_h 值越大，土壤氧化性越强；还原性物质越多，pH 值越大，E_h 值越小，土壤还原性越强。

第二节　土壤环境污染

一、基本概念

（一）土壤环境背景值

土壤环境背景值也称土壤环境元素背景值，是指未受或很少受人类活动特别是人为污染影响的土壤环境本身化学元素的组成及含量。土壤环境背景值不是一个不变的量，而是随着成土因素、气候条件和时间因素的变化而变化的。土壤环境背景值是土壤的重要属性和特征，成为研究土壤环境污染、土壤生态，进行土壤环境质量评价与管理，确定土壤环境容量、环境基准，制定土壤环境标准时重要的参考标准或本底值。

（二）土壤环境容量

土壤环境容量是指在人类生存和自然生态不致受害的前提下，土壤污染物达到环境标准时土壤所能容纳的污染物的最大负荷量。也就是说在一定的土壤环境单元和一定的时限内，遵循环境质量标准，既维持土壤生态系统的正常结构与功能，保证农产品生物学的产量和质量，也不使环境系统受到污染时土壤环境所能容纳污染物的最大负荷量。

（三）土壤污染

土壤污染的定义目前尚不统一，较为一致的看法是：土壤生态系统由于外来物质、生物或能量的介入，而使其有利的物理化学及生物特性遭受破坏而减低或失去正常功能的现象称为土壤污染。土壤污染可从以下三个方面认定：其一是土壤物理、化学或生物性质的改变，使植物受到伤害而导致产量减少或死亡；其二是土壤物理、化学或生物性质已经发生改变，虽然植物仍能生长，但部分物质被农作物吸收进入作物体内，使农产品中有害成分含量过高，人畜食用后可引起中毒及各种疾病；其三是因土壤中污染物含量过高，从而间接地污染空气、地表水和地下水等，进一步影响人的健康。从广义而言，任一劣质的土壤或固体废物的进入而使土壤质量下降，或因人为因素导致的表土流失等，也应视为土壤污染。

综上所述，土壤污染是指由于人为活动或自然因素，有意或无意地将对人类和其他生物有害的物质施加到土壤中，其数量超过土壤的净化能力，从而在土壤中逐渐积累，致使这些成分明显高于原有含量，引起土壤质量恶化，正常功能失调，甚至某些功能丧失的现象。

二、土壤污染类型及特点

（一）土壤污染类型

土壤污染物主要来源于水体、大气、农业和固体废物，因此按照土壤污染物来源途径可以划分为水体污染型、大气污染型、农业污染型和固体废物污染型。

1. 水体污染型

水体污染型是指污染物主要来自于水体而导致的土壤污染。工业污水成分复杂，其中有机物和重金属是重要的污染物，工业废水的无处理排放就可以把这些污染物带入周边土壤。生活废水中含有难降解的洗涤剂，能够在土壤中滞留很长时间，而且含有粪便和腐烂物等生活污水的致病菌也会造成土壤遭受微生物污染。

2. 大气污染型

大气污染物经过降雨、降雪、成雾等湿沉降作用以及吸附、吸收等干沉降作用降至土壤导致土壤污染。土壤污染物与大气污染物类型基本一致。土壤大气污染主要表现为 pH 变化、粉尘、重金属污染和放射性污染。

（1）土壤 pH 变化　在工业和民用废气中，大量的二氧化硫、二氧化碳、二氧化氮等酸性气体随雨水落入土壤后使土壤 pH 降低，而碱厂和石灰厂排放含有多种碱性物质的废气进入土壤后使土壤的 pH 升高。

（2）粉尘和重金属污染　在矿区和冶炼厂，废气中含有的大量粉尘进入土壤后会改变土壤的团粒结构，进而改变土壤的原有功能，更为严重的是这些粉尘中大多含有重金属元素，落入土壤后的粉尘会导致土壤重金属污染。另外，含铅汽车尾气沉降会使土壤遭受铅污染。

（3）放射性污染　原子能工业、和平核试验、原子能设施的核泄漏都会引起放射性物质随风飘送到很远的距离。这些放射性物质沉降到地面，都会造成局部地区土壤的严重污染。

3. 农业污染型

农业污染型是指由于农业生产的需要而不断使用化肥、农药、城市垃圾堆肥、污泥等所引起的土壤污染。污染程度与化肥、农药的数量、种类、利用方式和耕作制度有关。例如，有些农药如有机氯杀虫剂 DDT、六六六等，可在土壤中长期残留，并在生物体内富集；氮、磷等化学肥料，凡未被植物吸收利用和未被耕层土壤吸附固定的养分都在耕层下积累或转入地下水，成为潜在的环境污染物。农业型土壤污染的污染物主要集中在土壤表层或耕层，其分布较广泛，属于面源污染。

4. 固体废物污染型

固体废物通常包括生产和生活中丢弃的固体和泥状物质，包括工业废渣、城市垃圾、从废水中分离出来的固体颗粒物等。土壤的固体废物污染主要表现为堆放在土壤表面的大量固体废物中的重金属、有毒化学物质、油类、细菌等污染物，随雨水淋滤进入土壤，造成以污染物堆放地或填埋场为中心放射性向周围扩散的点源污染。

（二）土壤污染特点

1. 隐蔽性或潜伏性

水体和大气的污染比较直观，而土壤污染则不同。土壤污染往往要通过粮食、蔬菜、水果或牧草等农作物的生长状况的改变以及摄食这些作物的人或动物的健康状况变化才能反映出来。特别是土壤重金属污染，往往要通过对土壤样品进行分析化验和农作物重金属的残留检测，甚至通过研究对人畜健康状况的影响才能确定。日本的第二公害病——痛痛病便是一个典型的例证，该病 20 世纪 60 年代发生于富山县申通川流域，直到 70 年代才基本证实其原因之一是当地居民长期食用被含镉废水污染的土壤所产生的"镉米"所致。此时，致害的那个铅锌矿已经结束了，期间历经 20 余年。

2. 不可逆性和长期性

土壤一旦遭到污染往往极难恢复，特别是重金属元素对土壤的污染几乎是一个不可逆过程，而许多有机化学物质的污染也需要一个比较长的降解时间。

3. 间接危害性

土壤污染的后果是进入土壤的污染物危害植物，也可以通过食物链危害动物和人体健康。土壤中的污染物随水分渗漏在土壤内发生移动，可对地下水造成污染，或通过地表径流进入江河、湖泊等，对地表水造成污染。土壤遭风蚀后其中的污染物可附着在土粒上被扬起，土壤中有些污染物也以气态的形式进入大气。因此，污染的土壤往往又是造成大气和水体污染的二次污染源。

4. 土壤污染的难治理性

如果大气和水体受到污染，切断污染源之后通过稀释作用和自净化作用，大气和水体的污染状况也有可能会不断逆转，但是积累在污染土壤中的难降解污染物则很难靠稀释作用和自净化作用来消除。土壤污染一旦发生，仅仅依靠切断污染源的方法往往很难恢复，有时要靠换土、淋洗土壤等方法才能解决问题，其他治理技术则可能见效较慢。因此，治理污染土壤通常成本较高、治理周期很长。

三、土壤污染源和污染物

（一）土壤污染源

土壤污染源可分为天然污染源和人为污染源。天然污染源是指自然界自行向环境排放有害物质的场所，如活动的火山；人为污染源是指人类活动所形成的污染物排放源。其中，后者是土壤污染研究的主要对象。根据污染源的性质，土壤污染源可划分为工业污染源、农业污染源、生物污染源、交通污染源、放射性污染源和生活污染源。

1. 工业污染源

工业排放的污染物主要以废水、废气和废渣三种形式排放。工业废水具有成分复杂、污染物浓度高和排放量大等特点，废水不经处理排放可能导致土壤污染。工业废气能够随风向运移而对下风向土壤造成污染，废气污染物从大气中降至地面即成土壤污染物。工业废渣肆意堆放也能够引起土壤污染，废渣中污染物还可通过淋滤作用向深层土壤迁移，其渗滤液还可导致地下水污染。

2. 农业污染源

土壤污染的农业污染源包括化肥和农药的使用及污水灌溉等。化肥对土壤的污染表现在两个方面，其一是不合理的施用和过量施用导致土壤养分平衡失调，其二是化肥中含有的有害物质进入土壤后，对植物生长造成毒害。农药在喷洒时，有近一半农药直接落在地表，喷洒在植株上的农药在雨水的淋滤作用下又会降至地面污染土壤。污水灌溉也会导致土壤污染。由于污水的污染物浓度和成分很难控制，加之我国大多采用大水漫灌的灌溉方式，一旦进入土壤的污染物浓度和数量超过土壤的自然净化能力就会导致土壤污染。

3. 生物污染源

生物污染源可产生由人畜粪便滋生细菌和寄生虫等致病微生物导致的土壤污染。生物污染源主要集中在生活垃圾、生活污水以及饲养场排出的固体物和污水中，生物污染源所产生的污染物一旦进入土壤就会带入细菌和寄生虫，引起土壤生物污染。

4. 交通污染源

交通污染源是指交通运输排放的污染物引起土壤污染的污染源，主要包括公路交通运输和铁路交通运输对土壤造成的污染。在公路交通中，长期使用含铅汽油使汽车尾气造成了公路两侧土壤环境大面积的铅污染，污染物沿公路两侧一般成带状分布，但街道密集、车辆较多的污染地带交叉成片，使公路交通污染呈现面源污染特征。在铁路交通中，乘客排泄物和随意抛弃的垃圾和废物都会对铁路两侧土壤造成污染。

5. 放射性污染源

放射性污染源即放射性物质，该污染源大多以点源形式存在，主要有原子核试验场、核电站、原子能的非和平释放等。虽然放射性污染在土壤污染中并不是很频繁，却是最难治理的土壤污染之一。

6. 生活污染源

土壤污染的生活污染源是指来自人类在生活中产生的污染物，如生活垃圾在土壤表面的堆积、生活污水在土壤表面的溢流等导致大量有机物、无机营养盐元素和病原细菌等进入土壤引发的污染。生活污染是仅次于农业污染源的土壤污染源。

（二）土壤污染物

按其土壤污染物的性质，可将引起土壤污染的物质分为有机污染物、无机污染物、放射性污染物和病原菌污染物等。

1. 有机污染物

土壤有机污染物种类很多，主要有杀虫剂、除草剂、石油类和化工污染物等，大多具有难降解性和高毒性。

（1）杀虫剂　在土壤中，杀虫剂可以长期残留而表现强毒性。代表物有：DDT、六六六、对硫磷、马拉硫磷和氨基甲酸酯等。

（2）除草剂　在三大类主要农药制剂（杀虫剂、杀菌剂和除草剂）中，除草剂排在首位。在土壤中，除草剂可以长期残留且呈较高毒性，同时有些除草剂的靶向性较差而对植物生长产生危害。

（3）石油类　石油类污染物主要来自炼油企业、采油区和油田废油，主要污染物是难以降解的芳烃物质。石油可导致土壤含氧量和透气性降低，进而使土壤微生物无法生存，还会散发异味。

（4）化工污染物　在土壤中，化工厂排放的有毒化合物可以影响土壤微生物生长和植物的成活。代表的污染物有苯并芘、酚类等。

2. 无机污染物

土壤中的主要无机污染物有重金属污染物、酸碱污染物和化学肥料3大类。

（1）重金属污染物　重金属污染物主要通过农田污水灌溉、重金属冶炼厂废气沉降等过程进入土壤。重金属形态稳定，不会分解，容易富集。镉、汞、铅、铜等是较常见的污染物。

（2）酸碱污染物　在土壤环境中，二氧化硫、二氧化碳、二氧化氮等酸性气体随降水落入土壤之后会使土壤酸化。在石灰产业周边地区，土壤中pH常偏高，表现为碱化。

（3）化学肥料　化肥长期使用会造成土壤有机质含量下降而板结，耕地地力下降，农业生产后劲不足，农业抗御自然灾害的能力减弱，影响农业的可持续发展。

3. 放射性污染物

放射性污染物是指人类活动排放出的放射性污染物，使土壤的放射性水平高于天然本底值。放射性污染物主要来自核工业、核爆炸、核设施泄漏等。放射性物质和重金属一样不能被微生物分解而残留在土壤造成潜在威胁。土壤被放射性物质污染后，通过放射性衰变，产生 α、β、λ 射线。这些射线能够穿透人体组织、损害细胞或造成外照射损伤，或通过呼吸系统或食物链进入人体，造成内照射损伤。

4. 病原菌污染物

土壤病原菌主要源于人畜粪便肥料施用和污水灌溉等途径，土壤病原菌污染物能够通过水和食物等进入食物链而导致牲畜和人患病。

四、土壤污染危害

（一）土壤污染对农业的危害

土壤污染直接影响农作物生长和农产品品质。当污染物浓度达到一定水平时农作物就会受到毒害，导致农作物的大量减产和死亡。例如，铜等重金属被植物吸收后集中在植物的根部，很少向植物地上部分转移，致使植物根部重金属浓度过高，植物还没有成熟就已经被毒害、枯萎甚至死亡。

如果污染物在农作物收获时仍然在植物可以忍受的限度之内，植物虽可以成熟，但植物细胞、组织或某器官已经遭受毒害，使农作物的品质严重下降。

（二）土壤污染对人体健康的影响

土壤污染一旦形成，对人类健康就会产生很大的影响。一方面，土壤中有机污染物分解时可能会产生使人感官极不愉快的恶臭气体，而且有些有机物降解时会产生危害人类的有毒气体；另一方面，土壤中的重金属和某些有机物可在植物体内富集，通过食物链影响动物和人类健康。

（三）土壤污染导致其他环境问题

土壤受到污染后，含重金属浓度较高的污染表土容易在风力和水力作用下分别进入到大气和水体中，导致大气污染、地表水污染、地下水污染和生态系统退化等次生生态环境问题。例如，北京市的大气扬尘中，有一半来源于地表。表土的污染物在风的作用下，作为扬尘进入大气中，进一步通过呼吸作用进入人体。

五、典型土壤环境污染

（一）土壤重金属污染

重金属是指密度大于 $5.0g/cm^3$ 的金属元素，在自然界大约有 45 种。土壤中重金属元素的过量与不足均可对动植物的生长发育产生不良影响。由于不同重金属在土壤中的毒性差别较大，通常关注的重金属包括汞、镉、铅、铬、铜、锌、镍、钼、钴等。另外，砷作为一种准金属，其化学性质和环境行为与重金属有相似之处，一般也归属于重金属范畴进行讨论；铁和锰在土壤中含量较高，一般不太注意其污染问题，但在强还原条件下，铁和锰所引起的毒害应引起足够重视。

土壤重金属污染可定义为，由于人类活动将重金属带入到土壤中，致使土壤中的重金属含量明显高于背景含量，并可能造成现存或潜在的土壤质量退化现象。

1. 土壤中重金属污染的来源

土壤重金属污染来源广泛，主要包括大气降尘、污水灌溉、工业固体废物不当堆置、矿业活动、农药和化肥等。

（1）大气沉降　大气对土壤中各种元素的含量具有明显影响。主要的大气污染源包括电厂、黑色冶金、石油开采和加工、运输、有色冶金以及建筑材料开采和生产等，进入大气的重金属通过干、湿沉降输入到土壤和水体。例如 1986—1988 年期间甘肃白银有色金属基地由降水和降尘输入到农田的重金属 Cd 为 $10.8g/(hm^2 \cdot a)$、Pb 为 $414.9g/(hm^2 \cdot a)$、Cu 为 $352.6g/(hm^2 \cdot a)$、As 为 $241.6g/(hm^2 \cdot a)$，其中铅、砷均高于灌溉水的输入量。

（2）污灌　污灌是指用城市下水道污水、工业废水、排污河污水以及超标的地面水等进行灌溉。污灌引起了部分城市和地区农田土壤和农作物严重的重金属污染。

（3）采矿和冶炼　工矿地区重金属污染主要由于采矿和冶炼中的废水、废渣和降尘所造成。对我国某地 8 个主要金属矿山及冶炼厂附近地区土壤重金属污染状况进行调查，农田中最高镉含量达 29.8mg/kg，含铜量 2081mg/kg。

（4）肥料和农药　肥料中重金属污染问题越来越被重视。调查发现，我国一些省区的大型养殖场畜禽饲料、畜禽粪和商用有机肥中的铜、铅、锌和镉的含量都很高，长期使用将可能造成严重的土壤和作物重金属污染。另外，大量施用含有重金属的农药也是造成土壤重金属污染的重要原因。例如果园土壤中 Cu 的积累主要来自长期施用含 Cu 农药的结果。

2. 土壤重金属污染特点

（1）形态变化较为复杂　重金属多为过渡元素，有较多的价态变化，且随环境 E_h、pH、配位体的不同呈现不同的价态、化合态和结合态。重金属形态不同则其毒性也不同。例如，Cr^{3+} 是维持生物体内葡萄糖平衡以及脂肪、蛋白质代谢的必需元素之一，而 Cr^{6+} 是水体中的重要污染物。

（2）有机态比无机态毒性更大　对于重金属来说，其有机态化合物常常比无机态化合物或者单质的毒性大。例如，甲基氯化汞的毒性大于氯化汞，二甲基镉的毒性大于氯化镉。

（3）毒性与价态和化合物的种类有关　重金属的价态和化合物类型及其化学性质关系极为密切，化合物类型不同则毒性也不同。例如，二价铜的毒性大于单质铜，亚砷酸盐的毒性大于砷酸盐，砷酸铅的毒性大于氯化铅。

（4）迁移转化形式多样化　土壤中重金属的迁移转化形式几乎包括了化学过程、物理过程和生物过程等各种形式，表 6-6 是重金属的各种作用过程。重金属的物理和化学过程往往是可逆的，随物理、化学条件的改变而改变，但在特定环境下却表现出相对稳定性。

表 6-6　土壤环境中重金属各种作用过程及类型

作用过程类型	作用过程
化学过程	水合、水解、溶解、中和、沉淀、络合、解离、聚合、凝聚、絮凝等
生物过程	生物摄取、生物富集、生物甲基化等
物理过程	分子扩散、湍流扩散、混合、稀释、沉积、底部推移、再悬浮等

（5）在生物体内积累和富集　一般生物都有对重金属的积累能力，而且从低等生物到高等生物积累的浓度依次升高。例如，水中含有 1×10^{-10} 的汞，在经浮游生物、小虾、小鱼、大鱼食物链传递后再被人类食用可以浓缩 1 万～5 万倍。

（6）在土壤中不降解和消除　在土壤环境中，重金属不会被降解，只能从一个地点迁移到另外一个地点，或者从一种形态变化为另外一种形态。由于土壤本身的性质，土壤重金属往往与土壤颗粒结合紧密，并保持一种比较稳定的化学性质和物理性质，所以用物理和化学的方法都很难将其从土壤中消除。

（7）在人体中呈慢性毒性过程　土壤重金属进入人体之后，在浓度较低时没有明显的毒理表现；随着重金属浓度的逐步增加，发生化合、置换、络合、氧化、还原、协同等反应影响代谢过程或酶系统，重金属的毒性往往在经过几年或者几十年的时间才显示出来。

（8）空间分布呈现明显的区域性　土壤重金属浓度往往与某地区的岩性和土壤类型有关，如某地区有重金属矿产则其土壤中的重金属浓度就会比较高；另外与该地区的工业类型关系密切，如该地区有大型的化工、印染、冶炼、电镀等行业，就可能导致该地区土壤中的重金属含量较高。

3. 土壤中重金属的形态

土壤中重金属元素的迁移、转化及其对植物的毒害和环境的影响程度，除了与土壤中重金属的含量有关外，还与重金属在土壤中的存在形态有很大关系。土壤中重金属存在的形态不同，其活性、生物毒性以及迁移特征也不同。

目前土壤重金属的形态可分为水溶态、交换态、碳酸盐结合态、铁锰氧化物结合态、有机结合态和残留态。水溶态是土壤溶液中重金属离子，可用蒸馏水提取，且可被植物根系直接吸收，大多数情况下水溶态含量极微。可交换态是指被土壤胶体表面非专性吸附且能被中性盐取代，同时也易被植物根部吸收的部分。碳酸盐结合态是石灰性土壤中较为重要的一种形态。铁锰氧化物结合态是被土壤中氧化铁锰或黏粒矿物的专性交换位置所吸附的部分，不能用中性盐溶液交换，只能被亲和力相似或更强的金属离子置换。有机结合态是指重金属通过化学键形式与土壤有机质结合，也属专性吸附。残留态是指结合在土壤硅铝酸盐矿物晶格中的金属离子，在正常情况下难以释放且不易被植物吸收的部分。

4. 常见土壤重金属元素污染

（1）汞污染　汞是人类认识较早的一种重金属，其在自然界各种环境介质中均有分布，土壤中汞的浓度在 $0.029\sim0.1\mu g/g$ 之间。近代以来，汞被广泛应用于工业生产中，如电镀、制碱、贵重金属提炼等行业。据统计，生产 1t 氯大约要流失 $100\sim200g$ 汞。在含硫较多的化石燃料中汞的浓度会升高。另外农业生产过程的汞污染主要来自农药中汞的化合物。

① 汞的环境行为　汞在自然界的形态与其生物毒性有密切相关。汞单质以及无机汞化合物都比较容易从体内排出，对动物及人体的危害不大；然而汞在生物体内可与高分子结合成稳定的络合物（见表 6-7），则很难从动物或人体中自然排出，从而对生物或人类造成毒害。

表 6-7　甲基汞和汞离子的某些络合物的稳定常数

配位体	pK	
	CH_3Hg^+	Hg^+
OH	9.5	10.3
组氨酸	8.8	10
半胱氨基	15.7	14
白蛋白	22.0	13

注：引自王红旗，土壤环境学，2007。

在土壤中，单质汞很容易挥发，主要以汞蒸气的形式进入大气参与汞蒸气循环；二价汞以难溶于水的硫化汞（HgS）形式存在于土壤中，HgS 难以被植物吸收而不参与生物迁移，在空气中 HgS 比较容易氧化为亚硫酸汞和硫酸汞。甲基汞是有机汞中毒性最大的，它可以和生物体内很多有机或无机配位基团结合，如无机基团—SH、—NH$_2$、—OH 等，有机基团—COOH 等。所以，在生物体内的甲基汞很容易与生物体内的蛋白质或氨基酸结合在一起，而且甲基汞又极易溶解于脂肪，甲基汞对人体和生物体的危害十分严重。

② 汞污染的危害　甲基汞和汞的其他烷基化合物毒性已被证实远大于无机汞单质和化合物。进入人体的甲基汞很快与血红素分子组合，形成稳定的巯基-烷基汞（R-S·HgCH$_3$），成为血球的组成部分。在体内的甲基汞约有 15% 蓄积在脑中，侵入中枢神经系统，破坏脑血管组织，引起一系列中枢神经的中毒症状，如手、足、唇麻木和疼痛，语言失常，听觉失灵，震颤和情绪失常等。此外甲基汞还可以导致流产、死产、畸形胎儿或者出现先天性痴呆儿。

（2）镉污染　镉和锌是伴生元素，锌的开采、冶炼、加工企业都有可能造成附近地区镉污染，铜矿和铅矿也有可能产生镉污染。另外，蓄电池制造企业、颜料制造业和农业磷肥生产行业都有可能造成镉污染。

① 镉的土壤环境行为　在土壤溶液中，镉的存在与 pH 有很大关系，在酸性条件下主要是以 Cd^{2+} 形态存在，在 pH 大于 8 时开始形成氢氧化合物 Cd（OH）$^+$。土壤对镉具有较强的吸附能力，而且土壤胶体吸附是一个快速的过程，95% 以上的镉可在 1h 内达到吸附平衡。大多数土壤类型对镉的吸附能力遵循：腐殖质土＞重壤质冲积土＞砂质冲积土。另外，土壤环境中的碳酸盐（尤其碳酸钙）的含量直接影响到土壤中镉的形态变化，在部分含碳酸钙较少的土壤中可以补充碳酸钙抑制镉污染。

② 镉污染的危害　对于动植物以及人类来说，镉不是必需的元素，与铅、铜、锌、砷

相比，镉的环境容量要小得多，但镉很容易被植物吸收，小麦和水稻等主要农作物对镉的富集能力很强，镉很容易通过食物链进入人体。镉具有很长的生物半衰期，可以在人体内停留几十年。

镉进入人体之后，一部分与血红蛋白结合，一部分与低分子的硫蛋白结合，然后随血液分布到内脏器官，最后主要蓄积于肾和肝中。镉中毒症状表现为动脉硬化性肾萎缩或慢性球体肾炎；由于过多的镉进入骨质，取代部分钙引起骨骼软化和变形，引起自然骨折甚至死亡。1955 年日本富士山神通河流域发生的"骨痛病"就是由于当地居民食用了高含量镉的稻米和饮用水引发的。表 6-8 是骨痛病死者体内组织中镉含量与正常人对比值。

表 6-8 骨痛病死者体内组织中镉含量与正常人对比值

人体组织	骨痛病人中 Cd 含量/($\mu g/g$)	正常人体中 Cd 平均含量/($\mu g/g$)
肋骨	11472	0
软骨	4755	0
椎骨	6967	0
肾	4906	2000
肺	2554	35
肝	7501	180
脑	7293	0
胃	3762	<4
小肠	4034	4

注：引自陈怀满，环境土壤学，2005。

（3）铅污染 土壤环境中的铅污染主要来源于金属冶炼、金属制品制造业和电镀等行业，大量含铅废渣的排放都会造成土壤的严重污染。此外，交通也是铅污染的重要来源。

① 铅的土壤环境行为 在自然环境中，铅主要以 $Pb(OH)_2$、$PbCO_3$、$PbSO_4$ 等难溶解的形式存在。可溶性的铅含量极低。土壤中的铅主要来自于水体环境，水体中的 $PbCl_2$ 等可溶卤化铅进入土壤中，可溶态很快转化为难溶性化合物。土壤铅的迁移性很低，一般也不会受雨水淋滤而向下迁移，主要积累在土壤表层。

在土壤中，氧化-还原电位和 pH 对土壤铅的形态具有较大影响。当土壤氧化-还原电位增大而处于氧化环境时，土壤铅可与土壤中的高价铁或锰化合物结合在一起，这些铁锰化合物的极低溶解度进一步降低了土壤中可溶态铅的含量。

② 铅污染的危害 铅是唯一的人体不需要的微量元素，它几乎对人体所有器官都能造成损害，尤其是神经系统、循环系统、消化系统以及造血系统。人体内即使有 $0.01\mu g$ 铅也会对健康造成损害，并且即使脱离原来的污染环境或体内铅水平明显下降，也不会使受损器官和组织修复。

铅对人体危害可以表现为智力发育和骨骼发育迟缓、消化不良和内分泌失调、贫血、高血压和心律失常、肾功能和免疫功能受到损伤等，尤其当铅通过血液进入大脑神经组织后，可以使营养物质和氧气供应不足，进而造成脑组织损伤，严重者还可能导致终身残疾，儿童还伴有智力发育障碍、注意力不集中、多动而兴奋、行为异常等。

（4）铬污染 铬的污染源主要是电镀、制革废水、铬渣等。土壤中的铬主要有两种价态，即 Cr^{6+} 和 Cr^{3+}。两种价态的行为极为不同，前者活性低而毒性高，后者则相反。Cr^{3+}

主要存在于土壤和沉积物中，Cr^{6+} 主要存在于水中，但易被 Fe^{2+} 和有机物等还原。

① 铬的土壤环境行为　在土壤中，铬主要以 Cr^{3+}、CrO_2^-、$Cr_2O_7^{2-}$、CrO_4^{2-} 4 种形态存在，呈现 +3 和 +6 两种价态。土壤中铬的价态与 pH 有很大关系，在弱酸性土壤中的六价铬可以转化为三价铬，在碱性土壤中的铬主要以六价形式存在。另外，土壤中有机质可以快速将六价铬还原成比较稳定和毒性较低的三价铬。所以，土壤环境中的铬主要以三价铬形式积累于土壤表层。

② 铬污染的危害　铬是动物和人体必需的微量元素，它参与胰岛素的糖代谢过程、脂肪代谢过程、维持胆固醇正常代谢。人体中铬过量（尤其的六价铬）会严重损害身体健康，当皮肤接触 100mg/L 的六价铬溶液就会诱发皮疹、浮肿甚至溃疡，铬进入呼吸道会引发鼻黏膜溃疡、鼻中隔穿孔和消化道疾病。在植物灌溉时，水中铬浓度超过 $1\mu g/g$ 时，植物生长就会减慢；当浓度到达 $100\mu g/g$ 时，植物生长完全停止甚至死亡。铬被植物吸收后，主要积累在根部并干扰植物的金属运输系统，使其他金属不能正常运输到植物的各个部分，导致植物末梢、顶端等处缺乏必要的金属元素，产生铬中毒。

（5）砷污染　砷（As）是类金属元素。土壤中含砷 2～10mg/kg。工业排放砷的部门主要有化工、冶金、炼焦、火力发电、造纸、玻璃、皮革等，以冶金和化学排砷量最高，农业方面的砷主要来源于含砷的杀虫剂、杀菌剂和土壤处理剂，如砷酸铅、砷酸钙、稻脚青等。

① 砷的土壤环境行为　土壤中 As 以可溶态、吸附态和难溶态形式存在。在一般的 pH 值和 E_h 范围内，As 砷主要以 As^{3+} 和 As^{5+} 存在。水溶性 As 多为 AsO_4^{3-}、$HAsO_4^{2-}$、AsO_3^{3-} 和 $H_2AsO_3^-$ 等阴离子形式。其含量常低于 1mg/kg，只占总 As 含量的 5%～10%。这是由于水溶性 As 很易与土壤中的 Fe^{3+}、Al^{3+}、Ca^{2+} 和 Mg^{2+} 等生成难溶性砷化物。带正电荷的土壤胶体，特别是 Fe_2O_3 和 $Fe(OH)_3$ 对 AsO_4^{3-} 和 AsO_3^{3-} 阴离子的吸附力很强。土壤中的不同类型黏土矿物胶体对砷的吸附量明显不同，一般是蒙脱石＞高岭石＞白云石。吸附于黏粒表面的交换性砷，可被植物吸收，而难溶性砷化物很难为作物吸收，从而累积在土壤中。

② 砷的危害　对人体来说，亚砷酸盐的毒性比砷酸盐要大 60 倍，这是由于亚砷酸盐可以与蛋白质中的巯基反应，而砷酸盐则不能。另外，砷具有积累性中毒作用，并对人具有致癌作用。砷对植物毒性的主要原因在于砷阻碍了作物中水分的输送，使作物根以上的地上部分氮和水分的供给受到限制，造成作物的枯黄。水稻试验表明，当砷酸盐浓度达 1mg/L 时，水稻即开始受害；达到 5mg/L 时，水稻减产一半；达到 10mg/L 时，水稻生长不良，以致不抽穗。

（二）土壤有机物污染

土壤有机污染物包括有机农药、石油烃、塑料制品、染料、表面活性剂、增塑剂和阻燃剂等，主要来源于农药施用、污水灌溉、污泥和废弃物的土地处置利用和污染物泄漏等。有机污染物通过各种途径进入土壤，对土壤环境和农产品安全造成了不利影响，日益引起人们的普遍关注。

1. 土壤有机农药污染

农药是各种杀菌剂、杀虫剂、杀螨剂、除草剂和植物生长调节剂等农用化学制剂的总称。农药大多为有机化合物，自 20 世纪 40 年代广泛应用以来，已有数千万吨农药进入土壤环境，农药已经成为土壤中主要的有机污染物。

（1）常见有机农药类型

① 有机氯类农药　有机氯类农药是一类含氯有机化合物，大部分是含有一个或几个苯环的氯素衍生物，最主要的品种是 DDT 和六六六，其次是毒杀芬、艾氏剂、狄氏剂、氯丹和七氯等。有机氯类农药化学性质稳定，高残留，在环境中不易分解，而且具有高生物富集性，能够通过食物链威胁人畜的健康。

有机氯类农药残留在动物体内，会引起神经系统、内分泌系统和中枢神经系统等的病变，发生肌肉震颤、内分泌紊乱、肝肿大、肝细胞变性等症状，还可通过母乳传递给下一代，进而影响下一代。

② 有机磷类农药　有机磷农药是为取代有机氯农药发展起来的，有机磷农药比有机氯农药容易降解，但其毒性较高，大部分对生物体内胆碱酯酶有抑制作用，且具有烷基化作用，可引起动物的致癌和致突变作用。随着有机磷农药使用量的逐年增加，其对环境污染和人体健康的影响引起人们的高度重视。

根据有机磷农药的毒性差异，可将其划分为三类，即剧毒类，包括对硫磷、内吸磷、三硫磷和乐果等，该类难溶于水、毒性特强、可保持较长期药效；中毒类，包括敌敌畏、二甲硫吸磷，此类微溶于水、有较高的杀虫力，且易分解，残留时间短；低毒类，包括敌百虫、马拉硫磷等，该类毒性较低，杀虫效力高，对日光稳定，残留时间短。

③ 氨基甲酸酯类农药　氨基甲酸酯类农药是一类低毒低残留的杀虫剂，具有苯基-N-烷基氨基甲酸酯的结构，有抗胆碱酯酶作用，与有机磷农药有相同的中毒特征，但机理不同。氨基甲酸酯类农药在自然环境中易于分解，在动物机体内也能迅速代谢，代谢产物的毒性多数低于其本身毒性。

④ 除草剂　常用的除草剂包括 2,4-D（即 2,4-二氯苯氧基醋酸）等，它们能杀灭许多阔叶草。大多数除草剂在环境中易分解，对动物的生化过程无干扰，没发现在人、畜体内积累。近年来，研究认为除草剂中的阿特拉津具有干扰内分泌作用。有效削减土壤环境中残余的阿特拉津成为土壤环境污染控制的热点之一。

（2）农药在土壤中的环境行为　有机农药在土壤环境中可发生吸附/解吸、挥发、渗透、生物和非生物降解等过程行为，这些过程行为往往同时发生、相互作用，并受多种因素影响。

① 土壤对有机农药的吸附　进入土壤的有机农药一般通过吸附吸收、离子交换吸收、配位体交换吸收、氢键结合吸收、质子化作用吸收等方式将农药吸附在土壤颗粒表面，使农药残留在土壤中。土壤对有机农药的吸收不仅会影响农药在土壤中的挥发与移动性能，而且还会影响农药在土壤中的生物与化学降解特征。

土壤对农药吸附力的强弱既决定于土壤特征，也决定于农药本身的性质。土壤有机质和各种黏土矿物对农药的吸附能力一般按照下列顺序递减：有机胶体＞蒙脱石类＞伊利石类＞高岭石类。

② 有机农药在土壤中的迁移　进入土壤环境中的农药可以通过挥发、扩散而迁移入大气，引起大气污染；或随水迁移，扩散（包括淋溶和水土流失）而进入水体，引起水体污染；也可通过作物吸收，导致农作物的污染，再通过食物链浓缩，进而导致对动物和人体的危害。

农药在土壤中的迁移速度除了与土壤的孔隙度、质地、结构、土壤水分含量等性质相关外，主要决定于农药的蒸气压和环境的温度。农药的蒸气压愈高，环境温度愈高，则农药迁移的速度就愈快。因此，农药从土壤环境中的蒸气扩散是大气中农药污染不可忽视的污染源，而农药在土壤溶液中迁移、扩散速度一般较慢。

（3）有机农药在土壤中的降解 农药在土壤中的降解包括光化学降解、化学降解和微生物降解。光化学降解是土壤表面因受太阳辐射能和紫外线能而引起农药的分解，主要有异构化、氧化、水解和置换反应，大部分除草剂、DDT以及某些有机磷农药可发生光化学降解。农药的化学降解以水解和氧化最为重要，水解是最重要的反应之一。土壤微生物对有机农药的降解起着极其重要的作用，土壤微生物（包括细菌、霉菌、放线菌等各种微生物）能够通过各种生物化学作用参与分解土壤中的有机农药。土壤中微生物对有机农药的生物化学作用主要有脱氯作用、氧化还原作用、脱烷基作用、水解作用、环裂解作用等。

（4）有机农药在土壤中的残留 农药在土壤中的存留时间常用两种概念来表示：即半衰期和残留期，所谓半衰期指施入土壤中的农药因降解等原因使其浓度减少一半所需要的时间；而残留期指土壤中的农药因降解等原因含量减少而残留在土壤中的数量减少75%～100%所需要的时间。

实验表明，有机氯农药在土壤中残留期最长，一般有数年至二三十年之久，其次是均三氮杂苯类和苯氧乙酸类除草剂，残留期一般在数月至一年左右；有机磷和氨基甲酸酯的杀菌剂，残留时间一般只有几天或几周，在土壤中很少有积累。

2. 土壤石油污染

石油是由上千种化学性质不同的物质组成的复杂混合物，主要包括饱和烃、芳香烃类化合物等。当今世界上石油的总产量为每年$2.2×10^9$t，其中$8×10^6$t的石油污染物进入环境，我国每年也有$6×10^5$t进入环境，污染土壤、地下水、河流及海洋。石油对土壤的污染主要是在勘探、开采、运输以及储存过程中引起的。大量石油生产设施如油井、集输站、联合站等由于各种原因，使部分原油直接或间接地泄漏于油区地面，这些石油类物质进入土壤环境引发污染。另外，石油开采、冶炼、运输过程中的石油泄漏事故、含油废水排放、石油制品挥发和不完全燃烧物等也可引起一系列的土壤石油污染问题。

石油中的芳香烃类物质对人及动物的毒性较大，尤其是以双环和三环为代表的多环芳烃毒性更大，若较长时间、较高浓度接触，会引起恶心、头痛和眩晕等症状。一旦石油烃类进入动物体内，对哺乳动物及人类有致癌、致畸、致突变作用，严重的污染导致石油烃的某些成分在粮食中积累，影响粮食品质，并通过食物链危害人类健康。

3. 土壤持久性有机污染物污染

持久性物质（persistent substance）是指化学稳定性强、难于降解转化、在环境中能长时间滞留的物质，具有这些性质的有机污染物称为持久性有机污染物（persistent organic pollutants，POPs）。一般来说，POPs类物质在水体中的半衰期大于2个月，在土壤或沉积物中的半衰期大于6个月，有些POPs类物质的半衰期长达几年、数十年，甚至万年。

持久性有机污染物具有高毒性、高脂溶性、长距离迁移性和持久性特征。其高毒性表现在持久性有机污染物会扰乱生物体自身激素的正常作用，导致生物体内分泌紊乱、生殖及免疫机能失调、神经行为和发育紊乱，也称为内分泌干扰物、环境激素或环境荷尔蒙。POPs物质不易溶于水，具有较好的脂溶性，可通过食物链在生物体内蓄积，进而富集并影响较高营养等级的生物。POPs的长距离迁移性表现在可从水体或土壤中以蒸气形式进入大气环境或被大气颗粒物吸附并通过大气环流远距离迁移，这种过程可以不断发生，使POPs物质可沉积到地球偏远的极地地区而导致全球范围的污染传播。另外，POPs的持久性表现为其结构稳定，自然条件下不宜降解，即使几十年前使用过的POPs在许多地方至今依然能够发现残留物。

(三) 土壤放射性污染

自从 1896 年法国科学家贝克勒尔发现放射性铀，其他一些天然放射性元素陆续被发现。核裂变研究随之深入，核能技术取得了快速发展，其副作用——放射性污染也相应产生。土壤放射性污染是指人类活动排出的放射性污染物，使土壤的放射性水平高于天然本底值，从而对人体及生物造成一定损伤。

1. 土壤中放射性物质的来源

土壤中也存在天然放射性元素或同位素，如 U、Th、Ra、^{14}C、^7B 等，这些放射性元素的照射剂量都很低，对人体和生物基本无显著不良影响。

人为排入土壤中的放射性物质主要有以下来源。

(1) 核工业 核工业产生的废水、废气和废渣的排放是造成放射性污染的重要原因。在铀矿开采过程中，主要是氡和氡的子体以及放射性粉尘对周围大气的污染、放射性矿井水对水体的污染和废矿渣和尾矿等固体废物污染。铀水冶厂的放射性废水量和废渣量也很大，如采用碱法浸出时因沉淀母液返回利用，处理每吨矿石约产生 $0.4\sim0.8m^3$ 的废水，这些废水排入江河后往往造成下游河段铀和镭的含量明显提高。

(2) 核电站 核电站排出的放射性污染物主要为人工放射性核素，包括反应堆材料中的某些元素在中子照射下生成的放射状活化产物、由于元件包壳的微小破损而泄漏的裂变产物、元件包壳表面污染的铀的裂变产物等。正常情况下，核电站对土壤环境的放射性污染很轻微。生活在核电站周围的绝大多数居民从核电站排放的放射性核素中接受的剂量一般不超过本底辐射剂量的 1%，只有在核电站反应堆发生事故的时候才会对土壤环境造成严重污染。

(3) 核燃料处理厂 核燃料后处理厂是将反应堆辐照元件进行化学处理，提取钚和铀再度使用。后处理厂排入环境的放射性核素为裂变产物和少量超铀元素。其中一些核素半衰期长、毒性大 (如 ^{90}Sr、^{137}Cs、^{239}Pu)，所以后处理厂是核燃料生产循环中对环境污染的重要污染源。

(4) 核试验 核爆炸瞬间能产生穿透性很强的中子和 λ 辐射，同时产生大量的放射性核素。前者称为瞬间核辐射，后者称为剩余核辐射。剩余核辐射主要来源于裂变核燃料进行核反应时产生的裂变产物、未发生核反应的剩余核燃料，核爆炸时产生的中子、弹体材料以及周围空气、土壤和建筑材料中的某些元素发生核反应而产生的感生放射性核素。核爆炸产生的放射性核素除了对人体产生外照射外，还会对空气和食物产生内辐射，其中危害最大的核素是 ^{89}Sr、^{90}Sr、^{137}Cs、^{131}I、^{14}C、^{239}Pu 等。

2. 影响放射性物质积累迁移的主要因素

(1) 气候和地形 由于水对许多放射性离子具有一定的溶解作用，在降水量较高的潮湿地区，放射性物质随水向土壤深层迁移的特征相对明显。地形对土壤放射性污染的影响主要表现在空间的差异上，如山坡地区放射性污染较大的表层土壤由于土壤流失严重，其土壤中核素污染水平远低于平原地区。另外，湖、海积平原的 α 放射性活度、总 β 放射性活度均高于三角洲地区。

(2) 核素形态和性质 一般来说，半衰期长的放射性核素对环境影响大，半衰期短的影响相对较小。通常溶解态的阳离子易被土壤吸着，其在土壤中的迁移能力较小；难溶态的氧化物或沉淀物不被黏粒矿物吸附，可随水流在土壤缝隙中迁移。另外，放射性核素的氧化态不同，植物吸收能力也不同。

（3）土壤性质　不同种类的土壤对放射性物质的吸附能力有明显差异，如中国东北地区的土壤对 ^{90} Sr 的吸附能力依次为：黑土黏粒＞白浆土黏粒＞暗棕色森林土黏粒。相对于黏土和泥沙土而言，^{137} Cs 浓度比粗粒矿质土的低。土壤颗粒粒径愈小，其有效比表面积愈大，吸附能力也愈强。细小颗粒成为核素迁移的载带物，当颗粒粒径远小于土壤空隙的直径时，其本身极易随水的流动而迁移，在孔隙较大的砂质土壤中核素迁移作用十分明显。

（4）植物种类　不同种植物对土壤中放射性核素的吸收能力不同。例如，豆科植物对铜和 ^{90} Sr 的吸收能力比禾本科植物强，但藜科和葫芦科植物对 ^{90} Sr 的吸收能力比豆科植物强很多；植物和谷类对 ^{90} Sr 的吸收顺序为：莴苣属、甘蓝＞胡萝卜、葱属＞谷类＞马铃薯。此外，同种植物不同器官对放射性核素的积累也不同。例如，芝麻、红苋菜孤茎内 ^{90} Sr 的含量比叶子高，并且 ^{90} Sr 大量集中在老叶中；^{137} Cs 在水稻各器官中的比活度大小顺序为：叶＞茎＞根＞穗。

3. 土壤中放射性物质的危害

由于土壤的放射性污染，可以导致植物体内积累放射性物质，这些放射性物质通过衰变，产生 α、β、λ 射线。这些射线能穿透人体组织，损害细胞或造成外照射损伤，或通过呼吸系统或食物链进入体内，造成内照射损伤，包括改变体内正常的氧化还原作用，引起新陈代谢过程的变化。这些变化会造成生物效应，抑制细胞分裂，诱发基因突变和染色体畸变等。同时放射性物质还可以直接通过皮肤接触而进入人体，危及人体健康；也可通过大气和水体由呼吸道、皮肤、伤口或饮水进入人体。当一定剂量的放射性物质进入人体后，可引起很多病变，如疲劳、虚弱、恶心、眼痛、毛发脱落、斑疹性皮炎，以及不育和早衰等。另外，辐射还可引起肿瘤，特别是体内照射更易引起恶性肿瘤。发生肿瘤的器官和组织主要分布于皮肤、骨骼、肺、卵巢和造血器官。

六、土壤自净作用

土壤自净作用，又称土壤自然净化作用，是指土壤利用自身的物理、化学及生物学特征，通过吸附、分解、迁移等作用，使污染物在土壤中的数量、浓度或毒性、活性降低的过程。按照作用机理的不同，土壤自净作用包括物理净化作用、化学净化作用、物理化学净化作用和生物净化作用。

（一）物理净化作用

土壤物理净化作用是指土壤通过机械阻留、水分稀释、固相表面物理吸附、水迁移、挥发、扩散等方式使污染物固定或使其浓度降低的过程。

土壤物理净化能力与土壤质地、结构、土壤孔隙、土壤含水量、土壤温度等因素有关。例如，砂性土壤的空气迁移、水迁移速率都较快，但表面吸附能力较弱。因此，增加砂性土壤中黏粒和有机胶体的含量，可以增强土壤的表面吸附能力，以及增强土壤对固体难溶性污染物的机械阻留作用；但土壤孔隙度减小，使空气迁移、水迁移速率下降。此外，增加土壤水分，或用清水淋洗土壤，可使污染物浓度降低，减小毒性；提高温度可使污染物挥发、解吸、扩散速度增大等。

土壤物理净化作用只能使污染物在土壤中的浓度降低，而不能从整个自然环境中消除，其实质仅是污染物的迁移。例如，土壤中的农药向大气迁移，成为大气污染的重要来源；土壤污染物向地表水或地下水迁移，将造成水源的污染；难溶性污染物在土壤中被机械阻留，导致污染物在土壤中积累，产生潜在污染。

（二）化学净化作用

土壤化学净化作用是指污染物进入土壤以后，经过一系列的化学反应，将污染物转化成为难溶性、难离解性物质，使其毒性和危害程度减小，或者分解为无毒物质，甚至是营养物质为植物利用的过程。

土壤化学净化作用反应机理很复杂，影响因素也很多。不同的污染物有不同的反应过程，其中特别重要的是化学降解和光化学降解，因为这些降解作用可将污染物分解为无毒物，从环境中消除。其他化学净化作用，如凝聚与沉淀反应、氧化还原反应等，只能暂时降低污染物在土壤溶液中的浓度，或暂时减小活性和毒性，起到了一定的减缓作用，但并没有从土壤环境中消除。当土壤 pH 值或氧化-还原电位发生变化时，沉淀的污染物有可能重新溶解或氧化还原状态发生变化，又恢复原来的毒性。

土壤化学净化能力与土壤的物质组成、性质，污染物本身的组成、性质，以及土壤环境条件有密切关系。例如，富含碳酸钙的石灰性土壤，对酸性物质的化学净化能力很强。化学性质不太稳定的污染物，易在土壤中被分解而得到净化；化学性质稳定的化合物，如多氯联苯（PCBs）、有机氯农药、塑料和橡胶等，难以在土壤中被化学化学净化。重金属只能发生凝聚沉淀反应、氧化-还原反应或络合-螯合反应，不能被降解。另外，调节土壤的 pH、氧化-还原电位、增施有机胶体，以及其他化学抑制剂，如石灰、碳酸盐等，可相应提高土壤的化学净化能力。

（三）物理化学净化作用

土壤物理净化作用是指污染物的阳离子、阴离子与土壤胶体上原来吸附的阳离子、阴离子之间的离子交换吸附作用。例如：

$$（土壤胶体）Ca^{2+} + HgCl_2 \Longleftrightarrow （土壤胶体）Hg^{2+} + CaCl_2$$
$$（土壤胶体）(OH^-) + AsO_4^{3-} \Longleftrightarrow （土壤胶体）AsO_4^{3-} + OH^-$$

这种净化作用为可逆的离子交换反应，其净化能力大小可用土壤阳离子交换量或阴离子交换量的大小来衡量。污染物的阳离子、阴离子被交换吸附到土壤胶体上，降低了土壤溶液中这些离子的浓度，相对减轻了有害离子对植物生长的不利影响。由于土壤中带负电荷的胶体较多，一般土壤对阳离子或带正电荷的污染物净化能力较强。当污水中污染物离子浓度不大时，经过土壤的物理化学净化后可起到很好的净化效果。另外，增加土壤中胶体的含量，特别是有机胶体的含量，可相应提高土壤的物理化学净化能力。

物体物理化学净化作用只能使土壤溶液中的离子浓度降低，相对减轻危害，并没有从根本上将污染物从土壤中消除。从土壤本身来说，污染物在土壤环境中会不断积累，将产生严重的潜在威胁。

（四）生物净化作用

土壤生物净化作用，也称生物降解作用，是指土壤中的大量靠有机物生活的微生物，如细菌、真菌、放线菌等，具有氧化分解有机物的巨大能力，当污染物进入土体后，在这些微生物体内酶或分泌酶的催化作用下，发生的各种各样分解反应。土壤生物净化作用是土壤环境自净作用的最重要净化途径之一。

土壤中的天然有机物矿质化过程，就是生物净化过程。例如淀粉、纤维素等糖类物质最终转变为 CO_2 和水；蛋白质、多肽、氨基酸等含氮化合物转变为 NH_3、CO_2 和水；有机磷化合物释放出无机磷酸等。这些降解是维持自然系统碳循环、氮循环和磷循环等所必经之路。

土壤生物降解能力的大小与土壤中微生物的种群、数量、活性，以及土壤水分、温度、通气性、pH 值、E_h 值、C/N 等因素有关。例如，土壤水分适宜、土温 30℃ 左右、土壤通气良好、E_h 值高、土壤 pH 值偏中性到弱碱性、C/N 在 20：1 左右，则有利于天然有机物的生物降解。相反，有机物分解不彻底，可能产生大量的有毒害作用的有机酸等。

另外，土壤环境中的污染物，被生长在土壤中的植物所吸收、降解，并随着茎、叶和种子离开土壤，或者被土壤中众多的蚯蚓等土壤动物所使用，污水中的病原菌被某些微生物所吞食等，这都是土壤环境的生物净化作用。因此，选育对某种污染物吸收、降解能力特别强的植物，或应用具有特殊功能的微生物及其他生物体，成为提高土壤环境生物净化能力的重要措施和研究热点。

第三节　土壤环境污染防治

对于土壤环境污染，应坚持"预防为主、防治结合"的基本方针，从控制和消除污染源出发，充分利用土壤环境所具有的强大净化能力，采取有效的土壤污染修复技术和管理手段，全面开展土壤环境污染综合防治，促进土壤资源的保护和可持续利用。

一、土壤环境污染防治措施

（一）控制和消除工业"三废"排放

工业"三废"中含有大量有毒有害物质，若其排放量超过土壤环境自净能力的容许量，就产生土壤环境污染。控制和消除"三废"排放就要全面推广清洁生产工艺和闭路循环，减少和消除污染物质的排放，并对必须排放的"三废"进行净化处理，控制污染物排放数量和浓度，使其符合国家制定的排放标准。

（二）加强土壤污灌区的监测管理

污灌是指利用工业废水和生活污水对农田进行灌溉，是我国北方地区的主要灌溉形式。由于工业废水和生活污水成分复杂，含有很多有毒有害物质，直接利用污水进行农田灌溉会造成严重的土壤环境污染。因此要对污水的成分和污染物含量进行动态监测，控制好灌溉次数，根据土壤的环境容量，制定区域性农田灌溉水质标准，以免引起土壤环境污染。

（三）合理施用化肥和农药

化肥和农药的使用是现代农业必不可少的技术手段，由于其具有特殊的化学性质，技术上使用不合理或者是过分使用均会对农作物、人、畜和土壤环境造成不可估量的危害。化学肥料使用过多还会造成减产现象，严重时会使农作物中的硝酸盐含量增加而危害人类身体。因此，要根据不同的土壤结构需要合理施肥，加大研发绿色和高效农药，禁止和限制使用剧毒和高残留农药；同时，要根据病虫害的抗药能力控制农药的使用范围、用量、次数和间隔期，将农药使用控制在农、畜产品所能承受的范围内。

（四）控制土壤氧化-还原状况

控制土壤氧化-还原条件是减轻重金属污染危害的重要措施，据研究，在水稻抽穗到成熟期，无机成分大量向穗部转移，淹水可明显抑制水稻对镉的吸收，落干则促进水稻对镉的吸收。另外，重金属元素均能与土壤中的硫化氢反应生成硫化氢沉淀，加强水浆管理，可有效减少重金属的危害。但砷相反，随着土壤 E_h 的降低而毒性增加。

（五）增施有机肥，改良砂性土壤

有机胶体和黏土矿物对土壤中重金属和农药有一定的吸附力。因此，增加土壤有机质，改良砂性土壤，可促进土壤对有毒物质的吸附作用，也是增加土壤容量、提高土壤自净能力的有效措施。

（六）改变耕作方式

改变耕作方式，使土壤环境条件发生变化，可消除某些污染物的危害。例如，DDT 和六六六在旱田的降解速度缓慢，积累明显；改水田后，DDT 的降解速度加快，利用这一性质实行水旱轮作，是减轻或消除农药污染的有效措施。

（七）采用有效的土壤污染修复技术

对于已经遭受污染的土壤，应根据污染物种类、污染程度和被污染土壤的理化特性，采取有效的污染修复技术。例如，对于污染较轻的土壤，可施加石灰、碱性磷酸盐等抑制剂，改变污染物在土壤中的迁移和转化方向，促进污染物移动、淋洗或转化为难溶物质而减少作物吸收。对于重金属污染土壤，可采用排土法和客土法，彻底挖去污染土层，以根除污染物，但若是地区性污染，客土法不宜采用；还可采用深耕法，将上下土层翻动混合，使表层土壤污染物含量减低，但在严重污染地区不宜采用。

二、土壤环境污染修复技术

土壤环境污染修复技术是指促使受污染土壤的自净能力等基本功能和生产力得到恢复和重建所采用的方法。按照修复原理，土壤环境污染修复技术可分为物理修复技术、化学修复技术和生物修复技术；按照修复位置，土壤环境污染修复技术可分为原位土壤污染修复技术和异位土壤污染修复技术。

（一）物理修复技术

土壤环境污染物理修复技术是指利用物理的方法进行污染土壤的修复，主要包括翻土、客土、热处理、淋洗、固化和填埋等。该方法的治理效果较为彻底、稳定，但工程量较大，投资大，易引起土壤肥力的减弱，适用于小面积的土壤污染修复。

1. 改土法

改土法是用新鲜未受污染的土壤替换或部分替换原污染土壤，以稀释原土壤污染物浓度，增加土壤环境容量的方法。改土法可分为翻土法、换土法和客土法。翻土法是深翻土壤，使集聚在表层的污染物分散到土壤深层，达到稀释的目的。换土法是把污染的土壤取走，换入新的干净土壤。该方法适用于小面积严重污染土壤的治理，对换出的土壤必须进行治理，一般适宜于事故后的简单处理。客土法是向污染土壤内加入大量的洁净土壤，使土壤污染物浓度降低或减少污染物与植物根系接触的方法，例如对水稻等浅根作物和铅等移动性较差的污染物可采用客土法进行修复。

改土法对于重金属污染治理效果较为显著，不受土壤条件限制，但工程费用高，恢复土壤结构和肥力所需时间长，对换出的土壤需妥善处理，以防止二次污染。

2. 高温热解法

高温热解法也称热处理法，是指通过向土壤中通入热气或用射频加热等方法把已经污染的土壤加热，使污染物产生热分解或将挥发性污染物赶出土壤并收集起来进行处理的方法。该方法多用于能够热分解的有机污染物，如石油污染。该方法工艺简单、成熟，但耗能过大，操作费用高，同时可能破坏土壤有机质和结构水，造成二次污染。

对于挥发性重金属汞，可以采取加热方法将汞从土壤中解吸并回收利用。其主要程序如下：①将被污染的土壤从现场挖掘后进行破碎。②往土壤中加既能有利于汞化合物分解，又能吸收处理过程中产生有害气体的特定性质添加剂。③在不断向土壤通入气流同时，分阶段加热土壤，第 1 阶段为低温阶段（190～212 ℉），主要去除土壤中的水分和其他易挥发的物质；第 2 阶段温度较高（1000～1200 ℉），主要从干燥土壤中分解并汽化汞，然后收集并凝结汞蒸气成为 99％ 的汞金属。④低温阶段排出的气体通过气体净化系统，用活性炭吸收各种残余的汞类蒸气和其他气体，然后将水蒸气排入大气。⑤对于高热阶段产生的气体通过④程序净化后再排入大气。

3. 真空/蒸气抽提法

土壤真空蒸气抽提方法的基本原理是通过降低土壤空隙内的蒸气压把土壤介质中的化学污染物转化为气态加以去除。该方法一方面需要把清洁空气连续通入土壤介质中，另一方面土壤中的污染物以气体的形式随之被排出。这个过程的实现主要通过固态、水溶态和非水溶性液态之间的浓度差，以及通过土壤真空浸提过程引入的清洁空气驱动。该方法可用于去除不饱和土壤中的挥发性或半挥发性有机污染物。

土壤真空蒸气抽提方法的一般要求：①所治理的污染物必须是挥发性或者半挥发性有机物，蒸气压不低于 0.5mmHg；②污染物必须具有较低的水溶性，并且土壤湿度不可过高；③污染物必须在地下水位以上；④被修复的污染土壤应具有较高的渗透性，对于容重大、土壤含水量大、孔隙度低或渗透速率小的土壤，土壤蒸气迁移会受到很大限制。

4. 固化/填埋法

固化法是将重金属污染的土壤按一定比例和固化剂混合，经熟化最终形成渗透性很低的固体混合物。固化剂种类很多，主要有水泥、硅酸盐、高炉矿渣、石灰、窑灰、粉煤灰和沥青等。固化法的效果与固化剂的成分、比例、土壤容重的总浓度以及土壤固化的干扰物有关。固化法不仅可减轻土壤重金属污染，而且其产物还可以用于建筑、铺路等。其不足之处在于会破坏土壤，而且需要使用大量的固化剂，因此只适用污染严重但面积较小的土壤污染修复。

填埋法是将固化后的污染土壤，或将污染土壤挖掘出来填埋到进行过防渗处理的填埋场中，使污染土壤与未污染土壤分开，以减少或阻止污染物扩散到其他土壤中。该法适用于污染严重的局部性、事故性土壤。

（二）化学修复技术

土壤环境污染化学修复技术是指利用外来的，或土壤自身物质之间的，或环境条件变化引起的化学反应来进行土壤污染的治理方法。土壤污染化学修复的主要机制包括沉淀、吸附、氧化-还原、催化氧化、质子传递、脱氯聚合、水解和 pH 调节等。

污染土壤化学修复技术发展较早，也相对成熟。目前污染土壤化学修复技术主要有溶剂浸提法、化学氧化法和土壤改良法等。

1. 溶剂浸提法

溶剂浸提法也称为化学浸提法，是利用化学溶剂将有害化学物质从污染土壤中提取出来而去除的方法。例如油脂类等不溶于水的污染物质易于吸附在土壤中，处理难度很大，该方法就可以轻易去除该类土壤污染物（见表 6-9）。

表 6-9 溶剂浸提法修复效率　　　　　　　　　单位：mg/kg

项目	DDT	DDE	DDD
未处理土壤	12.2	1.5	80.5
处理后的土壤	0.024	0.009	0.093
去除效率/%	98	99.4	98.8

注：引自孙铁珩. 土壤污染形成机理与修复技术，2005。

一般来说，溶剂浸提法不适用于无机污染土壤修复，只适用于有机物污染的土壤，如有机物碳氢化合物、氯代碳氢化合物、多环芳烃以及多氯二苯并呋喃等污染的土壤。与其他修复技术相比，该方法可用来处理难以从土壤中去除的有机污染物，不仅快捷，而且可在原地开展，费用较低，更可循环利用。

2. 化学氧化法

化学氧化剂修复方法是向土壤加入化学氧化剂，使其与污染物发生氧化反应而降低土壤污染毒性的污染土壤修复方法。在修复过程中，化学氧化剂方法不需要挖掘污染土壤，只在污染区的不同深度钻井，通过泵将氧化剂注入土壤，使氧化剂与污染物发生反应。常用的氧化剂为 K_2MnO_4 和 H_2O_2。化学氧化剂法主要用来修复被油类、有机溶剂多环芳烃、POPs、农药以及非水溶态氧化物污染的土壤。

化学氧化剂法的优点在于：可以原位处理污染土壤；污染土壤修复完成后二次污染较少；该方法还可用来修复其他方法无效的污染土壤，如在污染区位于地下水深处的土壤等。在英美等国家，已有许多地点尝试采用该方法处理污染土壤。

3. 土壤改良法

土壤改良法主要是针对重金属污染土壤而言，该方法可实现原位处理，不需要搭建复杂的工程设备，成为经济有效的污染土壤修复方法之一。

改良剂的施用可有效降低重金属的水溶性、扩散性和生物有效性，减弱其进入植物体、微生物体和水体的能力，减轻毒性和危害。

（1）石灰性物质　经常采用的石灰性物质包括熟石灰、硅酸钙、硅酸镁钙和碳酸钙等。这些物质可中和土壤酸性，提高土壤 pH，降低重金属污染物的浓度。为了保证石灰性物质与金属离子充分接触和反应，可以将石灰磨细，提高其比表面积，然后施入土壤。另外，将石灰作为土壤改良剂应注意其施入土壤可导致某些营养元素的缺乏。

（2）有机物质　用于治理重金属污染的有机物质主要有未腐熟稻草、牧草、紫云英、泥炭、富淀粉物质、家畜粪肥及腐殖酸等。这些有机物质的施用，可增强土壤对污染物的吸附能力，有机物质中的含氧功能团，如羟基等可与重金属氧化物、金属氢氧化物及矿物的金属离子形成化学和生物学稳定性不同的金属-有机配合物，使污染物分子失去活性，减轻土壤污染对植物及生态环境的危害。

（3）化学沉淀剂　对重金属污染的土壤，可施加一些与重金属发生沉淀反应的物质，来改变重金属理性形态和生物有效性。如碳酸盐对于治理 Pb、Cd、Hg 和 Zn 等造成的土壤污染有很好的效果，熔融磷肥对 Fe、Mn 和 Cr 等造成的土壤污染治理效果极佳。向砷污染的土壤中加入 $ZnSO_4$ 或 $MgCl_2$ 可形成难溶性的 Zn、Mg 砷酸盐，若配以适量 Fe 还可抑制土壤还原，使砷被 $Fe(OH)_3$ 吸附或与之发生沉淀。

（4）离子拮抗剂　在化学性质相似的重金属元素之间，可能会因为竞争植物根系同吸收点位而产生离子拮抗作用，因此向某重金属元素污染较轻的土壤中施入少量与该金属有拮抗性的另一重金属元素，以减少植物对该重金属的吸收，减轻重金属对植物的毒害。例如，锌和镉的环境性质相近，在镉污染的土壤中，按一定比例施入含锌的肥料，可缓解镉对农作物的毒害作用。

另外，土壤中重金属的活性受土壤氧化还原状况的影响，可通过调节土壤氧化-还原电位的方法控制重金属迁移。调节土壤水分是调控土壤氧化-还原电位常用的方法。例如将含有汞或砷的水田改成旱地、铬污染的旱地改成水田，均可实现土壤氧化-还原电位的改变，从而减轻变价金属元素的毒性。

（三）生物修复技术

土壤环境污染生物修复技术是指利用植物、动物和微生物吸收、降解、转化土壤中的污染物，使其浓度降到可接受的水平；或将有毒有害物质转化为无害的物质的污染土壤治理方法。

1. 植物修复技术

土壤环境污染植物修复是指利用某些可以忍耐和超富集有毒元素的植物及其共存微生物体系将土壤中的污染物转化为低毒或无毒的形态或化合物，或被植物吸收随收获而从土壤中带走，再对其进行利用和处理，以清除土壤中污染物。

（1）土壤环境污染植物修复技术的分类　　根据土壤污染植物修复基本原理，可将其划分为4种类型。

① 植物提取修复　　植物提取修复是指利用重金属超富集植物从污染土壤中超量吸收、积累一种或几种重金属元素，然后将植物整体收获并集中处理，再继续种植超积累植物以使土壤中重金属含量降低到可接受的水平。

② 植物挥发修复　　植物挥发修复是指利用植物将土壤中的一些挥发性植物吸收到体内，然后将其转换成气体物质释放到大气中，从而对污染土壤起到治理作用。

③ 植物稳定修复　　植物稳定修复是指利用耐性植物根系分泌物来积累和沉淀根际圈污染物质，使其失去生物有效性，以减少污染物的毒害作用；尤其利用耐性植物在污染土壤上的生长来减少污染土壤的风蚀和水蚀，防止污染物向下淋洗而污染地下水或向四周扩散而污染环境。

④ 植物降解修复　　植物降解修复是指利用修复植物的转化和降解作用去除土壤中的有机污染物，将其转化为无机物（CO_2、H_2O）或无毒物质，以减少其对生物和环境的危害。植物降解修复具有两种途径：其一是污染物被吸收到体内，植物将这些化合物分解的碎片通过木质化作用储存在植物组织中，或者是化合物完全挥发，或者矿化成 CO_2、H_2O；其二是植物根分泌物直接降解根际圈内有机污染物，降低或彻底消除其生物毒性，如漆酶对TNT的降解等。

（2）土壤污染植物修复技术的优缺点

① 优点　　首先，植物修复最显著的优点是价格便宜，可作为物理化学修复的替代方法。根据美国的实践，种植管理的费用，比物理化学处理的费用低几个数量级。其次，对环境扰动少，植物修复是原位修复，不需要挖掘、运输和巨大的处理场所，不破坏土壤生态环境，能使土壤保持良好的结构和肥力，无需进行二次处理即可种植其他作物。第三，对植物集中处理可减少二次污染，对一些重金属含量较高的植物还可通过植物冶炼技术回收利用植物吸收的重金属，尤其是贵金属。最后，植物修复不会破坏景观生态，能绿化环境，易为大众所接受。

② 缺点　　其一是一种植物通常只忍耐或吸收一种或两种重金属，对土壤中其他浓度较高的重金属往往没有明显的修复效果，甚至表现出中毒症状，从而限制了植物修复方法在重金属复合污染土壤中的应用。其二是植物修复过程通常比物理、化学过程缓慢，比常规治理（挖掘、异位处理）需要更长的时间，尤其是与土壤结合紧密的疏水性污染物。其三是植物修复受到土壤类型、温度、湿度、营养条件的限制，对土壤肥力、气候、水分、盐度等自然条件和人工条件有一定要求。其四是用于净化重金属的植物器官往往会通过腐烂、落叶等途径使重金属元素重返土壤，必须在植物落叶前收割植物器官，并进行无害化处理。最后，用

于修复的植物与当地植物可能存在竞争，影响当地的生态平衡。

2. 微生物修复技术

土壤环境污染微生物修复是指利用微生物的作用降解土壤中的有机污染物，或者通过生物吸附和生物氧化、还原作用改变有毒元素的存在形态，降低其在环境中的毒性和生态风险。

（1）微生物修复技术分类 根据对污染土壤的扰动情况，土壤污染微生物修复可划分为如下两类。

① 土壤污染微生物原位修复 即在不搅动、挖出的情况下，通过对污染土壤中补充氧气、营养物或接种微生物，对污染物进行就地修复处理，去除土壤中的污染物。

污染土壤微生物原位修复的主要工艺包括：不断向污染土壤补充氧气，添加营养物质，增强微生物的降解能力；抽提污染的空气，经过处理后再次通入污染土壤；从土壤中抽提出来的土壤溶液经处理后与营养物质混合通过沟渠或营养罐回流。

污染土壤微生物原位修复方法主要包括生物通气、生物注射和地耕处理等。

② 土壤污染微生物异位修复 即将污染土壤挖出或送到其他地方，采用生物和工程手段进行处理，使污染物降解，恢复污染土壤的原有功能。

土壤污染微生物异位修复方法主要包括堆肥修复、生物泥浆反应、土地耕作和厌氧处理等。

（2）微生物修复的优缺点

① 优点 污染物在原地被降解清除，修复时间较短，可就地处理，操作简便，对周围环境干扰少，修复经费较低，不产生二次污染，遗留问题少。

② 缺点 当污染物溶解性较低或与土壤腐殖质、黏粒矿物结合较紧时，微生物难以发挥作用；专一性较强，特定微生物只降解某种或者特定类型的污染物质；有一定的浓度限制，即当污染物浓度太低且不足以维持降解细菌的群落时，微生物修复不能很好发挥作用。

（四）原位土壤污染修复技术

原位土壤污染修复技术是指将受污染的土壤在原地处理，处理期间土壤基本不被搅动。该修复技术可实现土壤污染物的就地处理，不需要建设造价高昂的工程设施，也不需要远程运输，操作和维护简单，尤其可完成对深层次污染土壤的修复。

（五）异位土壤污染修复技术

异位土壤污染修复技术是指将污染土壤挖出或输送到其他地方进行修复处理。该修复技术环境风险较低，可预测性较高，但费用昂贵。

 【阅读材料】

我国污染土壤修复技术研究进展

污染土壤修复技术主要包括物理修复技术、化学修复技术、生物修复技术和联合修复技术。近年来，随着科技部和环保部等国家部委相继开展了重金属矿区、油田、多环芳烃以及污染场地修复技术与示范、污染土壤修复及综合试点等项目，土壤污染控制和修复技术取得了明显进展。

1. 污染土壤物理修复技术研究进展

土壤物理修复技术包括热脱附、高温热解、微波加热、蒸汽浸提等，已经应用于苯系物、多环芳烃、多氯联苯和二噁英等污染土壤的修复。目前，我国在利用热脱附技术、土壤蒸汽抽提技术和设备去除多氯联苯、挥发性有机污染物（VOCs）等方面开展了相关研究和示范工程项目，但还受脱附时间长、尾气净化处理成本高等问题制约。

2. 污染土壤化学修复技术研究进展

固化-稳定化技术是污染土壤化学修复技术中被用于土壤重金属污染快速控制修复的常用方法，主要被用于我国一些冶炼企业场地重金属污染土壤和铬渣清理后的堆场污染土壤修复治理。同时，有机污染土壤的固化-稳定化、新型可持续稳定化修复材料及其长期安全性监测评估等成为关注重点。另外，电动修复技术由于修复速度快、成本低等特点，特别适合小范围的黏质的多种重金属污染和可溶性有机物污染的土壤修复。我国近年来也利用该技术开展了铜、铬等重金属污染和五氯酚等有机污染土壤的修复治理工作。

3. 污染土壤生物修复技术研究进展

重金属污染土壤的植物吸取修复技术已经广泛应用于砷、镉、铜、锌、镍和铅等重金属以及多环芳烃复合污染土壤的修复，植物固碳、生物质能源及根际阻隔的交叉修复是植物修复技术的最新发展趋势。另外，我国还开展了持久性有机物污染物如多氯联苯和多环芳烃污染土壤的微生物修复技术，微生物修复与其他现场修复工程的嫁接和移植技术，以及高效快捷、成本低廉的微生物修复设备及工程化技术。

4. 污染土壤联合修复技术研究进展

污染土壤联合修复技术具有较高的污染土壤修复效率、可弥补单项修复技术不足以及实现对多种污染物的复合/混合污染土壤修复等特点，现已成为污染土壤修复技术研究和应用领域关注的热点。其中微生物/动物-植物联合修复技术是污染土壤生物修复技术最新研究方向，化学/物化-生物联合修复技术是目前最具有应用潜力的污染土壤修复方法之一。

思 考 题

1. 什么是土壤？土壤由哪些物质组成？土壤的理化性质表现在哪些方面？
2. 什么叫土壤污染？土壤污染的特点是什么？
3. 土壤污染可划分哪些类型？土壤污染源和主要污染物有哪些？
4. 土壤污染的危害表现在哪些方面？
5. 简述土壤重金属污染物的来源和特点。
6. 农药在土壤环境中的行为表现在哪些方面？
7. 影响放射性污染物在土壤中积累的因素有哪些？
8. 如何开展土壤环境污染防治？
9. 土壤污染物理修复技术有哪些？试述主要原理和优缺点。
10. 常用的土壤改良剂有哪些？其如何实现土壤污染的修复？
11. 土壤污染微生物修复具有哪些优点？
12. 查阅相关资料，分析污染土壤生物修复的发展趋势和前景。

参考文献

[1] 刘克峰，张颖．环境学导论．北京：中国林业出版社，2012.

[2] 鞠美庭，邵超峰，李智．环境学基础．第2版．北京：化学工业出版社，2010.

[3] 王玉梅等.环境学基础.北京：科学出版社，2010.

[4] 左玉辉.环境学.北京：高等教育出版社，2010.

[5] 王红旗，刘新会，李国学.土壤环境学.北京：高等教育出版社，2007.

[6] 陈怀满.环境土壤学.北京：科学出版社，2005.

[7] 夏立江.土壤污染及其防治.上海：华东理工大学出版社，2001.

[8] 吴彩斌，雷恒毅，宁平.环境学概论.北京：中国环境科学出版社，2007.

[9] 李法云.污染土壤生物修复基础理论与技术.北京：化学工业出版社，2006.

[10] 陈英旭.土壤重金属的植物污染化学.北京：科学出版社，2008.

[11] 孙铁珩.土壤污染形成机理与修复技术.北京：科学出版社，2005.

[12] 伍光和，王乃昂，胡双熙等.自然地理学.北京：高等教育出版社，2009.

[13] 黄昌勇.土壤学.第3版.北京：中国农业出版社，2010.

第七章　环境科学主要理论

环境科学研究及应用必须借助相关学科形成自己特有的理论体系和框架，并且不断更新补充和完善。随着对环境问题认识的不断深入，新的环境科学理论不断产生，如可持续发展理论、生态经济理论、循环经济理论和低碳经济理论等，这些理论的提出为全面认识和解决环境问题，实现环境、经济、社会和资源协调发展，提供了重要理论指导。

第一节　可持续发展理论

一、提出背景

20 世纪以来，由于人口的快速增长和工业经济不断发展，自然资源被过度开发和消耗，污染物大量排放，出现了全球性的资源短缺、环境污染、气候变化、生态破坏等环境问题。这些问题的不断积累加剧了人类与自然界的矛盾，使社会、经济的持续发展和人类的自身生存受到严重威胁。在这种形势下，人们发现传统的"末端治理"和以资源、环境为代价的高速发展不适应未来的发展，必须探索新的发展道路。

二、形成过程

1962 年，美国女生物学家蕾切尔·卡逊（Carson）出版的引起轰动的环境科普著作《寂静的春天》，描绘了一幅由于农药污染所带来的可怕景象，惊呼人们将失去"阳光明媚的春天"。这部著作在世界范围内引发了人类对传统发展观念的反思，标志着人类生态意识的觉醒和"生态学时代"的开端。

1968 年，来自世界各国的几十位科学家、教育家和经济学家聚会罗马，成立了一个非正式的国际协会——罗马俱乐部（The Club of Rome）。1972 年以美国麻省理工学院梅多斯（Dennis L. Meadows）为首的研究小组，给联合国提交了一份研究报告——《增长的极限》。这项耗资 25 万美元经计算机模拟的研究，认为地球是有限的，人类必须自觉地抑制增长，否则随之而来的将是人类社会的崩溃。避免这种可怕前景的最好办法是限制增长，这一理论又被称为"零增长"理论。

1972 年 6 月在瑞典首都斯德哥尔摩召开了有 114 个国家代表参加的人类环境大会。这次会议通过了著名的《联合国人类环境宣言》，简称《人类环境宣言》。该宣言呼吁各国政府和人民为维护和改善人类环境造福后代而共同努力。此次大会是世界各国政府共同讨论环境问题，探讨保护全球环境战略的第一次国际会议，标志着环境问题已经开始列入发展日程。

1980 年，由国际自然资源保护联合会、联合国环境规划署和世界自然基金会共同出版了《世界自然保护策略：为了可持续发展的生存资源保护》一书。该书第一次明确将可持续发展作为术语，指出："持续发展依赖于对地球的关心，除非地球上的土壤和生产力得到保护，否则人类的未来是危险的。"

1983 年 12 月，联合国授权挪威首相布伦特兰夫人为主席，成立了世界环境与发展委员会，该组织以"持续发展"为基本纲领，制定"全球的变革日程"。该委员会经过长达 4 年的研究，于 1987 年 2 月在日本东京召开的第八次委员会上通过了一份报告《我们共同的未来》，即布伦特兰报告。该报告明确指出，环境问题只有在经济和社会持续发展之中才能得到真正的解决。该报告正式提出了可持续发展的模式，并首次给出了可持续发展的定义，即"可持续发展是能够满足当前的需要又不危及下一代满足其需要的能力的发展"。

1992 年 6 月在巴西里约热内卢召开的联合国环境与发展大会通过《里约热内卢环境与发展宣言》、《21 世纪议程》、《联合国气候变化框架公约》、《生物多样性公约》等，人类在探寻合理的发展道路和发展模式方面进行了不懈努力，第一次把可持续发展由理论和概念推向行动。

2002 年 8 月在南非约翰内斯堡召开的首脑会议更是一个重要的会议，它要求各国采取具体步骤，并更好地执行《21 世纪议程》的量化指标。

三、可持续发展的定义和内涵

（一）可持续发展的定义

人们对可持续发展这一新的理论给予了广泛关注，并从不同学科角度提出了许多表述有别的定义。

① 在世界环境和发展委员会（WCED）于 1987 年发表的《我们共同的未来》报告中，首次给出了可持续发展的定义，即"既能够满足当前的需求又不对后代人满足其需求的能力构成危害的发展。"这表达了两个观点：一是人类要发展，尤其穷人要发展；二是发展有限度，不能危及后代人的发展。

② 世界自然与自然资源保护同盟（IUCN）、联合国环境规划署（UNEP）、世界野生生物基金会（WWF）于 1991 年共同发表的《保护地球——可持续发展生存战略》一书中提出的定义为："在生存不超出维持生态系统涵容能力的情况下，改善人类的生活质量。"

③ 世界银行在 1992 年度的《世界发展报告》中称，可持续发展指的是"建立在成本效益比较和审慎的经济分析基础上的发展政策和环境政策，加强环境保护，从而导致福利的增加和可持续水平的提高。"

④ 1992 年，联合国环境与发展大会（UNCED）的《里约宣言》中有两条原则，它对可持续发展进一步阐述为："人类应享受有以与自然和谐的方式过健康而富有成果的生活的权利，并公平地满足今世后代在发展和环境方面的需求，求取发展的权利必须实现。"

⑤ 英国经济学家皮尔斯和沃福德在 1993 年所著的《世界无末日》一书中提出了以经济学语言表达的可持续发展定义："当发展能够保证当代人的福利增加时，也不应使后代人的福利减少。"

目前，普遍认为可持续发展是一个综合的、动态的概念，是指在不断提高人类生活质量和环境承载力基础上，满足当代人需求又不损害子孙后代满足其需求能力，以及满足一个地区或国家的人群需求又不损害到别的地区或国家的人群满足其需求能力的发展。

（二）可持续发展的内涵

可持续发展是包含了当代与后代的需求、国家主权、国际公平、自然资源、生态承载能力、环境与发展相结合等重要内容的有机整体，包括宏观、中观和微观层面。宏观层面的可持续发展是指人与自然的共同协调进化；中观层面的可持续发展既满足当代人需求，又不危及后代人的需求能力，既符合局部人口利益又符合全球人口利益的发展；微观层次的可持续发展是经济、环境、社会的协调发展，是在资源、环境的合理持续利用及保护条件下取得最大经济、社会效益的发展。可持续发展的基本内涵如下。

① 可持续发展不是否定经济增长，尤其是穷国的经济增长，但要重新审视如何推动和

实现经济增长。要达到具有可持续意义的经济增长，必须将生产方式从粗放型转变为集约型，减少每个单位经济活动所造成的环境压力，研究并解决经济上的扭曲和误区。环境退化的原因既然存在于经济过程中，其解决方案也应从经济过程中去寻找。

② 可持续发展以自然资源为基础，同环境承载能力相协调。"可持续性"可以通过适当的经济手段、技术手段和政府干预得以实现。要力求降低自然资源的耗竭速率，使之低于资源的再生速率或替代品的开发速率。要开发绿色技术并推行清洁生产和适度的消费方式，使每个单位经济活动所产生的废物量尽量减少。

③ 持续发展以提高生活质量为目标，同社会进步相适应。"经济发展"的概念远比"经济增长"含义更广泛。经济增长一般被定义为人均国民生产总值的提高，发展必须是社会结构与经济结构发生变化，使一系列社会进步目标得以实现。

④ 可持续发展承认并要求体现出自然资源的价值，这种价值不仅体现在环境对经济系统的支撑与服务价值上，也体现在环境对生命支持系统的存在价值上。应当把生产中环境资源的投入和服务计入生产成本与产品价格中，并逐步修改和完善国民经济核算体系。

⑤ 可持续发展的实施以适宜的政策和法律体系为条件，强调"综合决策"和"公众参与"。这就需要改变过去各个部门封闭地、分隔地、"单打一"地分别制定和实施经济、社会、环境政策的做法，提倡根据周密的社会、经济、环境的考虑和科学原则，全面的信息和综合的要求，制定政策并予以实施。

四、可持续发展的基本原则

（一）公平性原则

① 同代人的公平：当今世界的现实是，一部分人富足，另一部分人，特别是占世界人口 2/5 的人仍处于贫困状态。这种贫富悬殊、两极分化的世界不可能实现持续发展。因此，要把贫困作为持续发展进程中特别优先的问题来考虑。

② 代与代之间的公平：自然资源是有限的，我们的后代有公平利用自然资源的权利，因此，开发和利用资源一定要给子孙后代留有余地。

③ 公平分配有限资源：各国拥有按本国环境与发展的政策开发本国自然资源的主权，确保在开发本国资源时，不使其他国家或地区的环境受到破坏。

（二）持续性原则

人类生活、生产与消费和向自然界开发资源、向环境排放污物和能量不能超过环境所能承载的能力和容量。资源的持续利用和生态环境的可持续性是可持续发展的重要保证，人类必须以不损害支持地球生命的大气、水、土壤、生物等自然条件为前提，并充分考虑资源的临界性，不得超过资源与环境的承载能力。因此必须采取限制措施。

（三）共同性原则

鉴于世界各国历史、文化和发展水平的差异，发展目标和步骤有很大差异，但持续发展作为全球发展的总目标所体现的公平性和持续性原则是共同的，而且环境问题是没有国界的。解决全球性环境问题，要进行国际合作，实现全球整体的协调。所以，为实现这个总目标，全球必须采取联合行动，在尊重各国主权和利益的基础上，制定各国都可以接受的全球性目标和政策。

五、可持续发展战略在中国的实施

（一）实施了促进可持续发展的系列重大研究、决定和方案

在联合国环境与发展大会（UNCED）前后，中国在世界银行、联合国开发计划署

（UNDP）和联合国环境规划署（UNEP）的支持下，先后完成了多项重大研究和计划（见表 7-1）。1992 年 8 月，中共中央与国务院批准了指导性文件《中国环境与发展十大对策》，其中第一条就是实行可持续发展战略。1994 年 3 月，国务院批准的《中国 21 世纪议程》则是全球第一部国家级的《21 世纪议程》，它把可持续原则贯穿到中国经济、社会和环境的各个领域。1996 年 8 月，国务院的《关于环境保护若干问题的决定》规定了明确的目标和措施。2000 年国务院制定了《全国生态环境保护纲要》，该纲要生态保护工作提出了明确的目标、任务和措施，为环保部门的监督管理提供了重要依据。2003 年 6 月，原国家环保总局制定并实施了《"三河""三湖"流域水污染防治"十五"计划》，提出了淮河、海河、辽河、太湖、巢湖和滇池的水污染防治目标。2008 年 12 月，国务院制定并实施了水体污染控制与治理科技重大专项实施。2011 年 12 月，国务院发布了《国家环境保护"十二五"规划》，提出了控制总量、改善质量、防范风险和均衡发展四大战略任务。2012 年 8 月，国务院发布了《节能减排"十二五"规划》，为指导推动"十二五"节能减排工作的纲领性文件。

表 7-1　20 世纪 90 年代以来，我国环境保护与可持续发展的重大研究、决定和计划

序号	名称	批准机关和日期	主要内容
1	中国环境与发展十大对策	中共中央,国务院,1992.8	指导中国环境与发展的纲领性文件
2	中国环境保护战略	国家环保局,国家计委,1992	关于环境保护战略的政策性文件
3	中国逐步淘汰破坏大气臭氧层物质的国家方案	国务院,1993.1	履行《蒙特利尔议定书》的具体方案
4	中国环境保护行动计划	国务院,1993.9	10 年环保行动计划(1991—2000)
5	中国 21 世纪议程	国务院,1994.3	中国人口、环境与发展的白皮书,国家级的《21 世纪议程》
6	中国生物多样性保护行动计划	国务院,1994	履行《生物多样性公约》的国家级行动计划
7	中国城市环境管理研究	国家环保局,建设部,1994	围绕城市污水和垃圾的研究
8	中国:温室气体排放控制的问题和对策	国家环保局,国家计委,1994	对中国温室气体排放清单及削减费用的分析研究,提出控制对策
9	中国环境保护 21 世纪议程	国家环保局,1994	部门级的《21 世纪议程》
10	中国林业 21 世纪议程	林业部,1995	部门级的《21 世纪议程》
11	中国海洋 21 世纪议程	国家海洋总局,1996	部门级的《21 世纪议程》
12	关于环境保护若干问题的决定	国务院的法规性文件,1996.8	10 个方面,有明确的目标和措施
13	国家环境保护"九五"计划和 2010 年远景目标计划	国务院,1996.9	指导 5 年和 15 年的环保工作纲领性文件
14	跨世纪绿色工程规划(第一期)	国务院,1996.9	国家环保"九五"计划的具体化、有项目、有重点、有措施
15	主要污染物排放总量控制计划	国务院,1996.9	国家削减污染物排放的指令性计划
16	关于进一步加强土地管理切实保护耕地的通知	中共中央,国务院,1997.4	共 7 条,强调只能增加,不能减少,要严格管理、审批与监督
17	中国生物多样性国情研究报告	国务院,1997.7	现状、威胁、保护、价值、评估和资金
18	酸雨控制区和二氧化硫污染控制区划分方案	国务院,1998.1	在"两区"内要求二氧化硫达标排放,并实行排放总量控制
19	关于限期停止生产销售使用车用含铅汽油的通知	国务院,1998.9	共 9 条,在全国范围内限期停止生产销售使用车用含铅汽油
20	关于保护森林资源制止毁林开荒和乱占林地的通知	国务院,1998.9	坚决保护原始林,保护林地

续表

序号	名称	批准机关即日期	主要内容
21	全国生态建设规划	国务院，1998.11	农业、森林、水利有关生态建设规划
22	国务院办公厅转发国家经贸委等部门关于清理整顿小炼油厂和规范原油成品油流通秩序意见的通知	国务院办公厅，1999.5	取缔非法采油和土法炼油，清理整顿小炼油厂，加强原油配置管理，成品油集中批发，规范零售市场等
23	关于禁止采集和销售发菜制止滥挖甘草和麻黄草有关问题的通知	国务院，2000.6	提高发菜的保护级别为一级，禁止采集、收购、销售和出口，制止滥挖甘草和麻黄草
24	关于进一步做好退耕还林还草试点工作的若干意见	国务院，2000.6	省级政府负总责，完善政策、健全机制，加强管理和监督等
25	全国生态环境保护纲要	国务院，2000.11	保护生态环境的目标、任务和措施
26	国家环境保护"十五"计划（含主要污染物排放总量控制计划和绿色工程规划二期）	国务院，2001.12	5 年的环保工作纲领性文件（2001—2005）
27	环境影响评价法	全国人大常委会，2002.10	从根本上、全局上和发展的源头上注重环境影响、控制污染、保护生态环境，及时采取措施，共 5 章、38 条
28	清洁生产促进法	全国人大常委会，2002.6	促进清洁生产，提高资源利用效率，减少和避免污染物的产生，共 6 章、40 条
29	"三河"、"三湖"流域水污染防治"十五"计划	国家环保总局，2003.6	共 1590 个项目，总投资 1234 亿元，实现淮河干流水质进一步好转、海河干流及主要支流水质明显改善、辽河全流域水质进一步改善、太湖和巢湖水质有所改善、滇池流域基本控制住水质恶化的趋势
30	关于深入开展整治违法排污企业保障群众健康环保专项行动的通知	国务院办公厅，2005.6	严厉查处污染严重的违法排污企业，解决影响群众健康的突出环境问题
31	环境保护行政主管部门突发环境事件信息报告办法	国家环保总局，2006.4	规范突发环境事件的信息报告程序，提高行政保护主管部门应对突发环境事件的能力
32	国家环境保护"十一五"规划	国务院，2007.11	国务院第一次以国发形式印发专项规划，是 2007—2010 年深入贯彻落实科学发展观，指导经济、社会与环境协调发展的纲领性文件
33	水体污染控制与治理科技重大专项实施	国务院，2008.12	涵盖 6 个主题、33 个项目，总计 238 个课题，实施周期为 13 年，"十一五"期间总投资 112.66 亿元
34	关于全面落实绿色信贷政策进一步完善信息共享工作的通知	国家环保部，人民银行，2009.10	商业银行根据环保部提供的环保信息对环境违法企业采取限贷、停贷、收回贷款等措施，加大对企业环境违法行为的经济制约和监督力度
35	关于深入推进重点企业清洁生产的通知	国务院办公厅，2010.4	明确重点企业清洁生产工作的目标、任务和要求，提出建立重点企业清洁生产公告发布制度
36	国家环境保护"十二五"规划	国务院，2011.12	2011—2015 年全国环保工作的纲领性文件，提出了控制总量、改善质量、防范风险和均衡发展四大战略任务
37	节能减排"十二五"规划	国务院，2012.8	"十二五"国家级重点专项规划之一，是指导推动"十二五"节能减排工作的纲领性文件。到 2015 年，全国 COD 和 SO_2 排放总量比 2010 年各减少 8%，氨氮和氮氧化物排放总量比 2010 年各减少 10%

（二）确定了国家环境保护的目标与重点

1996 年 3 月，全国人大通过的《关于国民经济和社会发展"九五"计划和 2010 年远景目标纲要》，明确了要实施经济体制和经济增长方式两个根本性转变，把科教兴国和可持续发展作为两项基本战略，并提出，"到 2000 年，力争使环境污染和生态破坏加剧的趋势得到基本控制，部分城市和地区的环境质量有所改善。到 2010 年，基本改善生态环境恶化的状况，城乡环境有比较明显的改善。"

1996 年，《国务院关于环境保护若干问题的决定》要求，到 2000 年，全国所有工业污染源排放污染物要达到国家和地方规定的标准；各省、自治区、直辖市要把主要污染物排放总量控制在国家规定的指标内；直辖市、省会城市等重点城市的大气、水环境质量要达到国家规定的标准；重点流域的水质有明显改善。

"九五"期间，我国重点推进解决"三河"（淮河、海河和辽河）、"三湖"（太湖、巢湖和滇池）、"两区"（酸雨污染区和二氧化硫污染控制区）、"一市"（北京市）和"一海"（渤海）的污染控制问题。另外，《全国主要污染排放总量控制计划》和《中国跨世纪绿色工程规划》也得到国务院的批准实施。

"十五"期间，我国环境保护的总体目标是到 2005 年，环境污染状况有所减轻，生态环境恶化趋势得到初步遏制，城乡环境质量特别是大中城市和重点地区的环境质量得到改善，健全适应社会主义市场经济体制的环境保护法律、政策和管理体系。该期间的主要任务包括把削减工业污染物排放总量作为工业污染防治的主线，实施工业污染物排放全面达标工程，促进产业结构调整和升级；强化城市环境的综合治理，重点解决水污染、大气污染和垃圾污染，使大中城市的环境质量有明显改善；控制农业面源污染和农村生活污染、改善农村环境质；以渤海碧海行动为突破口，全面推动海洋环境保护工作，力争海洋污染损害的速度和范围有所控制，海洋生态破坏的趋势得到初步遏制等方面。

"十一五"期间，确定了到 2010 年，二氧化硫和化学需氧量排放得到控制，重点地区和城市的环境质量有所改善，生态环境恶化趋势基本遏制，确保核与辐射环境安全的环境保护目标。并把削减化学需氧量排放量，改善水环境质量；削减二氧化硫排放量，防治大气污染；控制固体废物污染，推进其资源化和无害化；保护生态环境，提高生态安全保障水平；整治农村环境，促进社会主义新农村建设；加强海洋环境保护，重点控制近岸海域污染和生态破坏；严格监管，确保核与辐射环境安全等 8 个方面作为"十五期间"环境保护工作的重点领域。

"十二五"期间，我国环境保护的目标是到 2015 年，主要污染物排放总量显著减少；城乡饮用水水源地环境安全得到有效保障，水质大幅提高；重金属污染得到有效控制，持久性有机污染物、危险化学品、危险废物等污染防治成效明显；城镇环境基础设施建设和运行水平得到提升；生态环境恶化趋势得到扭转；核与辐射安全监管能力明显增强，核与辐射安全水平进一步提高；环境监管体系得到健全。重点加强环境风险全过程管理、核与辐射安全管理、遏制重金属污染事件高发态势、推进固体废物安全处理处置和健全化学品环境风险防控体系等方面工作。

（三）环保法律法规逐步完善

进入 21 世纪以来，已经有 5 部新法律出台，并且都非常先进，分别为《清洁生产促进法》、《环境影响评价法》、《可再生能源法》、《循环经济促进法》和《海岛保护法》。这些环境保护法律的颁布和实施，表明我国环保立法逐步完善，环保理念上升到前所未有的高度，迈出了历史性转变的步伐。

（四）提出了科学发展观

科学发展观，即以人为本、全面、协调、可持续的发展观。科学发展观的提出，是在全面总结国内外发展实践基础上，对中国 21 世纪新阶段发展本质、目的和要求所提出的总体看法和基本观点，是中国人口、资源、环境与发展协调的指导思想，是对可持续发展理论的创新和发展。其主要内涵如下。

① 以人为本，即以实现人的全面发展为目标，以人民群众的根本利益出发谋发展，不断满足人民群众日益增长的物质文化需要，切实保障人民群众的经济、政治和文化权益，让发展成果惠及全体人民；

② 全面发展，即以经济建设为中心，全面推进经济、政治、文化建设，实现经济发展和社会发展的全面进步；

③ 协调发展，即统筹城乡发展、统筹区域发展、统筹社会经济发展、统筹人与自然的和谐发展、统筹国内发展和对外开放，推进生产力和生产关系、经济基础和上层建筑相协调，推进经济、政治、文化建设的各个环节、各个方面相协调；

④ 可持续发展，即促进人与自然的和谐，实现经济发展和人口、资源、环境相协调，坚持走生产发展、生态良好的文明发展道路，保证一代接一代地永续发展。

科学发展观与可持续发展理论在发展、和谐、公平等方面具有同一性，如两者都强调发展并把发展作为第一要义，强调人与自然的和谐和代际、代内的公平，但科学发展观更具进一步的创新，其创新性体现在以下方面。

① 科学发展观的目的更加明确　科学发展观坚持以人为本，明确回答了"为谁发展"的问题，强调发展的出发点和归宿点都是为了满足广大人民群众不断增长的物质文化需要，从人民群众的根本利益出发谋发展、促发展，发展的成果又要惠及全体人民，以保障人的全面发展。

② 科学发展观的主体更加突出　科学发展观还回答了"依靠谁发展"的问题，认为无论何时何地、何种情况下都要始终相信和依靠人民群众。人民群众是发展的动力，是现代化建设的力量源泉和胜利之本。

③ 科学发展观具有更高的目标要求　科学发展观以人的全面发展为目标，包括物质、精神和社会三个层面。物质层面是指满足广大人民群众的物质生活需要；精神层面是使人的精神生活更加充实，文化生活更加丰富多彩；社会层面满足人的社会交往和社会关系的需要。人的本质是一切社会关系的总和，人的社会性特征要求在社会发展过程中不断调整、变革人们的社会关系，适时进行经济基础和上层建筑领域的改革，加快社会建设。

④ 科学发展观的内容更加丰富　科学发展观回答了"发展什么"和"怎样发展"的问题。它主张发展的全面性，强调以经济建设为中心，全面推进经济、政治、文化和社会建设，实现经济和社会的全面进步；它要求统筹城乡发展、统筹区域发展、统筹经济社会发展、统筹人与自然和谐发展、统筹国内发展和对外开放，推进生产力和生产关系、经济基础和上层建筑相协调，推进经济、政治、文化和社会建设的各个环节、各个方面相协调；它强调促进人与自然和谐，坚持生产发展、生活富裕、生态良好的文明发展道路，保证世世代代永久持续发展。

第二节　产业生态学理论

一、产业生态学的概念

产业生态学的概念源于 20 世纪 80 年代。Robert Frosch 等模拟生物的新陈代谢过程和生态系统的循环再生产过程，开展了"工业代谢"研究，认为现代工业生产过程就是一个将原料、能源和劳动力转化为产品和废物的代谢过程。1991 年，美国国家科学院与贝尔实验室共同组织了首次"产业生态学论坛"，对产业生态学的概念、内容、方法以及应用前景进行了全面而系统的总结和展望，初步形成了产业生态学的概念框架，认为"产业生态学是对各种产业活动及其产品与环境之间相互关系的跨学科研究。"1997 年，由耶鲁大学和麻省理工学院共同合作出版了《产业生态学杂志》，标志着产业生态学作为一门独立的学科领域逐渐为人们所接受。

目前，相关学者从不同角度提出了产业生态学的概念，如从资源流或物质代谢的角度，认为产业生态学是一门研究人类社会经济活动中自然资源从源、流到汇再回到自然的全代谢过程的动力学机制、控制论方法及其与生命支持系统相互关系的科学，但普遍认为产业生态学是将生态学的原理用于产业系统，研究产业活动及其产品与环境之间的相互作用关系，从而改善现有产业系统，设计新的产品生产系统，为人类提供对环境无害的产品和服务的学科。

二、产业生态学的特征

产业生态学既是分析产业系统与自然系统、社会系统以及经济系统相互关系的工具，又是一种发展战略和决策支持手段。产业生态学具有以下特征。

(1) 系统性　产业生态学是一种系统观，属于应用生态学范畴，其研究核心是产业系统与自然系统、经济社会系统之间的相互关系。

(2) 整体性　产业生态学强调一种整体观，考虑产品或工艺的整个生命周期的环境影响，而不是只考虑局部或某个阶段的影响。

(3) 未来性　产业生态学提倡一种未来观，关注未来的生产、使用和再循环技术的潜在环境影响，其研究目标是人类与生态系统的长远利益。

(4) 全球化　产业生态学倡导一种全球观，不仅要考虑人类产业活动对局地、地区的环境影响，还要考虑对人类和地球生命支持系统的重大影响。

三、产业生态学的研究内容

(一) 产业系统与自然生态系统的关系

产业系统与自然系统之间的交互界面是产业生态学首要的研究内容。自然生态系统既是产品的原料源，又是其产品及废物的汇。从监测和分析自然生态系统的环境容量出发，认识自然生态系统的同化能力、恢复时间以及目前环境的真实信息，然后依据自然生态系统的环境容量平衡产业系统的输入、输出流。同时，产业系统同自然系统之间的输入、输出流可以通过"物质平衡"和"物质循环"的理论进行测度，通过对流量、途径以及最终的环境汇来比较自然系统与产业系统的物流变化。

(二) 产业生态系统结构分析和功能模拟

从生态学角度来看，产业实体（企业）相当于生态系统中物种个体，产业行业相当于物种种群，在一定的自然区域内不同产业实体的总和则相当于物种群落，可称为产业生态群落。产业生态学通过对产业生态系统结构和功能的分析模拟，建立模拟自然生态系统运行机制的高级产业生态系统，实现产业生态系统中所有废物、废能都可作为其他产业过程和产品的材料来源和能源，力求实现生态效率和封闭循环。

（三）产业生态系统的低物质化

所谓"低物质化"，是指在同样多的，甚至更少的物质基础上获得更多的产品服务，以提高资源的生产率。技术进步和新材料开发可从矿物中更有效地提取有用物质，获得超性能（超强、超轻）的新材料，促进废物再利用，减少材料的使用，从而实现低物质化。另外，还应从产品开发就依据需要的功能进行设计，努力在生产、使用、维护、修理、回收及最终废置过程中减少物质与能量的消耗。

（四）产品生态评价与生态设计

产业生态学包含了"从摇篮到坟墓"的生产过程管理系统观，即在产品的整个生命周期内不应对环境和生态系统造成危害。产品生命周期包括原材料的提取与加工，产品生产、运输及销售，产品使用（包括在利用和维护）以及产品后处理（包括废物循环和最终废弃处理）等各个环节。生命周期评价法也是目前产业生态学中普遍使用的有效方法。

四、产业生态学的应用领域

产业生态学与社会各行各业的生产活动密切相关，目前已应用到诸多领域，并取得了实质性的效果。

（一）生命周期评价（Life Cycle Assessment，LCA）

又称生命周期评估，即各种产品及材料的生命周期评价。现已对纺织服装、汽车能源、电池、水泥、食品等产品开展了生命周期评价，主要通过检查、识别和评估产品、材料或生产过程在其整个生命运行周期中的环境影响来寻求改善环境的机会。

（二）产品生态设计（Design for Environment，DFE）

也称面向环境的设计。要求在开发产品的同时考虑到经济要求和生态要求之间的平衡，有效减少产品和服务的物质材料与能源的消费量，减少有毒物质的排放，加强物质的循环利用能力。生态设计包括材料选择、能源利用、产品包装、产品使用和产品生命结束等内容。

（三）生态工业园区建设（Eco-industrial Parks，EIPs）

该项应用领域是产业生态学的宏观应用领域。国内外已经开展了大量的园区建设项目，比较著名的有丹麦的卡伦堡工业共生体、美国的查尔斯角港生态工业园以及我国广西贵港国家生态工业示范区、天津经济开发区生态工业园等。另外，生态工业园区理论也逐步引入农业生态工程领域，取得了一定的实践应用。

五、产业生态学的实践

（一）生态农业

1. 概念

生态农业是以生态学理论和生态经济学原理为依据，适应生态系统发展和物质循环的需要，因地制宜，合理规划，效仿生态系统的能量梯级利用和物质循环的、生态经济效益良好的农业生产发展模式，从而保持和改善生态平衡和生态系统自我调节能力，提高系统的可持续发展能力。

通过生态农业建设，把粮食生产与多种经济作物生产结合，种植与林、牧、副、渔等结合、种、养、加、销、服务以及发展农业与第二、第三产业发展结合起来，尽可能提高太阳能和其他资源利用率，减少燃料、肥料、饲料及其他材料投入，促进物质在系统内部的多次循环利用，以最小的生态环境影响，获得环境效益、经济效益和社会效益统一的综合效果。

2. 特点

（1）综合性 生态农业以大农业为出发点，全面规划、调整和优化农业结构，使农、林、牧、副、渔各业和农村第一、二、三产业综合发展，提高综合生产力。

（2）多样性 根据不同区域自然条件、资源基础、经济和社会发展水平的差异，以多种生态型模式、生态工程，运用多种不同技术进行生态农业建设，充分发挥地区优势，实现区域之间、产业之间的优势互补和协调发展。

（3）高效性 生态农业合理利用和增值农业资源，尽可能提高太阳能和其他自然资源的利用率，使生物与环境各要素之间得到最优化配置，具有合理的农业经济结构，实行农、林、牧、副、渔等多种产业共同发展，实现废物资源再利用和无害化，降低农业成本，提高经济作物和产品附加值，提高经济效益和生态效益。

（4）持续性 发展生态农业有利于保护环境和改善生态环境，防止污染和破坏，维护生态平衡，同时提高农业生产效率和农产品安全性，将常规农业发展转变到可持续发展的轨道上来，把经济建设与生态建设和保护结合起来，在最大限度满足人们对农产品需求的同时，提高农业生态系统的稳定性和持续性。

3. 类型

（1）时空结构型 即采用平面设计、垂直设计和时间设计模式，在实际应用上呈现时空三维结构型，包括生物群落的平面优化配置、立体优化配置及时间的叠加嵌合的种植设计模式，如山体生态梯度开发型、林果立体间套型、农田立体间套型等。

（2）食物链结构型 即模拟生态系统中的食物链结构，在农业生态系统中构成物质循环和能量梯级利用的生态型生产体系，构建和完善农业生产系统的资源回收利用环节，开发农业废弃资源综合利用技术和产业，发展生态型有机农业等，如草编织业、农工一体化等。

（3）时空-食物链结构型 即将时空结构型和食物链结构型有机结合，将生态系统中生物物质的高效生产和有效利用有机结合，开源节流并重，注重适度投入、适当发展、高产出、少废物、少污染、高效益的农业生产模式，如开发生物质能、风能、太阳能等可再生新能源及应用。

4. 典型模式

（1）基塘复合模式 在我国的热带、亚热带地区，形成了类型众多的基塘生态农业模式，虽然种植的植物类型和塘中养的鱼品种多样，但基本原理类似（见图7-1）。

① 桑基鱼塘 在我国珠江三角洲北部地区和杭州等地具有分布。鱼塘养鱼，塘泥为桑树生长提供肥料，桑叶为蚕提供食粮，蚕的排泄物为鱼提供饲料，形成一个物质循环链。

② 蔗基鱼塘 嫩蔗叶可以喂鱼，塘泥促进甘蔗生长；塘泥含大量水分，对蔗基起明显作用，一些地方还有蔗基养猪，以嫩蔗叶、蔗尾、蔗头等废弃部分养猪，猪粪用于肥塘。

③ 果基鱼塘 在塘基上种植果树，如香蕉、柑橘、木瓜、芒果、荔枝等，有的地方在高秆植物下放养鸡、鸭、鹅等家禽，既可吃虫、草，又可增加经济收入，家禽的粪便还可肥田。

（2）稻鸭鱼共生模式 利用动（如鱼、蟹、虾、鸭）植物（水稻）之间的共生互利关系，充分利用空间生态位和时间生态位以及动物的生态学特点，运用现代技术措施，将动物

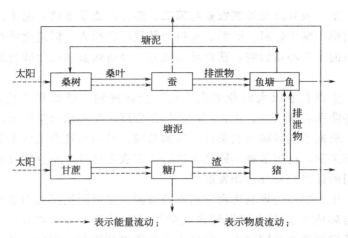

图 7-1 桑基鱼塘生态系统物质循环和能量流动图

围养在稻田与水稻全天候共同生长。动物对于水稻生长还附带有防病、除虫、除草和施加有机肥的作用。

（3）猪-沼-果（林、草）模式　该模式的主要内容是"每户建一口沼气池，人均年出栏两头猪，人均种好一亩果。"通过沼气利用，可创造好的经济效益。沼液加饲料喂猪，可使猪毛光、增重快，可提高出栏，节省饲料。施用沼肥的果树年生长量提高，抗病能力强，水果品质好（见图 7-2）。

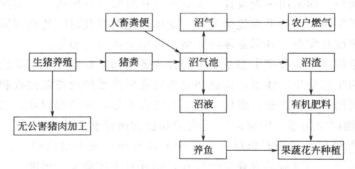

图 7-2 以沼气为核心的农业生态系统模式

（4）种-养-加复合模式　按照生态学原理，通过调整产业结构、开发利用新能源和大力植树造林，实现从单一种植业向农、林、牧、副、渔全面发展。在种植业中，在保持粮食生产的前提下，发展标准化蔬菜大棚、果园、苗圃；在畜牧区中，养鸡、养猪、养奶牛和养鱼；同时，建立了各类饲料厂、深加工厂和食品加工厂，实行种、养、加、销售一体化发展，使经济效益进一步增值，既促进了农业发展，又增加了农民收入（见图 7-3）。

（二）生态工业

1. 生态工业的概念

生态工业的萌芽出现在 20 世纪 60—70 年代，当时没有更为深入的研究。20 世纪 90 年代初，生态工业首先在与美国工程科学院关系密切的工程技术人员中重新被提出，尤其是 1989 年 Robert Frosch 和 Nicolas Gallopoulos 在《科学美国人》专刊号上发表了《可持续工业发展战略》一文，提出了"工业可以运用新的生产方式，对环境的影响将大为减少"。这个观点引导他们推出了生态工业的概念。

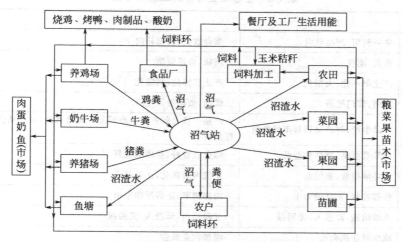

图 7-3　北京留民营种-养-加复合农业生态系统模式

生态工业是指仿照自然界生态过程物质循环的方式，应用现代科技所建立和发展起来的一种多层次、多结构、多功能，变工业排泄物为原料，实现循环生产、集约经营管理的综合工业生产体系，而是一种新型的工业模式。生态工业系统中各生产过程不是孤立的，而是通过物料流、能量流和信息流相互关联，一个生产过程的废物可以作为另一过程的原料进行利用，实现各生产过程从原料、中间产物、废物到产品的物质循环，达到资源、能源、投资的最优利用。

2. 生态工业基本特征

生态工业与传统工业相比，具有突出的高效化、集约化和生态特征，是工业发展的最高境界，具有无可比拟的优势（见表 7-2），其基本特征表现在以下方面。

① 生态工业强调工业活动以不破坏生态系统为前提，用生态经济效益来衡量工业发展程度，是一种既追求发展的数量，又追求发展的质量的低投入、低消耗、高产出、高效益，能够促进社会经济可持续发展的工业体系。

② 生态工业把生态学理论和环境保护战略纳入工业生产规划、决策和生产经营中，重视研究工业的环境对策，并将现代工业的生产和管理转到严格按照生态经济规律办事的轨道上来，根据生态经济学原理来规划、组织、管理工业区的生产和生活。

③ 生态工业在工艺设计上注重生态工业结构框架建设，具有明显的集约利用资源和能源的特征，生产规划规模化、系统化、网络化、清洁化、技术服务社会化，将原来排放废物和污染物的终点转化为不同生产环节的节点，衔接并打通资源再生利用的渠道，实现资源多次循环利用和废物的资源再生利用。

3. 生态工业的层次

（1）企业内部层次　这个层次主要体现为企业内部的清洁生产，在企业内部鼓励绿色产品，推行产品的绿色设计和绿色制造技术。例如在产品的整个生命周期中，优先考虑产品的可拆卸设计、可回收性，易维护性和重复利用等环境属性、并将其作为设计目标，在满足环境目标要求的同时，保证产品得到充分有效利用。在企业内部的物料再循环中，特别强调生产过程中的水和气的再循环，以减少废水和废气的排放；同时加强环境管理，实行 ISO 14000 认证，追求企业内部的物质和能量循环，尽可能做到生产过程无害化。

表 7-2　生态工业与传统工业的比较

类别	传统工业	生态工业
目标	单一利用，产品导向	综合效益，功能导向
结构	链式，刚性	网状，自适应型
规模化趋势	产业单一化、大型化	产业多样化、网络化
系统耦合关系	纵向，部门经济	横向，负荷生态经济
功能	产品生产，对产品销售市场负责	产品＋社会服务＋生态服务＋能力建设，对产品生命周期的全过程负责
经济效益	局部效益高，整体效益低	综合效益好，整体效益好
废弃物	向环境排放，负效益	系统内资源化，正效益
调节机制	外部控制，正反馈为主	内部调节，正负反馈平衡
环境保护	末端治理，高投入，无回报	过程控制，低投入、正回报
社会效益	减少就业机会	增加就业机会
行为生态	被动，分工专门化，行为机械化	主动，一专多能，行为人性化
自然生态	厂内生产与厂外环境分离	与厂外相关环境构成复合生态体
稳定性	对外部依赖性高	抗外部干扰能力强
进化策略	更新换代难，代价大	协同进化快，代价小
可持续能力	低	高
决策管理机制	人治，自我调节能力弱	生态控制，自我调节能力强
研发能力	低，封闭性	高，开放性
工业景观	灰色，破碎，反差大	绿化，和谐，生机勃勃

注：引自陆钟武，工业生态学基础，2010。

（2）企业或行业间层次　企业间或行业间层次体现了生态工业的整体性，主要从区域内企业间或行业间层次上探索构建生态工业链，是生态工业模式构建的关键环节。建立生态产业园区和生态产业群落是该层次的主要方式，可实现企业和企业的共生，减少排放，使生态经济效益达到最优，形成经济发展与环境保护的良性循环。

（3）区域产业层次　在各种工业生态链接关系基础上，采取纵向循环、横向联合相结合的原则，调整区域工业产业结构和布局，建立生态化的产业结构框架，完善系统的物流循环功能，实现工业全过程的生态效率和物质与能量流程的多目标综合优化，促进区域生态化工业体系的形成。

4. 生态工业园

生态工业园是生态工业理论的具体实践。自从 20 世纪 70 年代初丹麦建立了 Kalundborg 生态工业园，世界许多国家将生态工业园区作为工业园区改造和完善的方向。20 世纪 90 年代以来，全球生态工业园区每年以成倍的速度发展，多数在美国。我国于 1999 年开始启动建设生态工业园，首个区域性生态工业园区在广东省南海市建成，目前已建成广西贵港国家生态工业（制糖）示范园区等 20 多个国家级生态工业示范园区。

（1）生态工业园的定义　生态工业园是按照产业生态学的原理设计规划而成的一种新型工业组织形态，是在特定的地域空间，对不同的工业企业之间，以及企业、社区（居民）与自然生态系统之间的物质与能量的流动进行优化，从而在该地域内对物质与能量进行综合平衡，合理高效利用当地资源包括自然资源和社会人力资源，实现低消耗、低污染、环境质量优化和经济可持续发展的地域综合体。

（2）生态工业园的主要特征

① 生态工业园内不同企业间形成相互利用副产品、废品及能量和废水的梯级利用生态工业链（网），进而形成生态工业体系，实现园区资源利用的最大化和废物排放的最小化；

② 生态工业园内的基础设施、资源和信息共享，且不受地域的限制，只要存在工业共生关系，都可成为它的一个共生环节；

③ 生态工业园区内各企业之间的关系是相互利用副产品、废品和余能，形成生态工业链，实现园区生态环境与经济的双重优化和协调发展。

（3）生态工业园分类 根据产业结构、原始基础、区域位置等不同角度，可对生态工业园区进行具体分类。

① 按照产业结构，可将生态工业园区分为联合型和综合型两类。

联合型生态工业园区是以某一大型联合企业为主体的生态工业园，典型的如美国杜邦模式、我国贵港国家生态工业园等。对于冶金、石油、化工、酿酒等不同行业的大企业集团，非常适合建设联合型的生态工业园。

综合型生态工业园内各企业之间的工业共生关系更为多样化，如丹麦的卡伦堡工业园区是综合型生态工业园的典型。目前，大量传统的工业园适合朝综合型生态工业园的方向发展。

② 按原始基础，可将生态工业园划分为改造型和全新规划型。

改造型生态工业园是园区内存在的大量工业企业可通过适当的技术改造，在区域内建立物质和能量交换，丹麦的卡伦堡工业园就是改造型园区的典型。

全新规划型生态工业园区是在规划和设计基础上，从无到有地进行建设，主要吸引那些具有"绿色制造技术"的企业入园，并创建一些基础设施，使得这些企业可进行物质、能量交换。南海生态工业园就是这种类型。这类生态工业园投资大、建设起点高，对成员要求也高。

③ 按区域位置，可将生态工业园分为实体型和虚拟型。

实体型生态工业园区的成员在地理位置上聚集于同一地区，可通过管道等设施进行成员间的物质和能量交换。

虚拟型生态工业园不一定要求其成员在同一地区，利用现代信息技术，通过园内的数学模型和数据库建立成员间的物质、能量交换关系，然后在现实中选择适当的企业组成生态工业链、网。该类型生态工业园可省去建园所需昂贵的购地费用，避免进行困难的工厂迁址工作，具有较大的灵活性，但可能要承担较贵的运输费用。美国的 Brown-Sville 生态工业园和中国的南海生态工业园就是虚拟园的典型。

第三节 循环经济理论

一、循环经济的产生和发展

循环经济的思想萌芽可以追溯到 20 世纪 60 年代，美国经济学家肯尼思·鲍尔丁敏锐地认识到必须从经济过程角度思考环境问题的根源，认为若不改变目前的经济发展模式，地球资源就会走向枯竭，地球环境将会毁灭，提出要以新的"循环式经济"代替旧的"单程式经济"。然而循环经济的思想作为一种超前理念，一直没有引起人们的足够重视。到了 20 世纪

90 年代，循环经济的概念才变得较为清晰，"循环经济"一词首先由英国环境经济学家 D. Pearce 和 R. K. Turner 在其 1990 年出版的《自然资源和环境经济学》一书中提出。到 20 世纪末，循环经济在发达国家逐步发展为大规模的社会实践活动，并形成了相应的法律法规。德国是发展循环经济的先行者，先后颁布了《垃圾处理法》、《避免废弃物产生及废弃物处理法》等法律，日本于 2000 年通过和修改了包括《推进形成循环型社会基本法》在内的多项法规，从法制上确定了日本 21 世纪循环型经济社会发展的方向。我国也于 2009 年开始实施《中华人民共和国循环经济促进法》，为促进我国循环经济发展奠定了法律基础，标志着我国循环经济发展进入了全新时期。

二、循环经济的定义和内涵

(一) 循环经济的定义

目前还没有对循环经济统一的定义。我国 2009 年出台的《中华人民共和国循环经济促进法》中，把循环经济（circular economy）定义为在生产、流通和消费等过程中进行的减量化（reduce）、再利用（reuse）、再循环（recycle）活动的总称。其中，减量化是指在生产、流通和消费等过程中减少资源消费和废物的产生。再利用是指将废物直接作为产品或者经修复、翻新、再制造后继续作为产品使用，或者将废物的全部或者部分作为其他产品的部件予以使用。资源化是指将废物直接作为原料进行利用或者对废物进行再生利用。

(二) 循环经济的内涵

① 循环经济注重提高资源利用效率，减少污染物排放，用科学发展观破除资源约束、环境容量瓶颈，促进资源节约型、环境友好型社会建设，实现经济社会可持续发展。

② 循环经济把经济发展建立在结构优化、质量提高、效益增长和消耗低的基础上，着力解决资源约束和产业结构问题。

③ 循环经济按照"物质代谢"和"共生关系"组合相关企业形成产业生态群落，延长产业链，以"资源-产品-再生资源"为表现形式，讲求经济发展效益和生态效益的集约型经济发展。

④ 循环经济既可促进资源节约和综合利用产业、废旧物质回收产业、环保产业等显性循环经济产业的形成，又可培育租赁、登记服务等隐性循环经济产业。这两大产业是经济社会及资源环境协调发展的有力保障。

三、循环经济的特征和原则

(一) 循环经济的主要特征

1. 非线性

循环经济将传统的线性的开放式经济系统转变为非线性的闭环式经济系统，改变了传统的思维方式、生产方式和生活方式。政府、企业和社会在循环经济发展中承担不同的任务，政府在产业结构调整、科学技术发展、城市建设等重大决策中，综合考虑经济效益、社会效益和环境效益，节约利用资源、减少资源和环境的损耗，促进社会、经济和自然的良性循环；企业在从事经济活动时，兼顾经济发展、资源合理利用和环境保护，逐步实现"零排放"或"微排放"；社会要增强珍惜资源、循环利用资源、变废为宝、保护环境的意识。

2. 环境友好性

循环经济可以充分提高资源和能源的利用效率，最大限度地减少废物排放，充分体现了自然资源与环境的价值，促进整个社会减缓资源与环境财产的损耗。循环经济通过两种方式实现资源的最优使用，其一是持久使用，即通过延长产品的使用寿命降低资源流动的速度，因为将产品的使用寿命延长1倍，相应可减少50％的废料产生。其二是集约使用，即使产品的利用达到某种规模效应，从而减少分散使用导致的资源浪费，如提倡共享使用、合伙使用等。

3. 社会、经济和环境的"共赢"发展

循环经济以协调人与自然关系为准则，模拟自然生态系统运行方式和规律，倡导与资源环境和谐共生的经济发展模式。它使资源得到持久利用，并把经济活动对环境的影响降低到尽可能的程度，从根本上解决长期以来困扰人类的环境与发展的矛盾问题，实现了社会、经济和环境的"共赢"发展。

4. 将不同层面的生产和消费有机结合

传统发展模式将物质生产与消费割裂开来，形成了大量消耗资源、大量生产产品、大量消费和大量废物排放的恶性循环。循环经济在3个层面将生产（包括资源消耗）和消费（包括废物排放）这两大人类生活最重要的环节有机结合起来，其一是小循环模式，即企业内部的清洁生产和资源循环利用；其二是中循环模式，即共生企业间的生态工程网络；其三是大循环模式，即区域和整个社会的废物回收和再利用体系。

（二）循环经济的基本原则

循环经济以环境无害化技术为手段，以提高生态效率为核心，强调资源的减量化、再利用和资源化，以环境友好方式利用经济资源和环境资源，建立了以"减量化（reduce）、再利用（reuse）、再循环（recycle）"为主要内容的基本原则。

1. 减量化原则

减量化或减物质化原则属于输入端方法，其旨在减少进入生产和消费流程的物质量，它要求用较少的原料和能源投入到既定的生产或消费目的，在经济活动的源头就注意节约资源和减少污染。在生产中，减量化主要表现为产品体积小型化和产品重量轻型化，即企业应减少每个产品的原料使用量，通过重新设计制造工艺来节约原料与资源，减少废物排放。在消费过程中，人们可减少对物品的过度需求，减少对自然资源的需求压力，相应减少垃圾处理的压力。

2. 再利用原则

再利用或反复利用原则属于过程性方法，即尽可能多次以及多种方式地使用所买的东西，通过再利用，防止物品过早成为垃圾。在生产中，制造商可以使用标准尺寸进行设计，鼓励重新制造业的发展，以便拆解、修理和组装用过的破碎的东西。例如欧洲某些汽车制造商正在把他们的轿车设计成各种零件而易于拆卸和再使用。在生活中，人们把一件物品丢弃之前，应想一想在生活和工作中再利用的可能性。可将合用的或可维修的物品返回市场体系供别人使用或者捐献自己不需要的物品，通过再利用，防止物品过早成为废物。

3. 再循环原则

再循环、资源化或再生利用原则是输出端方法，通过把废物再次变成资源以减少最终处理量。它要求生产出来的物品在完成其使用功能后重新变成可以利用的资源而不是无用的垃圾。资源化可通过两种方式实现，其一是原级资源化，即将消费者遗弃的废弃物资源化后形成与原来相同的新产品，如报纸变成报纸、铝罐变成铝罐；其二是次级资源化，即废弃物被变成不同类型的新产品。与资源化相适应，消费者和生产者应通过购买用最大比例消费后再生资源制成的产品，使得循环经济整个过程实现闭合。

四、循环经济的运行模式

按照经济社会活动的规模和所涉及范围，循环经济可分为大、中、小三种模式运行。

（一）小循环模式

小循环模式是指企业内部的循环，即在企业内部，根据生态效率的理念，推行清洁生产，节能降耗，减少产品和服务中物料和能源的使用，实现污染物排放的最小化。要求企业做到：减少产品和服务的物料使用量；减少产品和服务的能源使用量；减少有毒物质的排放，加强物质的循环使用能力；最大限度可持续地利用可再生资源；提高产品的耐用性；提高产品与服务的强度等。

小循环模式典型的案例是美国杜邦化学公司模式。该公司于 20 世纪 80 年代末把工厂作为循环经济的实验室，创造性地把 3R 原则与化学工业实际相结合，减少了某些化学物质的使用量并发明了回收本公司产品的新工艺。到 1994 年，该公司已经使生产造成的塑料废弃物减少了 25%，空气污染物排放量减少了 70%。

（二）中循环模式

中循环模式是指企业之间的物质循环，即把不同工厂或部门联系起来，按照生态工业学的原理，形成共享资源和互换副产品的产业共生组合，使得一个工厂或一个部门生产的废气、废热、废水、废物成为另一个工厂或部门的原料和能源，并通过企业间的物质集成、能量集成和信息集成，形成企业间的工业代谢和共生关系，建立生态工业园区。在中循环中，要优先考虑将上游企业生产的废物充分利用到下游企业中去，使所有的物质都得到循环往复的利用，最终实现废物的"再循环利用"。

中循环模式典型的案例是丹麦的卡伦堡生态工业园模式。该生态工业园是面向企业共生的循环经济模式，园区以发电厂、炼油厂、制药厂和石膏制板厂 4 个企业为核心，通过贸易方式把其他企业的废弃物或副产品作为本企业的生产原料，建立工业横生和代谢生态链关系，最终实现园区的污染"零排放"。

（三）大循环模式

大循环模式是循环经济在社会层面的体现，是指在整个经济社会领域，通过工业、农业、城市、农村的资源循环利用，不排放废物，最终建立循环型社会的实践模式。在社会层面的大循环主要通过废旧物资的再生利用，实现消费过程中和消费过程后物质和能量的循环。其具体形式是建立循环型城市或循环型区域，在区域内，以污染预防为出发点，以物质循环流动为特征，以经济、社会、环境的协调、可持续发展为最终目标，高效利用资源和能源，减少污染物的排放。

大循环模式的典型案例是德国的双元系统模式。该模式是针对消费后排放的循环经济，其中双轨制回收系统（DSD）起到了很好的示范作用。DSD 是一个专门组织对包装废弃物进行回收利用的非政府组织。它受企业委托，组织收运者对它们的包装废弃物进行回收和分类，然后送至相应的资源再利用厂家进行循环利用，能直接回用的包装废弃物则送返至制造商。DSD 系统的建立极大促进了德国包装废弃物的回收利用，至 1997 年，包装垃圾从过去的每年 1300 万吨下降到 500 万吨，塑料、纸箱等包装物回收利用率达到 86%。

五、国内外循环经济实践

（一）国外循环经济实践

1. 日本循环经济的立法

日本的循环经济立法是世界上最完备的，也保证了日本成为资源循环利用率最高的国家之一，下面介绍几种相关的法律。

(1)《促进建立循环社会基本法》 该部法的目的是为了迅速建立一个限制资源消耗并使环境负担最小化的"循环社会"，促进从生产到分配过程的原材料的有效使用，最终建立从消费到处理以及再循环的循环体系。该法提出了循环型经济社会的蓝图，从法律角度明确了有用废弃物为"循环资源"，规定了国家、地方政府、企业和国民等各方面在保护生态环境方面的责任和义务，制定了国家为建立循环经济社会采取的主要措施。

(2)《促进资源有效利用法》 该部法是日本建立循环经济社会过程中最早制定的一部法律，原称《再生资源利用促进法》，要求在制品的设计、制造、加工、销售、修理、报废个阶段要综合实施 3R 原则，达到资源的有效利用。目前，该法律的使用范围覆盖了日本近 50% 的城市生活垃圾和工业垃圾。

(3) 关于废弃物处理的法律

①《固体废弃物管理和公共清洁法》 该法规定了垃圾管理责任、处理方法、处理设施和相关设施，执行了"污染者付费原则"，明确规定了排放工业垃圾的企业责任。

②《促进容器与包装分类回收法》 容器和包装废弃物在日本城市生活垃圾中大约占 60%。制定该法律的目的就是减少此类垃圾，促进其回收。容器和包装废弃物占一般废弃物质量的 25%、体积的 60%，对回收资源、减少垃圾占地效果明显。

③《家用电器回收法》 以法律为基础构建废旧家电回收体系方面，日本是世界上走在最前列的国家。该法律于 2001 年 4 月实施，其目的是促进电视机、冰箱、洗衣机及空调的回收。目前，日本每年电视机、冰箱、洗衣机及空调四类废旧电器大约有 600 万吨。

④《建筑及材料回收法》 在日本，建筑垃圾占垃圾总量的 20%，占最终处理垃圾的 40%，同时建筑垃圾在非法处理垃圾中的比例也占到 90%，所以必须迅速采取措施回收。该部法律把各种材料分开回收（特别是拆除时），回收后设法利用，不占土地。如木材可用于做各种板材、烧木炭，做成木屑用于土壤改良等，混凝土块经过破碎后，可以作混凝土骨料或路基材料。

⑤《食品回收法》 在日本的城市生活垃圾中，食品垃圾占 30%。《食品回收法》明确规定对不可避免的食品垃圾要进行回收和再利用，要求食品加工业、大型超市连锁店、宾馆饭店和各种餐馆要与农户签订合同，将不能食用的蔬菜的碎叶和果皮等制成堆肥。同时要求把厨房垃圾也制成堆肥。这样大大减少了城市的食品垃圾，也为农业生产提供了绿色肥料。

⑥《汽车循环法》 日本每年报废汽车超过 500 万辆。在日本的大部分地区已有了汽车再生利用系统，废车回收率达到 100%，再生利用率达到 75%。

(4)《绿色采购法》 为了促进国家机构和地方当局积极购买对环境友好的循环产品，同时最大规模地提供绿色采购信息，日本政府制定和实施了《绿色采购法》。该部法律于 2002 年 4 月全面实施。主要内容是国家机关（如国会、各省厅、法院等）有绿色购入的义务，而各都、道、府、县、市、町、村等地方自治体有努力率先实行绿色购入的义务。上述两种购买力占全社会消费的 18%，成为采购的重要一类。政府带头使用环保产品对民众消费观念的更新起到重要作用。

2. 美国企业循环经济的杜邦模式

杜邦化学公司是美国化学制造业的龙头企业。该公司通过组织厂内各工艺之间的物料循环，延长产业链条，减少生产过程中的物料和能源使用量，最大限度地利用可再生资源，尽量减少废弃物和有毒物质的排放，达到了排放甚至"零排放"的目标，成为微观层次循环经济运行的典型模式。

20 世纪 80 年代，杜邦公司把工厂作为循环经济理念的实验室，通过放弃使用某些环境有害型的化学物质，减少某些化学物质的使用量以及回收利用本公司产品的新工艺，到 1994 年已经使生产造成的塑料废弃物减少了 25％。同时，他们在废塑料如废弃的牛奶盒和一次性塑料容器中回收化学物质，开发出了耐用的乙烯材料等新产品。

厂内的废物再生循环是通过如下方式进行：其一是将流失的物料回收后作为原料返回到原来的工序中，如从纸浆废水中回收纸浆等；其二是将生产过程中生成的废料经适当处理后作为原料或原料替代物返回到原生产流程中，如铜精炼电解中的废电解液，经处理后提出其中的铜再返回到精炼铜流程中；其三是将生产过程中生成的废料经处理作为原料返回工厂内其他生产过程中。

另外，杜邦公司率先逐步停止使用氯氟烃（CFCs）并开发替代产品，到 2003 年，就实现减排温室气体 65％以上。通过减少温室气体排放，杜邦公司也获得了真正的效益，包括由于采取节能措施，降低了 20 亿美元的相关支出。

由于杜邦公司在保护环境和推动可持续发展方面的努力和成绩，该公司位居美国《商业周刊》"全球最绿色企业"排名首位和美国《财富》杂志"美国最受敬仰企业（化学类）榜首"。这些表明，杜邦公司在探索企业内部循环经济模式之后，实现了经济效益、生态效益和社会效益的多方共赢。

3. 德国包装废弃物二元回收体系

（1）德国二元系统公司（DSD）简介 德国二元系统公司建立于 1990 年 9 月，到 1997 年底已有 600 家公司加入进来，享受包装法规规定的免税政策。该公司有 300 名员工，由包装制品印刷、使用包装企业、销售商店以及废弃物管理部门各出 3 名代表组成拥有最高权力的监督机构。另外，还由政界、工商界、科研单位与消费者组织再组成顾问委员会，作为 DSD 与各类社会团体的媒介，协调公司工作。

（2）二元系统的运作 二元系统的运作有两种体系，即街头回收系统和上交式回收系统。其中街头回收系统是二元系统最基本的系统，其方法是用黄色的袋子或回收箱来回收轻型材料包装，如铝、铁皮、塑料、纸箱以及软饮料包装。一些公用的分类垃圾箱被放在居民小区，免费回收居民的不同颜色的玻璃瓶以及纸和纸壳箱。对量大的玻璃（需按绿、白、棕色分开）、纸和纸板废弃物及边角料，公司通过"送"系统，用垃圾箱袋集中包装后，派车送去再生加工企业进行回收再生。对分散的包装废弃物，公司在居民区、人行要道附近设置垃圾收集箱，垃圾箱（桶）还分有不同颜色，以便对废弃物分类收集。

另一种是上交式回收，就是 DSD 公司在距离居民生活区不远的地方设置有专门的回收站点。居民必须将所有用过的包装直接交到当地回收站，由回收站对废弃物进行分选，或直接进行处理，或交给废弃物再循环承包商，由他们负责或交给产品生产商。

这种完备的垃圾回收体系的有效实施，使德国包装材料的回收利用率不断提高，从 1990 年的 13.3％增加到 2002 年的 80％。产品包装的循环再生能力也不断加强，玻璃的再生利用率达到 90％，纸质包装为 60％，而轻质材料包装则达到 50％。目前，废弃物处理已成为德国经济的支柱产业，年均营业额约 140 亿欧元，占 GDP 的 2％左右，并创造了 20 多万个就业机会。

（二）国内循环经济实践

1. 青岛啤酒厂循环型企业模式

青岛啤酒厂始建于 1903 年，是驰名中外的青岛啤酒的发祥地。现有职工 1142 人，占地面积 140 亩，产品远销欧美等 50 多个国家和地区。为了积极实践循环型企业建设，本厂遵循 3R 原则，不断开发清洁生产工艺和废料回收生产技术，推行污染排放的全过程控制，全面探索节水、节能、低耗的现代化新型循环企业生产模式。

（1）减量化 2004 年，通过合理调配、降低炉渣含碳量、采取煤炭分层燃烧等手段使煤炭充分燃烧，减少不必要的煤炭浪费，节约燃煤 1760t、减少 SO_2 排放 17707kg，减排烟尘 5115kg。在过滤工序中，改革过滤所需硅藻土用量，每吨酒耗量由 1.8kg 降为 1.0kg，年减少硅藻土用量 180t，价值 59 万元，同时对废硅藻土进行安全填埋。在包装车间，引进三台在线浓度仪，使包装酒损下降 1%，全年节酒折合人民币 127 万元。另外，为减少车辆尾气排放，一次性投资 18 万元，将叉车由燃油改为液化气。

（2）再利用 青岛啤酒厂将全厂冷凝水回收罐由原来的开放式改为闭式，建立锅炉总回收泵站，各车间的冷凝水全部回到闭式蓄水罐，采用远地传输自控装置，通过高效防汽蚀泵，把高达 110℃ 热水送到除氧罐与软化水混合后供锅炉使用。现冷凝水可回收率达到 90%，年可回收冷凝水 94500t，可创造价值 103.95 万元。在清洗和包装工序中设计了刷洗液滤清装置，使刷洗液经过滤清后可重复多次使用，碱液多次使用不能满足工艺刷洗要求后，再通过专门的管道运输到锅炉烟尘脱硫系统里为脱硫的反应材料，重复利用的废液完全替代纯碱。现回收废碱能力达 479t/d，用于脱硫装置年可节省纯碱 50.74t，价值约 15 万元，可除去 SO_2 约 171.68t。

（3）资源化 制麦工序中产生的副产品有浮麦、麦根、麦皮，全部出售给饲料加工厂，年创收 17 万余元；糖化工序中的主要副产品酒糟是饲喂牲畜的优质饲料，年可销售酒糟作为饲料 31517t，价值 151 万元；发酵工序中的副产品是啤酒酵母泥，通过购置两台酵母烘干设备，将产生酵母全部回收，作为制药企业的原材料。生产高附加值的产品复合核苷、复合氨基酸和膳食纤维等，年回收酵母 1900t，价值 68 万元，同时减少 COD 排放 6.2×10^3 t/a，收益良好。该厂燃烧煤炭产生的炉渣全部回收运往砖厂作为制砖原料，年可创造价值 11.78 万元。包装工序中主要的固体废物是碎玻璃、废易拉罐、废纸板、废包装箱等，将废纸板加工成垫板，可重新用于生产，碎玻璃、废易拉罐和废纸箱送还生产厂家，再加工成成品以再利用，年回收价值 46 万元。另外，青岛啤酒还将生产过程中由于设备淘汰或设备损坏产生的旧设备和废零件，制成各式各样的工艺品，用于美化城区环境，陶冶员工情操。

2. 贵阳市循环经济建设试点

贵阳市是我国首个批准建设循环经济建设试点城市。自 2003 年 3 月启动循环经济生态城市建设以来，经过不断研究和实践，取得了明显成效。

贵阳市是资源性城市，由于经济的快速发展，并且一直沿用粗放式的经济发展模式，导致了资源枯竭、资源利用率低，污染排放量大等问题。加之市区地处半封闭的山间盆地底部，大气稀释能力差，极易造成局部大气污染。因此，发展循环经济、建设资源节约型社会，已经成为贵阳市提升城市发展水平的重要手段和途径。

（1）建设内容 贵阳市循环经济型生态城市建设的内容可以概括为：实现一个目标，转变两种模式，构建三个核心系统，推进八大循环体系建设（见图 7-4）。

实现一个目标，即全面建设小康社会，在保持经济持续快速增长的同时，不断提高人民的生活水平，并保持生态环境美好。

转变两种模式，一是转变生产环节模式，二是转变消费环节模式。构建三个核心系统，一是循环经济产业体系的构架，二是城市基础设施建设，三是生态保障体系建设。

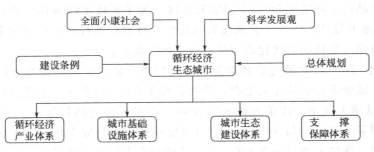

图 7-4 贵阳市循环经济生态城市建设框架图

推进八大循环体系，一是磷产业循环体系，二是铝产业循环体系，三是中草药产业循环体系，四是煤产业循环体系，五是生态农业循环体系，六是建筑与城市基础设施产业循环体系，七是旅游和循环经济服务产业体系，八是循环型消费体系。八大循环体系及相互关系见图 7-5。

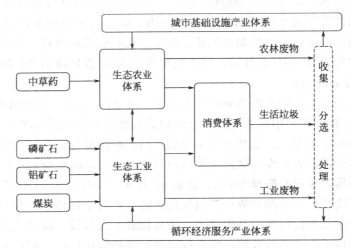

图 7-5 贵阳市循环经济生态城市建设的八大循环体系图

（2）建设成效 至 2010 年，贵阳市基本形成了企业小循环、园区中循环、社会大循环的循环经济格局。在企业层面，实施完成了磷都公司黄磷尾气综合利用制甲酸，新鑫公司黄磷尾气及磷渣综合利用制草酸酯、加气混凝土，开磷集团磷石膏综合利用制磷石膏砖等循环经济项目。在园区层面，实施完成了开磷 120 吨磷铵、开阳化工公司 50 万吨合成氨项目，启动了安达公司氯碱项目，基本形成磷-煤-碱共生耦合产业体系；实施完成了紫江水泥公司综合利用黄磷渣生产特种水泥，市公交公司回收利用开磷集团合成氨池放气制车用燃料（LNG）及配套的城市公交油改气工程，工业废物利用能力快速提升。社会层面，建成了覆盖城乡的绿色回收站（亭）500 余个和贵阳废旧金属市场、贵阳金恒再生资源交易中心、贵阳报废汽车拆解中心、贵阳市再生资源分拣中心等城市废弃物利用项目，开办了全省首家收废网站——贵阳收废网（www.gysfw.com），编制完成了《贵阳市城市矿产基地实施方案》，开展了贵阳市城市废弃物循环经济综合处理厂前期选址等工作。农业循环经济方面，建成了台农公司生猪养殖基地沼气利用、南江现代农业公司沼气利用及畜禽粪便生产有机肥等项目，形成了以"草、畜、沼、（菜）果"为代表的农业循环经济发展模式。

目前，贵阳市循环经济产业体系形成了年综合利用工业废气 9000 余万立方米以上，工业固体废物 240 余万吨、农业废弃物 5 万吨的循环经济项目产能。通过试点项目实施，黄磷尾气、焦化尾气、合成氨尾气等尾气综合利用为基础的碳-化工技术、纯低温余热发电、湿法磷酸节能降耗萃取工艺、工业废渣制建材等一批先进适用技术得到应用，一批成熟的农业循环经济技术得到推广，循环经济发展成效显著。

第四节 清洁生产理论

清洁生产是 21 世纪世界工业发展趋势，是相对于粗放的传统工业生产模式的一种方式，它通过工业加工过程的转化，使原料中的所有组分都能变成所需要的产品，减少废物排出，实现原材料利用率的最佳化，以及经济效益、环境效益和社会效益的统一。随着工业污染和节能降耗新技术的不断出现，清洁生产得到不断应用推广。

一、清洁生产的发展

（一）国外清洁生产发展

清洁生产的提出，最早可追溯到 1976 年 11 月欧共体在巴黎举行的"无废工艺和无废生产的国际研讨会"。"无废工艺和无废生产"是清洁生产早期的一种说法。该会议提出，协调社会和自然的相互关系应主要着眼于消除造成污染的根源，而不是仅消除污染引起的后果。

1977 年 4 月欧共体委员会就制订了关于"清洁工艺"的政策。1984 年、1987 年又制订了欧共体促进开发"清洁生产"的两个法规，明确地对清洁生产工艺及生产工业示范工程提供财政支持。1984 年美国国会通过了《资源保护与恢复法——固体及有害废弃物修正案》，明确定义"废物最少化"就是"在可行的部位将有害废弃物尽可能地削减和消除"，该法案要求生产有毒有害废弃物的单位应向环保部门申报废物产生量、采取削减废物的措施、明确废物的削减量，并制订本单位废物最少化的规划。源头削减和再循环被认为是废物最小化的两个途径。

1988 年秋，在荷兰经济部和环境部的支持下，荷兰技术评价组织对荷兰公司进行了防止废物产生和排放的清查研究，制定了防止废物产生和排放的政策及所采用的技术和方法，并在 10 个公司进行了预防污染的实践。其实施结果被编成《防止废物产生和排放手册》，并于 1990 年 4 月出版。

1989 年联合国环境规划署工业与环境计划活动中心（UNEPIE/PAC）根据联合国环境规划署理事会决议，制订了《清洁生产计划》，从 1990 年起每两年组织一次世界范围内的清洁生产高级研讨会。1990 年 9 月在英国坎特伯雷举办了"首届促进清洁生产高级研讨会"，会上提出了一系列建议，如支持世界不同地区发起和制订国家级的清洁生产计划，支持举办国家级的清洁生产中心等。

1992 年联合国环境与发展大会通过了《21 世纪议程》，明确指出清洁生产是实现可持续发展的先决条件，也是工业界达到改善环境和保持竞争力及利润的核心手段。号召工业界提高效能，开发清洁生产技术，更新、替代对环境有害的产品和原材料，实现环境与资源保护的有效管理。

1998 年 10 月在韩国汉城❶举行了第 5 届国际清洁生产高级研讨会，许多国家和大型跨

---

❶ 今首尔。

国公司参与和签署了《清洁生产国际宣言》。

目前，许多国际组织也参与推行清洁生产。联合国工业发展组织和联合国环境规划署（UNIDO/UNEP）首批资助 9 个国家（包括中国）建立国家清洁生产中心，现已有 40 多个国家建立了国家清洁生产中心。世界银行（WB）等国际金融组织也积极资助在发展中国家开展清洁生产的培训工作和建立示范工程。国际标准化组织（ISO）已经和正在制定和颁布以污染预防和持续改进为核心内容的 ISO 14000 环境管理体系系列国际标准。清洁生产已经成为国际行动。

（二）国内清洁生产发展

我国在 20 世纪 80 年代初就提出"环境污染问题要尽力在计划过程和生产过程中解决，实行经济效益、社会效益和环境效益的三统一"。20 世纪 80 年代中期全国举行了两次少废无废工艺研讨会，不少工业部门和企业开发应用了一批少废无废工艺，取得了一定成绩。

1992 年，中国积极响应联合国环境与发展大会提出的可持续发展战略和《21 世纪议程》的清洁生产倡导，将推行清洁生产列入国务院发布的《环境与发展的十大对策》。

1994 年 3 月国务院通过《中国 21 世纪议程》明确指出："推行清洁生产是优先实施的重点领域"。在国家推行清洁生产的基本政策指引下，我国实施清洁生产的实践，逐步由宣传示范的初始阶段转入建立政策机制的深化发展阶段。

1997 年原国家环保局（NEPA）颁发了《关于推行清洁生产的若干意见》，对推行清洁生产的管理、机构、宣传、实施等作了明确规定。

此外，我国还与世界银行及加拿大、美国、挪威等发达国家开展清洁生产合作项目。1993 年 3 月至 1996 年中国国家清洁生产中心承担实施了世界银行中国环境支援项目"推进清洁生产"。该项目是我国第一个清洁生产项目。通过该项目的实施，在中国较完善地创立了清洁生产方法学体系，树立了 27 家示范企业，编制了《企业清洁生产审计（核）手册》及其培训教材，以及化工原料、丝绸印染、电镀和啤酒四个行业的清洁生产审计（核）指南，创立并完善了中国企业清洁生产审核方法。1995—1997 年国家清洁生产中心与美国合作，共同承担了世界银行提供的环境保护赠款项目"国际污染预防技术在中国的推广应用"。该项目在石化、制药、电镀三个行业，通过选择典型的企业开展清洁生产培训、清洁生产审核、行业清洁生产技术需求分析及市场调查，以推动行业中的清洁生产过程，寻求与国外在清洁生产领域内长期合作的机会。

近年来，我国加大了清洁生产的立法工作。《中华人民共和国清洁生产促进法》通过了全国人大常委会审议，已于 2003 年 1 月 1 日起实施。

二、清洁生产的定义

清洁生产的概念是由联合国环境规划署于 1989 年正式提出，认为清洁生产是对工艺和产品不断运用一种一体化的预防性环境战略，以减少其对人体和环境的风险；对于生产工艺，清洁生产包括节约原材料和能源、消除有毒原材料，并在一切排放物和废弃物离开工艺之前，削减其数量和毒性；对于产品，战略重点是沿产品的整个生命周期，即从原材料获取到产品的最终处置，减少各种不利影响。

1996 年联合国环境规划署提出了新的定义，不仅对生产过程与产品，对服务也提出了要求，即采用"绿色设计"，将环境因素纳入产品的设计和所提供的服务中，消除产品形成后对环境产生的负面影响，也就是从产品的生产到消费直至最终处置的全过程——产品生命周期实施清洁生产。

我国在《中国 21 世纪议程》和《中华人民共和国清洁生产促进法》中对清洁生产进行了定义。前者认为清洁生产是既指可满足人们需要，又可合理使用自然资源和能源，并保护环境的实用生产方法和措施，其实质是一种物料和能耗最少的人类生产活动的规划和管理，将废物减量化、资源化和无害化，或消灭于生产过程之中。同时对人体和环境无害的绿色产品的生产亦将随着可持续发展进程的深入而日益成为今后产品生产的主导方向。后者在其第二条规定："本法所称的清洁生产是指不断采取改进设计、使用清洁的能源和原料、采用先进的工艺技术与设备、改善管理、综合利用等措施，从源头削减污染，提高资源利用效率，减少或者避免生产、服务和产品使用过程中污染物的产生和排放，以减轻或者消除对人类健康和环境的危害。"

三、清洁生产的内容

清洁生产的内容，可归纳为"三清一控制"，即清洁的原料与能源、清洁的生产过程、清洁的产品以及贯穿于清洁生产的全过程控制。

（一）清洁的原料与能源

清洁的原料与能源，是指产品生产中能被充分利用而极少产生废物和污染的原材料和能源。选择清洁的原料和能源，是清洁生产的一个重要条件。

清洁原料与能源的第一个要求，是能在生产中被充分利用。生产所用的大量原材料中，通常只有部分物质是生产中需用的，其余部分成为所谓的"杂质"，在生产的物质转换中，常作为废物而弃掉，原材料未能被充分利用。能源则不仅存在"杂质"含量多少的问题，而且存在转换比率和废物排放量大小的问题。如果选用较纯的原材料和较清洁的能源，则杂质少，转换率高、废物排放少，资源利用率也就越高。

清洁原料与能源的第二个要求，是不含有毒性物质。不少原料内含有一些有毒物质，或者能源在使用过程中、使用后产生有毒气体，它们在生产过程和产品使用过程中常产生毒害和污染。清洁生产应当通过技术分析，淘汰有毒的原材料和能源。采用无毒或低毒的原料与能源。

清洁生产原料与能源方面可采用的措施有：清洁利用矿物燃料；加速以节能为重点的技术进步和技术改进，提高能源利用率；加速开发水能资源，优先开发水利水电；积极发展核能发电；开发利用太阳能、风能、地热能、海洋能、生物质能等可再生的新能源；选用高纯、无毒原材料。

（二）清洁的生产过程

清洁生产过程是指尽量少用、不用有毒、有害的原料；选择无毒、无害的中间产品；减少生产过程的各种危险性因素；采用少废、无废的工艺和高效的设备；做到物料的再循环；简便、可靠的操作和控制；完善的管理等。

清洁生产过程要求选用一定的技术工艺。将废物减量化、资源化、无害化，直至将废物消灭在生产过程中。废物减量化，就是要改善生产技术和工艺，采用先进设备，提高原料利用率，使原材料尽可能转化为产品，从而使废物达到最小量。废物资源化，就是将生产环节中的废物综合利用，转化为进一步生产的资源，变废为宝。废物无害化，就是减少或消除将要离开生产过程的废物的毒性，使之不危害环境和人类。

（三）清洁的产品

清洁的产品就是有利于资源的有效利用，在生产、使用和处置的全过程中不产生有害影响的产品。清洁产品又叫绿色产品、环境友好产品、可持续产品等。清洁产品设计应使产品功能性强，既满足人们需要又省料耐用，既做到零件精简、容易拆卸，又要稍经整修可重复利用。同时，清洁产品设计应使产品生产周期的环境影响最小，争取实现零排放；产品对生产人员和消费者无害；最终废弃物易于分解成无害物。

（四）清洁生产的全过程控制

清洁生产的全过程控制包括两个方面的内容，即生产原料或物料转化的全过程控制和生产组织的全过程控制。生产原料或物料转化的全过程控制，常称为产品的生命周期的全过程控制，是指从原材料的加工、提炼到产出产品、产品的使用到报废处置的各个环节所采取的必要的污染预防控制措施。生产组织的全过程控制，也称工业生产的全过程控制，是指从产品的开发、规划、设计、建设到运营管理，所采取的防止污染发生的必要措施。

四、清洁生产的特点

清洁生产包含从原料选取、加工、提炼、产出、使用到报废处置及产品开发、规划、设计、建设生产到运营管理的全过程所产生污染的控制，其具有如下特点。

（一）系统性

清洁生产的推行，需要企业建立一个预防污染、保护资源所必需的组织机构，要明确职责并进行科学的规划，制定发展战略、政策、法规。清洁生产包括产品设计、能源与原材料更新替代、开发少废无废清洁工艺、排放污染物处置及物料循环等，是一项复杂系统工程。

（二）预防性

清洁生产强调在产品生命周期内，从原料获取，到生产、销售和最终消费，实现全过程污染预防，其方式主要通过原材料替代、产品替代、工艺重新设计、效率改进等方法对污染物从源头上进行削减，而不是在污染生产之后再进行治理。

（三）适应性

清洁生产的推行要结合企业产品特点和工艺生产要求，使其目标符合企业生产经营发展需要；同时，清洁生产要考虑不同经济发展阶段的要求和企业经济的支撑能力。这样清洁生产才能实现促进企业生产发展和生态环境保护的双赢。

五、清洁生产的实施途径

清洁生产的实施，首先，必须技术上可行；其次，要达到节能、降耗、减污的目标，满足环境保护法规的要求；第三，要在经济上能够获利，充分体现经济效益、环境效益和社会效益的统一。清洁生产的具体实施途径包括如下方面。

① 在产品设计和原材料选择时以保护环境为目标，不产生有毒有害的产品，不使用有毒有害的原料，以防止原料及产品对环境的危害。

产品设计应充分利用资源，有较高的原料利用率，产品无害于人体的健康和生态环境，反之就要受到淘汰和限制。如含铅汽油作为汽车的动力油，因其在使用过程中生产对人体有害的含铅化合物而被淘汰。另外，工业生产的规模对原材料的利用率和污染物排放量的多少以及经济效益有直接影响，如日产 50t 浆的草浆厂为碱回收的最小规模，日产 100t 浆和更大规模的草浆厂才有可能产生碱回收的经济效益。

原材料的选择与生产过程中污染物的生产量有很大关系。例如化工行业的中小型聚氯乙烯生产，采用电石（乙炔）为原料，产生大量的电石渣，对环境危害很大，也加重了末端治理的负担。对于特定产品生产来说，原材料的选择不能以牺牲环境为代价，或者以高昂的费用处理、处置生产过程生产的大量废物，来弥补原材料选择的缺陷。同时，原材料的质量对于工业生产非常重要，直接影响生产的产出率和废弃物的生产量。如原材料含有过多的杂质，生产过程中就会发生一些不期望的反应和产品，这样既加大了处理、处置废弃物的工作量和费用，同时增加了原材料和废弃物的运输成本。

② 改革生产工艺，更新生产设备，尽最大可能提高每一道工序的原材料和能源的利用率，减少生产过程中资源的浪费和污染物的排放。

在工业生产工艺过程中最大限度地减少废弃物的产生量和毒性，检测生产过程、原料及生产物的情况，科学地分析研究物料流向及物料损失状况，找出物料损失的原因所在。调整生产计划、优化生产程序，合理安排生产进度，改进、完善、规范操作程序，采用先进的技术，改进生产工艺和流程，淘汰落后的生产设备和工艺路线，合理循环利用能源、原材料、水资源，提高生产自动化的管理水平，提高原材料和能源的利用率，减少废弃物的产生。

③ 建立生产闭合圈，实现废物循环利用。

企业工业生产过程中物料输送、加热中的挥发、沉淀、跑冒滴漏、误操作等都会造成物料的流失，这就是工业中产生"三废"的来源。实行清洁生产要求流失的物料必须加以回收，返回到流程中或经适当处理后作为原料回用，建立从原料投入到废物循环回收利用的生产闭合圈，使工业生产不对环境构成任何危害。

企业内部物料循环有下列几种形式：将回收流失物料作为原料，返回到生产流程中；将生产过程中产生的废料经适当处理后作为原料或替代物返回生产流程中；废料经处理后作为其他生产过程的原料应用或作为副产品回收。

④ 加强科学管理。

实行清洁生产，要转变传统的旧式生产观念，建立一套健全的环境管理体系，使人为的资源浪费和污染排放减至最小。加强科学管理的内容包括如下方面：安装必要的高质量监测仪表，加强计量监督，及时发现问题；加强设备检查维护、维修，杜绝跑、冒、滴、漏；建立有环境考核指标的岗位责任制与管理职责，防止生产事故；完善可靠、翔实的统计和审核；产品的全面质量管理，有效的生产调度，合理安排批量生产日程；改进操作方法，实现技术革新，节约用水、用电；原材料合理购进、贮存与妥善保管；产成品的合理销售、贮存与运输；加强人员培训，提高职工素质；建立激励机制和公平的奖惩制度；组织安全文明生产。

第五节　低碳经济理论

随着全球人口和经济规模的不断增长，人为碳排放造成的温室效应及其影响成为当前人类面临的最严重环境问题之一。为了缓解温室效应，1997 年联合国气候变化框架公约（UNCFCCC）制定了旨在限制发达国家温室气体排放的《京都议定书》。碳减排和低碳发展成为当前研究重点，低碳经济也应运而生。

一、低碳经济的提出

"低碳经济"（low carbon economy）最早见诸 2003 年英国政府发表的能源白皮书《我们能源的未来：创建低碳经济》。作为第一次工业革命的先驱和资源并不丰富的岛国，英国充分意识到了能源安全和气候变化的威胁。2007 年英国首相布朗提出英国的主张，即努力维持全球温度升高不超过 2℃，全球温室气体排放在未来 10～15 年达到峰值，到 2050 年则削减一半。为此，建立低碳排放的全球经济规模，确保未来 20 年全球 22 万亿美元的新能源投资，通过能源效率的提高和碳排放量的降低，应对全球变暖。

二、低碳经济的概念

很多学者从不同角度对低碳经济的概念进行了探讨。从经济形态的层面来看，认为低碳经济是绿色生态经济，是低碳产业、低碳技术、低碳生活和低碳发展等经济形态的总称。从低碳经济的实质来看，认为低碳经济是以低能耗、低污染、低排放为基础的经济模式。其实质是高能源利用效率和清洁能源结构问题，核心是能源技术创新、制度创新和人类生存发展观念的根本性转变。低碳经济的发展模式，是一场涉及生产方式、生活方式和价值观念的全球性革命。从低碳经济实施的主要举措来看，认为低碳经济的核心是能源技术创新和制度创新，减少温室气体排放，从而减缓全球气候变化，实现经济和社会的清洁发展和可持续发展。

目前，普遍认为低碳经济是指在可持续发展理念指导下，通过社会生产生活技术的低碳化，严格控制温室气体排放总量，在自然生态环境和气候条件可承受范围内最大程度实现经济社会发展的一种经济发展形态。

三、低碳经济的特征

低碳经济作为循环经济的一种形态，其特征主要表现在以下方面。

① 低碳经济是相对无严格约束的碳密集能源获取方式、能源利用方式和其他碳密集活动的高碳排经济模式而言的，发展低碳经济的关键在于降低单位能源利用或降低经济产出（包括 GDP、收入、产品等）的碳排放量，通过碳捕捉、碳封存、碳蓄积降低强度，控制乃至减少 CO_2 排放量。

② 低碳经济不同于基于化石能源的经济发展模式，它推行新能源经济发展模式。能源合理开采及利用是实现低碳排放的主要途径。因此，发展低碳经济的关键在于使经济增长与由能源利用引发的碳排放增长脱钩，实现经济与碳排放错位增长。

③ 低碳经济不仅是新型的经济运行方式，也是经济发展方式、能源消费方式、人类生活方式的一次新变革，它将全方位改造建立在化石燃料基础上的现代工业文明，使之转向生态文明。

④ 低碳经济是一种为解决人为碳通量增加引发的地球生态圈碳失衡而实施的人类自救行为。发展低碳经济的关键在于改变人们的高碳消费倾向和偏好，减少碳足迹，实现低碳生存。

⑤ 低碳经济以减少传统高碳能源消耗和碳排放为目标，实现低能耗和低污染，与循环经济有共同的出发点和目标。因此低碳经济既是循环经济的具体体现和应用，也是实现循环经济的重要途径。

四、低碳经济发展模式

低碳经济就是以低能耗、低污染为基础的绿色经济，其发展模式主要有绿色能源模式、碳排放交易模式和清洁生产模式。

（一）绿色能源模式

绿色能源模式旨在建立一种减少高碳消费（如煤和石油），提高天然气、风能、核能、地热能消费比例，优化能源消费结构的模式。该模式的发展主要通过以下途径进行。

① 将适度、合理发展水电作为促进能源结构向清洁、低碳方向发展的重要措施之一，因地制宜开发小水电资源。

②积极推进核电建设，将核能作为国家能源战略的重要组成部分，逐步提高核电在一次能源供应总量中的比重。

③以生物质发电、沼气、生物质固体成型燃料和液体燃料为重点，合理推进生物质能源的开发和利用。

④合理扶持风能、太阳能、地热能、海洋能等的开发利用。通过大规模的风电开发和建设，促进风电技术进步和发展。积极发展太阳能发电和太阳能热利用，推广太阳能一体化建筑、太阳能集中供热水工程、光伏发电系统、户用太阳能热水器、太阳房和太阳灶。积极推进地热和海洋能的开发利用，推广满足环境和水资源保护要求的地热供暖、供热水和地源热泵技术，研究开发深层地热发电技术。发展潮汐发电，研究利用波浪等其他海洋能的发电技术。

（二）碳排放交易模式

碳排放交易模式是一种缓解气候变化的重要机制，它在温室气体减排投资上具有灵活性。它是让一些低碳排放量者向碳排放量配额者出售自己的配额，以降低高碳排放者的减排成本。简而言之，就是发达国家用"资金＋技术"换取发展中国家的温室气体的排放权（指标），由此抵消发达国家国内超额排放的额度，从而减少全球温室气体，减缓直至阻止"温室效应"的机制，实现双方的优势互补，造成"双赢"的局面。

目前国际上有多个碳排放交易市场，包括清洁发展机制（Clean Development Mechanism，CDM）项目的交易市场、欧盟排放交易体系、英国排放交易体系、芝加哥气候期货交易所和法国的 Power Next 的现货交易市场等，其中最具代表的是欧盟的排放交易体系和CDM 项目的交易市场。

（三）清洁生产模式

清洁生产模式是由清洁发展机制项目 CDM 来实现的。清洁发展机制 CDM 是《京都议定书》所建立的三个减排机制之一，它是一种灵活的履约机制，允许发达国家通过资金和技术支持，在发展中国家温室气体减排项目上投资，来换取或认购经认证的温室气体减排量，从而部分履行其在《京都议定书》所承诺的限制和减少的排放量。

清洁生产机制 CDM 具有如下特点。

1. 清洁生产机制 CDM 是一种双赢机制

通过 CDM，发达国家可以从在发展中国家实施的 CDM 项目中取得"经证明的减排量（CER）"，用于抵消一部分其在《京都协议书》中承诺的减排义务（其余减排量按规定需在本国内完成）。以较低成本的"境外减排"实现部分减排目标，可帮助发达国家减轻其实现减排目标的压力。另一方面，在发展中国家实施的 CDM 绝大多数是提高能效、节约能源、可再生能源及资源综合利用、造林和再造林等项目，符合发展中国家优化能源结构、促进技术进步、保护区域和全球环境的经济社会发展目标和可持续发展战略。

2. 清洁生产机制 CDM 是一种国际协作的环境保护策略

清洁生产机制 CDM 是为应对气候变化、减排温室气体而提出的一种跨国环保策略。它不同于一般意义上的环境保护及国内的清洁生产，而是由发达国家对发展中国家进行资金投资来实现减排。虽然对发达国家而言，是出于自身减排义务的需要，但该机制的出台和实施为全球环保协作提供了范例。

3. 清洁生产机制 CDM 是一种新型的跨国贸易和投资机制

清洁生产机制 CDM 创造了一种新型的跨国贸易和投资机制。它将温室气体减排量作为一种资源或者商品在发达国家和发展中国家之间进行交易。资料显示，在发达国家完成的 CO_2 排放项目的成本比在发展中国家高出 5～20 倍。发展中国家较低的减排成本成为推动发达国家投资减排项目以获得低成本减排效益的根本动力。

五、国际社会碳减排行动

1992 年，联合国环境与发展大会通过了《联合国气候变化框架公约》（United Nations Framework Convention Climate Change，UNFCCC 或 FCCC），这是世界上第一个关于控制温室气体排放、遏制全球变暖的国际公约，也是国际社会在应对全球气候变化问题上进行国际合作的基本框架。会议所设立的"共同但有区别的责任"至今仍然是气候变化国际公约的黄金定律，它既认同了历史责任造成的区别，又把大多数国家团结到 UNFCCC 的旗下，共同应对气候变化的挑战。由于 UNFCCC 只确定了框架性原则，参加国具体要承担的义务以及执行机制需要签署具有法律效力的文件。为此，联合国气候变化框架公约缔约国进行了不定期磋商，以探讨全球应对气候变化的途径。至 2013 年先后召开了 19 次公约缔约国大会（Conferences of the Parties，COP），历届会议所取得成果等信息见表 7-3。

表 7-3 《联合国气候变化框架公约》缔约方会议（COP）历程

会议名称	时间	地点	会议成果
COP1	1995.02	德国柏林	过了《柏林授权书》等文件，同意立即开始谈判，就 2000 年后应该采取何种适当的行动来保护气候进行磋商，以期最迟于 1997 年签订一项明确规定在一定期限内发达国家所应限制和减少的温室气体排放量议定书
COP2	1996.07	瑞士日内瓦	发布《日内瓦宣言》，通过发展中国家准备开始信息通报、技术转让、共同执行活动等决定
COP3	1997.12	日本京都	形成并通过了《京都议定书》作为实施联合国气候框架公约的具体机制，该议定书规定从 2008 到 2012 年期间，主要工业发达国家的温室气体排放量要在 1990 年的基础上平均减少 5.2%，其中欧盟将 6 种温室气体的排放削减 8%，美国削减 7%，日本削减 6%
COP4	1998.11	阿根廷布宜诺斯艾利斯	通过《布宜诺斯艾利斯行动计划》
COP5	1999.10	德国波恩	通过了《联合国气候变化框架公约》附件一所列缔约方国家信息通报编制指南、温室气体清单技术审查指南、全球气候观测系统报告编写指南
COP6	2000.11	荷兰海牙	未取得共识
COP7	2001.11	摩洛哥马拉喀什	通过《马拉喀什协定》，协议确定了 CDM 的规则并设立气候变化特别基金，作为《京都议定书》附件，为缔约方批准《京都议定书》并使其生效铺平了道路
COP8	2002.10	印度新德里	通过了《德里宣言》，重申《京都议定书》要求，敦促工业化国家在 2012 年底以前把温室气体的排放量在 1990 年的基础上减少 5.2%
COP9	2003.12	意大利米兰	通过了约 20 条具有法律约束力的环保决议，但未能形成任何纲领性文件
COP10	2004.12	阿根廷布宜诺斯艾利斯	总结了《联合国气候变化框架公约》生效 10 周年来取得的成就和未来面临的挑战、气候变化带来的影响、温室气体减排政策以及在公约框架下的技术转让、资金机制、能力建设等问题

续表

会议名称	时间	地点	会议成果
COP11	2005.02	加拿大 蒙特利尔	通过了"蒙特利尔路线图",包括《京都议定书》正式生效,达成启动《京都议定书》新二阶段温室气体减排谈判等40多项决定
COP12	2006.11	肯尼亚 内罗毕	达成包括"内罗毕工作计划"在内的几十项决定,在管理"适应基金"的问题上取得一致,将其用于支持发展中国家具体的适应气候变化活动
COP13	2007.12	印尼 巴厘岛	通过了"巴厘岛路线图",致力于在2009年年底前完成"后京都"时期全球应对气候变化新安排的谈判并签署有关协议
COP14	2008.12	波兰 波兹南	就温室气体长期减排目标达成一致,并声明寻求与《联合国气候变化框架公约》其他缔约国共同实现到2050年将全球温室气体排放量减少至少一半的长期目标
COP15	2009.12	丹麦 哥本哈根	达成不具法律约束力的《哥本哈根协议》,维护了"共同但有区别的责任"原则,并就全球长期目标、资金和技术支持、透明度等焦点问题达成广泛共识
COP16	2010.11	墨西哥 坎昆	通过了《坎昆协议》,汇集了"双轨制"谈判以来的主要共识,维护了议定书二期减排谈判和公约长期合作行动谈判并行的"双轨制"谈判方式,增强了国际社会对联合国多边谈判机制的信心
COP17	2011.12	南非 德班	通过了"德班一揽子决议",决定实施《京都议定书》第二承诺期并启动绿色气候基金,德国和丹麦分别注资4000万和1500万欧元作为其运营经费和首笔资助资金,为全人类应对气候变化描绘了详细图景
COP18	2012.11	卡塔尔 多哈	从法律上确定了2013年起执行8年限的《京都议定书》第二承诺期,通过了长期气候资金、德班平台以及损失损害补偿机制等的多项决议。把联合国气候变化多边进程继续向前推进,向国际社会发出了积极信号
COP19	2013.11	波兰 华沙	就进一步推动德班平台达成决定,围绕资金、损失和损害问题达成了一系列机制安排。为推动绿色气候基金注资和运转奠定了基础,向国际社会发出了确保德班平台谈判于2015年达成协议的积极信号

六、我国碳减排计划和低碳发展对策

(一)我国碳减排计划

我国的碳减排计划分三步走,具体如下。

第一步(2006—2020年):减缓 CO_2 排放、适应气候变化阶段,到2020年左右,CO_2 排放量到达顶峰,即控制在80亿吨左右。其中在"十二五"(2011—2015年)期间大大减少 CO_2 排放量速度,"十三五"(2016—2020年)期间 CO_2 排放量趋于稳定且达到高峰。到那时,全国工业比重下降至38%左右,可再生能源比重接近或达到20%,煤炭消费比例降至60%以下,清洁煤技术(特别是碳捕获和封存技术CCS)利用率较高,森林覆盖率为23%。

第二步(2020—2030年):进入 CO_2 减排阶段,到2030年 CO_2 排放量大幅度下降,力争达到2005年水平,约52亿吨。到那时,全国工业比重为30%,可再生能源比重超过25%,煤炭消费比例下降至45%～50%,清洁利用率很高,森林覆盖率达到24%。

第三步(2030—2050年):到2050年 CO_2 排放量继续大幅度下降,与世界同步,达到

1990 年水平的一半，即 22 亿吨。到那时，全国工业比重下降为不足 20％，可再生能源比重超过 55％，煤炭消费比例降至 25％～30％，全部清洁利用，森林覆盖率为 26％。基本实现绿色现代化，达到发达国家水平。

（二）我国低碳经济发展对策

1. 高度重视气候变化问题，积极、主动进行应对并把握机遇

从长远看，气候变化问题既是挑战，更是发展机遇。作为世界最大的发展中国家，我国应正视和关注国际热点问题，从战略高度积极应对气候变化问题，发挥责任大国的作用。因此，我国应组建高级别、强有力的低碳发展领导机构，强化温室气体排放信息统计基础工作，将低碳发展纳入国家的中长期规划，明确国家重点支持的优先领域和重大工程，为低碳发展提供指导。

2. 用低碳发展理念指导工业化、城市化、国际化和市场化

未来 50 年是我国工业化、城市化、市场化、国际化的快速发展期，必将带来能源消费的急剧增长。为此，要用新型工业化理念指导中国现实低碳型的工业化过程，强调升级传统产业，扩大高新技术产业，发展生产性服务业，严格控制高耗能工业的盲目发展；合理调控、引导居民消费，提高终端用能设备效率，建设高效低碳能源工业；培育低碳生产方式和生活方式，合理规划大城市、中等城市和小城市的匹配发展，合理规划城市内部功能区的配置，避免因城市规划不合理导致的能源浪费。

3. 打造低碳能源供应体系

我国要尽快实现"以煤为主"的能源结构向"煤炭、油气、新能源三足鼎立"的能源结构转变。首先要通过市场机制，对煤炭消费做出越来越严格的限制。其二是顺应石油、天然气消费增长的客观要求，进一步拓宽进口渠道，完善油气战略储备体系，制定油气供应安全应急预案。其三是推进核能、风电、光伏发电等新能源、可再生能源发展，努力完善技术，降低成本，争取实现商业化大发展。其四是重视液体替代燃料的开发，将其作为 21 世纪国家能源战略不可或缺的组成部分。另外，要重视新能源与传统能源的"接轨"环节，加大对"智能电网"、车用新能源供应站等新技术的科技攻关力度，使新能源与传统能源供应体系更好融合在一起。

4. 引导合理需求，抑制能源服务水平的快速扩张

我国目前正处于居民消费结构升级换代阶段，汽车、住房等耐用消费品比重提高很快，交通、建筑物的能耗增长非常迅速，相应带动了基础原材料、资源性产品产量的快速增长。发展低碳经济、减少二氧化碳排放，首先要引导合理的消费需求，杜绝浪费型消费和过度消费，抑制能源服务水平的快速增长。预测模型计算表明，到 2050 年，我国通过引导合理需求对减缓能源需求增长的贡献率可达到 35.6％，对减缓二氧化碳排放的贡献度为 28.9％，节能减排效果明显。

5. 加快技术研发和创新，推进终端用能部门能源效率水平的提高

提高终端部门用能设备的利用效率，可取得明显的节能减排效果。2035 年前，我国的钢铁、水泥、乙烯、石化等高耗能行业通过技术水平进步，使先进工业用能技术采用率达到 90％以上，其生产规模在现有基础上不再大幅增加，实现增产不增能。同时，商用/民用、交通部门通过技术进步、建筑设计、提高设备利用率等途径，提高节能减排力度，使其贡献率达到 35％～40％。

6. 建立有利于温室气体减排的市场信号

充分发挥市场配置资源的作用，以经济驱动力，促进企业家加大能源科技的创新与研发，推动消费者选择高效节能低碳的产品，建立有利于节能减排的市场信号，与政府的宏观调控相配合，推动我国低碳经济的快速发展。同时，还要加快资源性产品价格和矿产资源产权制度改革，发挥市场配置资源的基础性作用，促进低碳经济和节能减排长效机制形成，建立并完善有利于能源资源和低碳经济发展的财政、税收政策。

7. 加大低碳生产和低碳生活的宣传力度，充分调动全面参与积极性

从长远来看，要选择合理的消费理念和生活方式对低碳经济发展将产生积极影响。应通过电视、广播等媒体，加大节能减排的宣传力度，调动民众参与低碳经济发展的积极性。另外，将节能减排的理念、方法和技术纳入大学、中学、小学的课程，定期开展低碳经济和节能减排的社会公益活动。

8. 加强国际合作，促进相互理解

积极参与国际气候变化谈判，加强低碳发展国际合作是大势所趋，我国要积极参与到国际气候变化谈判过程，共同维护广大发展中国家的国家利益和发展权益。通过气候谈判，首先，要明确发达国家在温室气体减排方面的责任和义务；其次，发达国家要带头建立以全球温室气体减排减排为目的的全球公共效益基金，帮助发展中国家实现低碳发展；最后，要加强我国与世界各国温室气体减排相关的产、学、研、官合作，共享发展低碳经济、走低碳发展道路的经验。

 【阅读材料】

丹麦卡伦堡生态工业园简介

丹麦的卡伦堡（Kalundborg）生态工业园是国际上最成功的生态工业园，同时也是世界上最早的生态工业园。该工业园位于北海之滨，距哥本哈根以西 120.7km，是一个仅有 2 万居民的工业小城市。20 世纪 70 年代，卡伦堡的火力发电厂、炼油厂等几个重要企业试图在减少费用、废品管理等方面进行合作，建立了企业间的相互协作关系。20 世纪 80 年代以来，当地的管理者和发展部门意识到这些企业自发地创造了一种新的工业体系，称为"生态工业园"。目前，卡伦堡生态工业园已经建成了由 6 家大型企业和 10 余家小型企业组成的，涉及蒸汽、热水、石膏、硫酸和生物技术材料的相互依存、共同发展的工业共生系统（见图7-6）。

1. 卡伦堡生态工业园六大核心组成部分概况

（1）阿斯内斯（Asnaesvaerket）火力发电厂　该发电厂是丹麦最大的燃煤火力发电厂，有 300 名员工，发电能力为 137.2 万千瓦。其不仅为当地供电，而且为丹麦东部的高压网供电，供电量约占其 50%。

（2）斯塔托伊尔（Statoil）炼油厂　该炼油厂是丹麦最大的炼油厂，员工 290 人，年消耗原油 520 万吨，产量超过 250 万吨。

（3）诺和诺德（Novo Nordisk）生物制药公司　该公司规模约 1900 人，是丹麦最大的制药公司，主要生产工业用酶、药用胰岛素和青霉素等产品，年销售收入 20 亿美元。

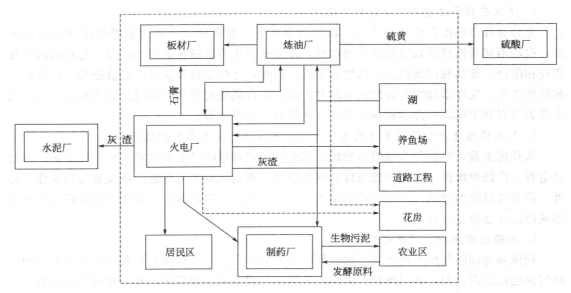

图 7-6　丹麦卡伦堡生态工业园共生系统结构图（据罗宏，2004）

（4）济普洛克（Gyproc）石膏板材厂　该厂有 180 名员工，具有年产 1400 万平方米石膏建筑板材的能力。

（5）A/S Boiteknisk Jordrens 土壤修复公司　该公司成立于 20 世纪 90 年代，有 35 名员工，主要进行多环芳烃和重金属污染的土壤修复，年处理量 30 万吨。

（6）卡伦堡市区

有 2 万居民，需要供热、蒸汽和水。

2. 卡伦堡生态工业园内的能源、水和物质流动过程

（1）蒸汽、热能和炼厂气流动过程　蒸汽和热能流动以阿斯内斯燃煤火力电厂为核心，除满足其自身需求外，分别向炼油厂和制药厂供应生产过程的蒸汽，炼油厂由此得到生产所需蒸汽的 40%，制药厂所需蒸汽则全部来自电厂；同时还向市区供热，这个举措替代了约 3500 个燃油炉，大大减少了空气污染源。

斯塔托伊尔炼油厂的炼厂气首先在其内部进行综合利用，其余供应济普洛克石膏板材厂和阿斯内斯燃煤火力电厂。电厂使用炼厂气，每年可节煤 3 万吨，节油 1.9 万吨。此外，炼油厂通过对酸气脱硫生产稀硫酸，用罐车运到 50km 外的一家硫酸厂供生产硫酸之用。

（2）水的流动过程　卡伦堡地区原来的淡水供应主要来自地下水，现在改为使用附近的湖水，企业用水量很大而水资源稀缺。因此采取了水资源重复利用模式。阿斯内斯火电厂建造了一个 25 万立方米的回用水塘，回用自己的废水，同时收集地表径流，减少了 60% 的水用量。斯塔托伊尔炼油厂的废水经过生物净化处理，通过管道向电厂输送，每年输送 70 万立方米冷却水，作为锅炉的补充水和洁净水。通过水的重复使用，减少了整个生态工业园 25% 的需水量。

（3）物质流动过程　阿斯内斯火电厂投资 115 万美元安装了除尘脱硫设备，除尘脱硫的副产品是工业石膏，年产量约 20 万吨，一部分出售给济普洛克石膏厂，替代了该场从西班牙进口天然石膏矿原料的 50%，而且这些石膏纯度高，更适合石膏板生产。

诺和诺德制药厂利用土豆粉和玉米淀粉发酵生产酶，发酵过程每年产生 9.7 万立方米固

体生物质和 28 万立方米液体生物质。这些生物质含有氮、磷和钙质，现采用管道运输或罐装运输到 600 家西泽兰（West Zealand）农场做肥料。此外，作为胰岛素生产的剩余酵母也用做动物饲料。

另外，斯塔托伊尔炼油厂燃气脱硫的副产物还有硫代硫酸铵，是一种液体肥料，年产量约 2 万吨，大约相当于丹麦的年消耗量。阿斯内斯火电厂除尘所生产的飞灰大部分被用来生产水泥之用，一部分用来筑路。来源于城市污水处理厂的污泥被土壤修复公司用作污染土壤修复处理中的营养物。

3. 卡伦堡生态工业园的经济和环境效益

卡伦堡生态工业园作为世界上较典型的生态工业园，在 20 多年的发展建设过程中，充分发挥区域资源优势和工业优势，构建企业间相互利用副产品、废品的生态工业链，把污染物消灭在生产过程中，实现了区域内资源利用的最大化和污染物排放的最小化，产生了巨大的经济效益和环境效益，详见表 7-4。

表 7-4　卡伦堡生态工业园每年的经济和环境效益分析　　　　单位：t

副产品和废品的再利用		节约的资源		减少的污染物排放量	
粉煤灰	70000	油	45000	二氧化碳	175000
硫	4500	煤	15000	二氧化硫	10200
石膏	200000	水	600000		
氮	800000				
磷	600				

思　考　题

1. 阐明可持续发展理论内涵和基本原则。
2. 科学发展观的创新性体现在哪些方面？
3. 以某生态工业园为例，试说明其如何运行的。
4. 何为循环经济？发展循环经济应遵循哪些原则？
5. 比较国内外循环经济发展实践的差别。
6. 清洁生产包括哪些具体内容？实施途径有哪些？
7. 以某清洁生产案例为例，试说明其如何运行的。
8. 低碳经济发展的模式有哪些？其实施途径有哪些？
9. 针对我国实际，如何发展低碳经济？

参考文献

[1] 张坤民. 低碳经济：可持续发展的挑战与机遇. 北京：中国环境科学出版社，2010.
[2] 薛进军. 低碳经济学. 北京：社会科学文献出版社，2010.
[3] 低碳经济课题组. 低碳战争-中国引领低碳世界. 北京：化学工业出版社，2010.
[4] 王兆华. 循环经济：区域产业共生网络-生态工业园发展的理论与实践. 北京：经济科学出版社，2007.
[5] 劳爱乐，耿勇. 工业生态学和生态工业园. 北京：化学工业出版社，2003.
[6] 李素芹，苍大强，李宏. 工业生态学. 北京：冶金工业出版社，2007.
[7] 陆钟武. 工业生态学基础. 北京：科学出版社，2010.

[8] 黄贤金，葛扬，叶棠林等．循环经济学．南京：东南大学出版社，2009.

[9] 郑度，谭见安，王五一等．环境地学导论．北京：高等教育出版社，2007.

[10] 王守兰，武少华，万融等．清洁生产理论与务实．北京：机械工业出版社，2002.

[11] 周中平，赵毅红，朱慎林．清洁生产工艺与应用实例．北京：机械工业出版社，2002.

[12] 崔兆杰，张凯等．循环经济理论与方法．北京：科学出版社，2008.

[13] 张艳梅．中国实施可持续发展战略的现状及路径．山西社会主义学院学报，2010，82（3）：52-57.